BLOCK
CHAIN

区块链
隐私技术

杨旸　闫海荣　黄群　郑相涵　容淳铭　编著

電子工業出版社

Publishing House of Electronics Industry

北京·BEIJING

内 容 简 介

区块链技术面临隐私泄露风险，传统的隐私保护技术又不适用，因此深入剖析区块链隐私泄露的原因、研究适用的隐私保护方法具有重要意义。本书内容系统且新颖，从区块链底层技术原理，到信息服务模式对区块链安全提出的新需求和新挑战，再到隐私保护的各种基础理论、关键技术及实用性，全面阐述了区块链隐私保护的内涵。

本书共 10 章，主要内容包括：区块链基础，区块链技术原理，区块链共识机制，区块链安全和隐私，隐私保护理论基础，智能合约安全，区块链身份认证，基于区块链的隐私计算，可修订区块链，区块链隐私技术应用。

本书可作为高等院校计算机、区块链和其他信息学科相关专业的教材，也可供对区块链、数据共享和数字经济感兴趣的研究人员和工程技术人员阅读参考。

图书在版编目（CIP）数据

区块链隐私技术 / 杨旸等编著. —北京：电子工业出版社，2023.3

ISBN 978-7-121-45289-5

Ⅰ. ① 区…　Ⅱ. ① 杨…　Ⅲ. ① 区块链技术－关系－隐私权－法律保护－研究　Ⅳ. ① TP311.135.9 ② D913.04

中国国家版本馆 CIP 数据核字（2023）第 049829 号

责任编辑：章海涛　　　　　　　　特约编辑：李松明

印　　刷：三河市鑫金马印装有限公司

装　　订：三河市鑫金马印装有限公司

出版发行：电子工业出版社

　　　　　北京市海淀区万寿路 173 信箱　　邮编：100036

开　　本：787×1 092　1/16　　印张：18.25　　字数：467 千字

版　　次：2023 年 3 月第 1 版

印　　次：2023 年 3 月第 1 次印刷

定　　价：68.00 元

凡所购买电子工业出版社图书有缺损问题，请向购买书店调换。若书店售缺，请与本社发行部联系，联系及邮购电话：(010) 88254888，88258888。

质量投诉请发邮件至 zlts@phei.com.cn，盗版侵权举报请发邮件至 dbqq@phei.com.cn。

本书咨询联系方式：192910558（QQ 群）。

前 言

区块链技术具有"去中心化"和"去信任化"等特点，能够不依赖第三方可信机构在陌生节点之间建立点对点的可信价值传递，有助于降低交易成本，提高交互效率，有非常广阔的应用前景，是引领信息互联网向价值互联网转变的关键技术。为了在分散的区块链节点中达成共识，区块链中所有的交易记录必须公开给所有节点，这显著增加了隐私泄露的风险。区块链技术与传统 IT 架构存在显著区别，很多传统的隐私保护方案在区块链应用中不适用。区块链没有统一的管理者，节点的性能和安全能力参差不齐，攻击者容易攻陷其中一些节点。此外，区块链技术中采用了特殊的信息传递机制、共识机制和激励机制，这也给隐私保护带来了新的机遇和挑战。区块链技术面临隐私泄露风险，传统的隐私保护技术又不适用，因此深入剖析区块链隐私泄露的原因、研究适用的隐私保护方法具有重要意义。实现区块链隐私保护的前提是对区块链的技术原理及其面临的隐私泄露风险进行系统性的分析，但是目前鲜见系统性介绍和剖析区块链隐私保护技术的书籍。

本书内容系统且新颖，从区块链底层技术原理，到新的信息服务模式对区块链安全提出的新需求和新挑战，再到隐私保护的各种基础理论、关键技术及实用性，全面阐述了区块链隐私保护的内涵。本书介绍的很多内容是领域前沿，极具新颖性。例如，基于区块链的隐私计算技术作为数据要素流通的关键技术，为数据确权、数据价值化、数据要素市场的发展奠定了基础；可修订区块链可以在权限受监管的前提条件下对已经记录到区块链上的数据进行修订，以防止不良信息的恶意发布。本书不仅对区块链共识机制、智能合约面临的安全风险进行了深入分析，还介绍了基于区块链的身份管理和认证技术，并从工业物联网、智能家居、供应链、数字确权等方面介绍区块链隐私技术的相关应用，以适应未来区块链数据安全处理与隐私信息服务模式的新发展。

本书由杨旸、阎海荣、黄群、郑相涵、容淳铭编写，汇聚了团队多年来在区块链隐私保护方面的研究。同时，本书得到了如下同学的帮助：福州大学薛文溢博士研究生，伊碧霞、陈碧娇硕士研究生，清华大学周容辰硕士研究生，北京大学薛晗博士研究生，马少鹏、刘青秀硕士研究生，北京邮电大学史瑞博士研究生，浙江大学管章双博士研究生。他们做了细致的工作，在此表示衷心感谢！感谢电子工业出版社的大力支持，对为本书出版的所有相关人员的辛勤工作表示感谢！

本书的出版得到国家自然科学基金项目（No. 61872091）、福州大学"旗山学者"特聘教授奖励支持计划的支持和资助。

本书代表作者对于区块链隐私保护技术及应用的观点。由于作者水平有限，书中难免有不妥之处，敬请各位读者赐教与指正！

杨 旸

目　录

第 1 章　区块链基础

1.1　区块链的基本概念

1.1.1　区块链的定义和特性

区块链（blockchain）作为一门新兴技术，从比特币出现以来持续发展，在这个过程中吸收了大量新的概念和内涵，其定义众说纷纭。工业和信息化部指导发布的《中国区块链技术和应用发展白皮书（2016）》中的定义是：狭义来讲，区块链是一种按照时间顺序，将数据区块以顺序相连的方式组合成的一种链式数据结构，并以密码学方式保证的不可篡改和不可伪造的分布式账本；广义来讲，区块链技术是利用块链式数据结构来验证和存储数据、利用分布式节点共识算法来生成和更新数据、利用密码学的方式保证数据传输和访问的安全性、利用由自动化脚本代码组成的智能合约来编程和操作数据的一种全新的分布式基础架构与计算范式。

直观上，区块链是一种数据以区块（Block）为单位产生和存储，并按照时间顺序首尾相连，形成链式（Chain）结构，同时通过密码学保证不可篡改、不可伪造及数据传输访问安全的去中心化分布式账本。区块链中所谓的账本，其作用与现实生活中的账本基本一致，按照一定的格式记录流水等交易信息。特别是在各种数字货币中，交易内容就是各种转账信息。随着区块链的发展，记录的交易内容由各种转账记录扩展至各领域的数据。例如，在供应链溯源应用中，区块中记录了供应链各环节中货物对应的责任方、位置等信息。

区块链是多种已有技术的集成创新，主要用于实现多方信任和高效协同。通常，一个成熟的区块链系统具备机制透明可信、交易防篡改可追溯、隐私安全有保障、系统可靠性高四大特征。

1．机制透明可信

人人记账保证人人获取完整信息，从而实现信息透明。在去中心化系统中，网络中的所有节点均是对等节点，大家平等地发送和接收网络中的消息。所以，系统中的每个节点都可以完整观察系统中节点的全部行为，并将观察到的这些行为由各节点进行记录，即维护本地账本，整个系统对于每个节点都具有透明性。这与中心化的系统是不同的，中心化的系统中不同节点之间存在信息不对称的问题，中心节点通常可以收到更多信息，而且中心节点通常被设计为具有绝对的控制权，这使得中心节点成为一个不透明的黑盒，而其可信性也只能借由中心化系统之外的机制来保证。在区块链系统中，决策过程由节点共同参与，共识保证区块链系统是典型的去中心化系统，网络中的所有交易对所有节点均是透明可见的，而交易的最终确认结果也由共识算法保证在所有节点间的一致性，所以整个系统对所有节点均是透明、公平的，系统中的信息具有可信性。所谓共识，简单理解就是指大家达成一致的意思。其实在现实生活中，有很多需要达成共识的场景，如投票选举、开会讨论、多方签订一份合作协议等。而在区块链系统中，每个节点通过共识算法让自己的账本与其他节点的账本保持一致。

2．交易防篡改可追溯

现在很多区块链应用都利用了防篡改可追溯的特性，在物品溯源等方面得到了大量应用。

"防篡改"是指交易一旦在全网范围内经过验证并添加至区块链，就很难被修改或者删除。一方面，当前联盟链使用的共识算法（如 PBFT 类）从设计上保证了交易一旦写入即无法被篡改；另一方面，以 PoW 作为共识算法的区块链系统的篡改难度及花费都是极大的。若要对此类系统进行篡改，攻击者需要控制全系统超过 51% 的算力，攻击行为一旦发生，区块链网络虽然最终会接受攻击者计算的结果，但是攻击过程仍然会被全网见证，当人们发现区块链系统已经被控制后，便不会再相信和使用这套系统，攻击者为购买算力而投入的大量资金便无法收回，所以一个理智的实体通常不会也很难进行这种类型的攻击。在此需要说明的是，"防篡改"并不等于不允许编辑区块链系统上记录的内容，只是整个编辑的过程被以类似"日志"的形式完整记录，且这个"日志"是不能被修改的。

"可追溯"是指区块链上发生的任意一笔交易都是有完整记录的，我们可以针对某状态在区块链上追查与其相关的全部历史交易。"防篡改"特性保证了写入区块链的交易很难被篡改，这为"可追溯"特性提供了保证。

3．隐私安全有保障

区块链的去中心化特性决定了区块链的"去信任"特性：由于区块链系统中的任意节点都包含了完整的区块校验逻辑，因此任意节点都不需要依赖其他节点完成区块链中交易的确认过程，也就是无须额外地信任其他节点。"去信任"特性使得节点之间不需要互相公开身份，因为任意节点都不需要根据其他节点的身份进行交易有效性的判断，这为区块链系统保护用户隐私提供了前提。

区块链系统中的用户通常以公钥体系中的私钥作为唯一身份标识，用户只要拥有私钥即可参与区块链上的各类交易，至于谁持有该私钥则不是区块链关注的事情，区块链也不会去记录这种对应关系。所以，区块链系统知道某私钥的持有者在区块链上进行了哪些交易，但并不知晓这个持有者是谁，进而保护了用户隐私。

从另一个角度，快速发展的密码学为区块链中用户隐私提供了更多保护方法。同态加密、零知识证明等技术可以让链上数据以加密形式存在，任何不相关的用户都无法从密文中读取到有用信息，而交易相关用户可以在设定权限范围内读取有效数据，这为用户隐私提供了更深层次的保障。

4．系统可靠性高

区块链系统的高可靠体现在：① 每个节点对等地维护一个账本并参与整个系统的共识，也就是说，如果其中某节点出现故障，整个系统依然能够正常运转，这就是为什么用户可以自由加入或者退出比特币网络，而整个系统依然工作正常。② 区块链系统支持拜占庭容错（Byzantine Fault Tolerance，BFT）。传统的分布式系统虽然具有高可靠性，但是通常只能容忍系统内的节点发生崩溃或者出现网络分区的问题，而系统一旦被攻克（即使只有一个节点被攻克）或者修改了节点的消息处理逻辑，则整个系统都将无法正常工作。

通常，按照系统能够处理的异常行为，分布式系统可以分为崩溃容错（Crash Fault Tolerance，CFT）系统和拜占庭（Byzantine）容错系统。崩溃容错系统是指可以处理系统中节点发生崩溃（Crash）错误的系统，而拜占庭容错系统是指可以处理系统中节点发生拜占庭错误的系统。拜占庭错误来自著名的拜占庭将军问题，现在通常是指系统中的节点行为不可控，可能存在崩溃、拒绝发送消息、发送异常消息或者发送对自己有利的消息（恶意造假）等行为。传统的分布式系统是典型的崩溃容错系统，不能处理拜占庭错误；区块链系统则是拜占庭容错系统，可以处理各类拜占庭错误。

区块链能够处理拜占庭错误的能力源自其共识算法，而每种共识算法也有其对应的应用场景（或者说错误模型，即拜占庭节点的能力和比例）。例如，PoW 共识算法不能容忍系统中超过 51%的算力协同进行拜占庭错误；PBFT（Practical BFT）共识算法不能容忍超过总数 1/3 的节点发生拜占庭错误；Ripple 共识算法不能容忍系统中超过 1/5 的节点存在拜占庭错误等。因此严格来说，区块链系统的可靠性不是绝对的，而是在满足其错误模型要求的条件下，能够保证系统的可靠性。由于区块链系统中参与节点数目通常较多，其错误模型要求通常可以被满足，因此我们一般认为，区块链系统具有高可靠性。

1.1.2 区块链核心部件

区块链是一个新兴的概念，但是它的基础技术大多是当前比较成熟的技术。在区块链兴起之前，区块链的基础技术（如哈希运算、数字签名、P2P 网络、共识算法及智能合约等）已经在互联网中被广泛使用。但这并不意味着区块链就是一个"新瓶装旧酒"的系统。好比积木游戏，虽然是一些简单、有限的木块，但是组合过后，就能创造出新的世界。同时，区块链并不是简单地重复使用现有技术，如共识算法、隐私保护在区块链中已经有了很多革新，智能合约也从一个简单的理念变成了现实。区块链"去中心化"或"多中心"等颠覆性的设计思想，结合数据不可篡改、透明、可追溯、合约自动执行等强大功能，足以掀起一股新的技术风暴。

1. 哈希

区块链建立在哈希算法（Hash Algorithm）基础之上，区块链的账本数据主要通过父区块哈希值组成链式结构来保证其不可篡改性。哈希算法即散列算法，它的功能是把任意长度的输入（如文本等信息）通过一定的计算，生成一个固定长度的字符串，输出的字符串称为该输入的哈希值。一个安全的哈希算法要满足高效性、雪崩性、单向性、抗碰撞性等要求。

高效性要求算法对给定数据可以在极短时间内计算出哈希值。

雪崩性要求输入信息发生任何微小变化，哪怕仅仅是一个字符的更改，重新生成的哈希值与原哈希值也会有巨大差别，同时完全无法通过对比新旧哈希值的差异推测数据内容发生了什么变化。因此，通过哈希值可以容易验证两个文件内容是否相同。雪崩性广泛应用于错误校验：在网络传输中，发送方在发送数据的同时，发送该内容的哈希值；接收方收到数据后，只需要将数据再次进行哈希运算，对比输出与接收的哈希值，就可以判断数据是否被篡改。

单向性要求在较短时间内无法根据哈希值计算出原始输入信息，是哈希算法安全性的基础。哈希算法在密码学中的应用很多，此处以基于哈希函数的密码存储进行举例说明。当前生活离不开各种账户和口令（Password），但并不是每个人都有为不同账户单独设置口令的好习惯，为了方便记忆，很多人的多个账户均采用同一口令。如果这些口令以明文形式存储在数据库中，一旦发生数据泄露，那么该用户所有其他账户的口令都会随之暴露，造成极大风险。因此，后台数据库仅会保存口令的哈希值，每次登录时，计算用户输入口令的哈希值，并将计算得到的哈希值与数据库中保存的哈希值进行比对。由于相同输入在哈希算法固定时一定会得到相同的哈希值，只要用户输入口令的哈希值能通过校验，用户口令即得到了校验。在该方案中，即使出现数据泄露，哈希函数的单向性仍可保证黑客无法根据哈希值恢复出口令，从而保证了口令的安全性。

抗碰撞性要求对于任意两个不同的数据块，其哈希值相同的可能性极小；对于一个给定的数据块，找到与它的哈希值相同的数据块极为困难。当然，因为哈希算法输出位数是有限的，而输入位数是无限的，所以哈希算法会有一定概率发生碰撞。但是哈希算法仍然被广泛使用，只要算法保证发生碰撞的概率足够小，则通过暴力枚举获取哈希值对应输入的概率就非常小，并且计算代价是巨大的。就像我们购买彩票时，虽然可以通过购买所有组合保证一定中奖，但是付出的代价远大于收益。安全的哈希算法需要保证找到碰撞的代价远大于收益。

哈希算法的上述特性保证了区块链的不可篡改性。对一个区块的所有数据可以通过哈希算法计算出一个哈希值，而从这个哈希值无法计算出原始内容。因此，区块链的哈希值可以唯一、准确地标识一个区块，任何节点通过简单、快速地对区块内容进行哈希计算都可以独立地获取该区块哈希值。如果想确认区块内容是否被篡改，可以利用哈希算法重新进行计算，并对比哈希值即可确认。

每个区块头包含了前区块数据的哈希值，这些哈希值层层嵌套，最终将所有区块串联起来，形成区块链。区块链包含了自该链诞生以来发生的所有交易，因此，要篡改一笔交易，意味着它之后的所有区块的父区块哈希值要进行全部篡改，这需要进行大量运算。如果想篡改数据，必须靠伪造交易链实现，即保证在正确的区块产生之前能快速地运算出伪造的区块。在以比特币为代表的区块链系统中，要求连续产生一定数量的区块之后，交易才会得到确认，即需要保证连续伪造多个区块。只要网络中的节点足够多，连续伪造的区块运算速度要超过其他节点几乎是不可能实现的。另一种篡改区块链的方式是，某利益方拥有全网超过 50%的算力，利用区块链中少数服从多数的特点，篡改历史交易。然而在区块链网络中，要控制网络中 50%的算力几乎是不可能实现的。即使某利益方拥有了全网超过 50%的算力，那么既得利益者也会更坚定地维护区块链网络的稳定性。

2．默克尔树

基于哈希算法构造出的默克尔树（Merkel Tree）也在区块链中发挥了重要作用。默克尔树本质上是一种哈希树，1979 年，Ralph Merkle 申请了该专利，故此得名。前面已经介绍了哈希算法，区块链中的默克尔树就是当前区块所有交易信息的一个哈希值。但是这个哈希值并不是直接将所有交易内容计算得出，而是一个哈希二叉树。首先对每笔交易计算哈希值，然后进行两两分组，对每两个哈希值再计算得到一个新的哈希值，两个旧的哈希值就作为新哈希值的叶子节点，如果哈希值数量为单数，那么对最后一个哈希值再次计算哈希值即可，重复上述计算，直至最后只剩下一个哈希值，作为默克尔树的根，最终形成一个二叉树的结构。在区块链中，我们只需要保留对自己有用的交易信息，可删除或者在其他设备备份其余交易信息。如果需要验证交易内容，只需验证默克尔树即可。若根哈希值验证不通过，则验证两个叶子节点，再验证其中哈希值验证不通过的节点的叶子节点，最终可以准确识别被篡改的交易。默克尔树在其他领域的应用也非常广泛。例如，BT（BitTorrent）下载中，数据一般会分成很多个小块，以保证快速下载。在下载前，先下载该文件的一棵默克尔树，下载完成后，重新生成默克尔树进行对比校验。若校验不通过，则根据默克尔树快速定位损坏的数据块，重新下载对应数据块即可。

3．数字签名

数字签名也称为电子签名，可用于实现对消息的认证。日常生活中的手写签名相信大家都不陌生，作为确定身份、责任认定的重要手段，各种重要文件、合同等信息均需要签名确认，刻意模仿也能通过专业的手段进行鉴别。因为签名具有唯一性，所以可以通过签名来确定身份及定责。区块链网络中包含大量的节点，不同节点的权限不同。区块链主要使用数字签名来实现权限控制，识别交易发起者的合法身份，防止恶意节点进行身份冒充。数字签名通过一定算法实现类似传统物理签名的效果。目前已经有包括欧盟、美国和中国等在内的 20 多个国家和地区认可数字签名的法律效力。2000 年，中国新版《合同法》首次确认了电子合同、数字签名的法律效力。2005 年 4 月 1 日，中国首部《电子签名法》正式实施。数字签名在 ISO 7498-2 标准中定义为："附加在数据单元上的一些数据，或是对数据单元所做的密码变换，这种数据和变换允许数据单元的接收者用以确认数据单元来源和数据单元的完整性，并保护数据，防止被人（例如接收者）进行伪造。"

数字签名并不是指通过图像扫描、电子板录入等方式获取物理签名的电子版本，而是通过密码学领域相关算法对签名内容进行处理，获取一段用于表示签名的字符。在密码学领域，一套数字签名算法一般包含签名和验签两种运算，数据经过签名后，非常容易验证完整性，并且不可伪造、不可抵赖。只需要使用配套的验签方法即可验证，不必像传统物理签名一样需要专业手段鉴别。数字签名通常采用非对称加密算法，即每个节点需要一对私钥、公钥密钥对。私钥即只有用户本人可以拥有的密钥，签名时需要使用私钥。不同的私钥对同一段数据产生的签名是完全不同的。数字签名一般作为额外信息附加在原始消息中，以此证明消息发送者的身份。公钥是公开的，所有人都可以获取用户的公钥，验签时需要使用公钥，所有节点均可以校验签名者身份的合法性。

数字签名的流程如下：

① 发送方 A 对原始数据通过哈希算法计算数字摘要，使用非对称密钥对中的私钥对数字摘要进行计算，这个计算后的数据就是数字签名。

② 数字签名与 A 的原始数据一起发送给验证签名的一方。

验证数字签名的流程如下：

① 签名的验证方一定要持有发送方 A 的非对称密钥对的公钥。

② 在接收到数字签名与 A 的原始数据后，首先使用公钥对数字签名进行验证。

③ 对 A 的原始数据通过同样的哈希算法计算摘要值，进而比对解密得到的摘要值与重新计算的摘要值是否相同，若相同，则签名验证通过。A 的公钥可以验证数字签名，保证了原始数据确实来自 A；经过数字签名的摘要值，若与接收数据重新计算得到的摘要值相同，则保证了原始数据在传输过程中未被篡改。

在区块链网络中，每个节点都拥有一个密钥对。节点发送交易时，先利用自己的私钥对交易内容进行签名，并将签名附加在交易中。其他节点收到广播消息后，首先对交易中附加的数字签名进行验证，完成消息完整性校验及消息发送者身份合法性校验后，该交易才会触发后续处理流程。

4．共识算法

共识算法是区块链的核心部件。区块链通过全民记账来解决信任问题，但是所有节点都参与记录数据，那么最终以谁的记录为准？或者说，怎么保证所有节点最终都记录一份相同的正确数据，即达成共识？在传统的中心化系统中，由于有权威的中心节点背书，因此以中心节点记录的数据为准，其他节点仅简单复制中心节点的数据即可，很容易达成共识。然而在去中心化的区块链系统中并不存在中心权威节点，所有节点对等地参与共识过程。由于参与的各节点的自身状态和所处网络环境不尽相同，而交易信息的传输又需要耗费时间，并且消息传输本身并不可靠，因此，每个节点收到的需要记录的交易内容和顺序难以保持一致。另外，由于区块链中参与节点的身份难以确定，可能出现恶意节点故意阻碍消息传输或者发送不一致的信息给不同节点，干扰整个区块链系统的记账一致性，并从中获利的情况。因此，区块链系统的记账一致性问题，即共识问题，是一个十分关键的问题，它关系着整个区块链系统的稳定性、正确性和安全性。

当前区块链系统的主流共识算法主要可以归纳为 4 类：① 工作量证明（Proof of Work，PoW）类的共识算法；② PoX（Proof of Transfer）的凭证类共识算法；③ 拜占庭容错类算法；④ 结合可信执行环境的共识算法。本节分别对这四类算法进行简要的介绍。

PoW 类的共识算法主要包括区块链鼻祖比特币所采用的 PoW 共识算法及一些类似项目（如莱特币等）的变种 PoW，即为大家所熟知的"挖矿"类算法。这类共识算法的核心思想是所有节点竞争记账权，而对于每个区块的记账权（也就是通常所说的"挖出一个区块"）都赋予一个"数学难题"，要求只有首个解出这个数学难题的节点挖出的区块才是有效的。同时，所有节点都不断地通过试图解决难题来产生自己的区块，并将自己的区块连接到现有的区块链之后，但全网络中只有最长的链才被认为是合法且正确的。比特币类型的区块链系统采取这种共识算法的巧妙之处在于：它采用的"数学难题"具有难以计算出答案但很容易验证答案正确性的特点，同时，这些难题的"难度"，或者说全网节点平均解出一个难题所消耗时间，可以方便地通过调整难题中的部分参数来进行控制，因此它可以很好地控制链增长的速度。另外，通过控制区块链的增长速度，它还保证了若有一个节点成功解决难题完成了出块，该区块能够以（与其他节点解决难题速度相比）较快的速度在全网节点之间传播，并且得到其他节点验证的特性；这个特性再结合它所采取的"最长链有效"评判机制，就能够在大多数节点都是诚实（正常记账出块，认同最长链有效）的情况下，避免恶意节点对区块链的控制。PoW 类的共识算法所设计的"难题"一般都是需要节点进行大量计算才能够解答的，为了保证节点愿意进行如此多的计算从而延续区块链的生长，这类系统都会对每个有效区块的生成者给予一定的奖励。比特币中需要解决的难题即寻找一个符合要求的随机数。然而不得不承认的是，PoW 类算法给参与节点带来的计算开销，除了延续区块链生长无任何其他意义，却需要耗费巨大的能源，并且该开销会随着参与节点数目的上升而上升，对能源是巨大的消耗。

鉴于 PoW 的缺陷，人们提出了一些 PoW 的替代者——PoX 类算法。这类算法引入了"凭证"的概念（即 PoX 中的 X 代表各种算法所引入的各种凭证类型）：根据每个节点的某些属性（持币数、持币时间、可贡献的计算资源、声誉等），定义每个节点进行出块的优先级，选取凭证排序最优的节点，或是选取凭证优先级最高的小部分节点进行加权随机抽取某节点，进行下一段时间的记账出块。这种类型的共识算法在一定程度上降低了整体的出块开销，同时能够有选择地分配出块资源，即可根据应用场景选择"凭证"的获取来源，是一个较大的改进。然而，凭证的引入提高了算法的中心化程度，一定程度上有悖于区块链"去中心化"的思想，且多数该类型的算法都未经过大规模的正确性验证实验，部分该类算法的矿工激励机制不够明确，节点可能缺乏参与该类共识的动力。

无论是 PoW 类算法还是 PoX 类算法，每个节点都需要进行一些计算或提供一些凭证来竞争出块的权利，并获取相应的出块奖励。BFT 类算法则采取了不同的思路，它希望所有节点协同工作，通过协商的方式来产生能被所有（诚实）节点认可的区块。拜占庭容错问题最早由 Leslie Lamport 等于 1982 年在论文 *The Byzantine General Problem* 中正式提出，主要描述分布式网络节点通信的容错问题。从 20 世纪 80 年代起，提出了很多解决该问题的算法，统称为拜占庭容错（BFT）算法。实用拜占庭容错（Practical BFT，PBFT）算法是最经典的 BFT 算法，由 Miguel Castro 和 Barbara Liskov 于 1999 年提出。PBFT 算法解决了之前 BFT 算法容错率较低的问题，降低了算法复杂度，使 BFT 算法可以实际应用于分布式系统。PBFT 在实际分布式网络中应用非常广泛，随着区块链技术的迅速发展，很多针对具体应用场景的优化 BFT 算法不断涌现。具体来分析，BFT 算法一般会定期选出一个领导者，由领导者来接收并排序区块链系统中的交易，领导者产生区块并发送给网络中其他节点对区块进行验证，进而其他节点"举手"表决时接受或拒绝该领导者的提议。如果大部分节点认为当前领导者产生的区块存在问题，这些节点可以通过多轮的投票协商机制将现有领导者推翻，再根据某种预先规定好的协议协商产生新的领导者节点。BFT 算法一般都有完备的安全性证明，能在算法流程上保证在群体中恶意节点数量不超过 1/3 时，诚实节点的账本保持一致性。然而，这类算法的协商轮次较多，协商的通信开销比较大，导致这类算法普遍不适用于节点数目较大的系统。

除此之外，还有一些共识算法根据硬件进行设计，如一些基于可信执行环境（Trusted Execution Environment，TEE）的软/硬件结合的共识算法。可信执行环境是一类能够保证在该类环境中执行的操作安全可信、无法被外界干预修改的运行环境，它与设备上的普通操作系统（Rich OS）并存，并能够给 Rich OS 提供安全服务。可信执行环境能够访问的软硬件资源是与 Rich OS 分离的，从而保证了可信执行环境的安全性。利用可信执行环境，可以对区块链系统中参与共识的节点进行限制，很大程度上可以消除节点的不规范或恶意操作，从而减少共识算法在设计时需要考虑的异常场景，一般能够大幅提升共识算法的性能。

5．智能合约

智能合约的引入是区块链发展的一个里程碑。区块链从最初单一数字货币应用，到当今融入各领域，智能合约不可或缺。诸如金融、政务、供应链、游戏等各种类别的应用，几乎都是以智能合约的形式运行在不同的区块链平台上。其实，智能合约并不是区块链独有的概念。早在 1995 年，跨领域学者 Nick Szabo 就提出了智能合约的概念，他对智能合约的定义为："一个智能合约是一套以数字形式定义的承诺，包括合约参与方可以在上面执行这些承诺的协议。"简单来说，智能合约是一种在满足一定条件时就自动执行的计算机程序。合约在生活中处处可见，如租赁合同、借条等。传统合约依靠法律进行背书，当产生违约及纠纷时，往往需要借助法院等政府机构的力量进行裁决。智能合约则不仅将传统的合约电子化，它的真正意义在于革命性地将传统合约的背书执行由法律替换成了代码，而程序作为一种运行在计算机上的规则，在区块链环境下必须严格执行。比如，球赛期间的打赌可以通过智能合约实现。首先在球赛前发布智能合约规定：今天凌晨 2:45，足球欧洲冠军杯比赛，皇马 VS 拜仁慕尼黑，若皇马赢，则 Alice 支付 1000 元给 Bob；若拜仁赢，则 Bob 支付 1000 元给 Alice。双方都将 1000 元存入智能合约账户，比赛结果发布，皇马 4∶2 胜拜仁，触发智能合约响应条件，Alice 存入的 1000 元保证金打入 Bob 的账户完成履约，并且 Bob 存入的 1000 元保证金返回原账户。整个过程非常高效、简单，不需要第三方进行裁决，也不存在赖账等问题。

尽管智能合约的理念早在 1995 年就被提出，但是一直没有引起广泛的关注，因为缺少一个能够运行智能合约的可信化平台，以确保智能合约一定会被执行，执行的逻辑也要确保没有被中途修改。作为去中心化、防篡改的平台，区块链较为完美地解决了这些问题。智能合约一旦在区块链上部署，所有参与节点都会严格按照既定逻辑执行。基于区块链的大部分节点都是诚实的基本原则，如果某节点修改了智能合约逻辑，那么执行结果无法通过其他节点的校验，从而无法得到共识，即修改无效。

一个基于区块链的智能合约需要包括事务处理机制、数据存储机制及完备的状态机，用于接收和处理各种条件，事务的触发、处理及数据保存都必须在链上进行。当满足触发条件后，智能合约会根据预设逻辑读取相应数据并进行计算，最后将计算结果永久保存在链式结构中。智能合约在区块链中的运行逻辑对应前文的打赌输赢条件，智能合约通过代码实现案例中的打赌内容。该智能合约预置的触发条件即为规定球赛场次、时间等相关信息，同时需要规定获取结果的途径，如直接从比赛官网获取球赛结果。预置响应条件为触发事件后，智能合约执行具体内容。

条件 1：皇马赢，响应 1：钱直接打入 Bob 的账户。

条件 2：拜仁赢，响应 2：钱直接打入 Alice 账户。

智能合约一经部署，其内容就会永久地被保存在区块链上，并严格执行。球赛结束后，区块链网络中的节点均会验证响应条件，并将执行结果永久记录在区块链上。

传统的合约往往需要专业的律师团队来撰写，当前智能合约的开发工作主要由软件从业者来完成，其所编写的智能合约在完备性上可能有所欠缺，因此相比传统合约，更容易产生逻辑上的漏洞。因此，智能合约的编写者需要极为谨慎，避免编写出有逻辑漏洞的智能合约。一些区块链平台引入改进机制，对合约执行的不确定性进行了防范，如超级账本项目的子项目 Fabric 引入了先执行、背书、验证，再排序写入账本的机制，以太坊项目也通过限制用户只能通过其提供的确定性语言（Ethereum Solidity）进行智能合约编写，确保其上运行的智能合约在执行动作上的确定性。2016 年著名的 The DAO 事件，就是因为智能合约漏洞导致几千万美元的直接损失。The DAO 是当时以太坊平台最大的众筹项目，上线不到一个月就筹集了超过 1000 万以太币，当时价值 1 亿多美元。但是该智能合约的转账函数存在漏洞，攻击者利用该漏洞，盗取了 360 万以太币。由于此事件影响过大，以太坊最后选择进行回滚和硬分叉以挽回损失。但是我们并不能因此而否认智能合约的价值，任何事物在发展初期都可能因为不完善而存在风险。随着智能合约的普及，智能合约的编写会越来越严谨、规范，从技术上可以对智能合约进行静态扫描，发现潜在问题反馈给智能合约开发人员,也可以通过智能合约形式化验证的方法全面地发现智能合约中存在的问题。

6．P2P 网络

在传统的客户—服务器（Client/Server，C/S）网络中，客户端之间的交互需要依赖中心化的服务器进行，如图 1-1 所示。当网络规模变得庞大时，这些中心服务器的负担就会越来越重，容易成为网络瓶颈。一旦服务器崩溃，就会造成整个网络瘫痪（单点故障的风险）。

P2P（Peer-to-Peer，点对点）网络是没有中心服务器、依靠用户群节点进行信息交换的对等网络，如图 1-2 所示。

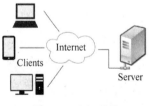
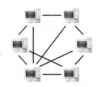

图 1-1　C/S 网络　　　　　　　　图 1-2　P2P 网络

P2P 网络中的每个节点既是客户端又是服务器，能同时作为服务器给其他节点提供服务。P2P 网络消除了中心化的服务节点，将所有的网络参与者视为对等者（Peer），并在他们之间进行任务和工作负载分配。P2P 网络去除了中心服务器，是一种依靠用户群共同维护的网络结构。由于节点间的数据传输不再依赖中心服务节点，P2P 网络具有极强的可靠性，任何单一或者少量节点故障都不会影响整个网络的正常运转。同时，P2P 网络的容量没有上限，因为随着节点数量的增加，整个网络的资源也在同步增加。由于每个节点可以从任意（有能力的）节点处得到服务，同时由于 P2P 网络中暗含的激励机制也会尽力向其他节点提供服务，因此，实际上 P2P 网络中节点数目越多，提供的服务质量越高。P2P 网络由于没有中心服务器，不存在单点性能上的瓶颈，每个节点在充当客户端的同时，也可以作为服务器给其他相邻节点提供服务，极大地提高了资源的利用率。

总之，P2P 网络的特点如下。

① 可扩展性。在 P2P 网络中，用户可以随时加入、离开；随着节点的加入，系统整体的服务能力也在相应地提高。例如在 P2P 下载中，加入的用户越多，P2P 网络提供的资源越多，下载速度越快。

② 健壮性。由于 P2P 不存在中心化服务器，天生具备抗攻击和高容错的特点。即使网络中某节点被攻击或下线，也不影响整个系统的正常运行，因为 P2P 网络的每个节点都可以充当服务器的角色。

③ 高性价比。P2P 网络可以有效地利用互联网中大量分散的普通用户节点闲置的 CPU、带宽、存储资源，从而达到高性能计算和海量存储的目的。例如，迅雷旗下的星域 CDN 产品，就是充分利用每个普通用户机器的闲置网络资源，从而提供一个高性价比的服务。类似的还有 360 共享云、百度云盘等。

④ 隐私保护。在 P2P 网络中，由于信息的传输分散在各节点之间，无须经过中心服务器，减少了用户隐私信息被窃听和泄露的风险。

⑤ 负载均衡。在 P2P 网络中，资源分散存储在多个节点上，每个节点可以充当服务器的角色，当某节点需要获取资源时，只需向相邻节点发送请求即可，从而很好地实现了整个网络的负载均衡。

虽然 C/S 网络非常成熟，但是存在中心服务节点的特性，显然不符合区块链去中心化的需求。同时，在区块链系统中，要求所有节点共同维护账本数据，即每笔交易都需要发送给网络中的所有节点，所以 P2P 网络的设计思想同区块链的理念完美契合，包括比特币、以太坊等在内的去中心化区块链平台都采用 P2P 技术实现。在区块链中，所有交易及区块的传播并不要求发送者将消息发送给所有节点，节点只需将消息发送给一定数量的相邻节点即可，其他节点收到消息后，会按照一定的规则转发给自己的相邻节点，最终通过一传十、十传百的方式，将消息发送给所有节点。

例如，传统的银行系统采用 C/S 架构，即以银行服务器为中心节点，各网点、ATM 为客户端。当我们需要发起转账时，首先提供银行卡、口令等信息证明身份，然后生成一笔转账交易，发送到中心服务器后，由中心服务器校验余额是否充足等信息，记录到中心服务器，即可完成一笔转账交易。

而区块链网络不存在一个中心节点来校验并记录交易信息，校验和记录工作由网络中的所有节点共同完成。当一个节点想发起转账时，需要指明转账目的地址、转账金额等信息，还需要对该笔交易进行签名。由于不存在中心服务器，该交易会随机发送到网络中的邻近节点，邻近节点收到交易消息后，对交易进行验证，确认交易发送方身份合法性后，再校验余额是否充足等信息。校验完成后，它会将该消息转发至邻近节点。如此重复，直至网络中所有节点均收到该交易。最后，矿工获得记账权后，则将该交易打包至区块，再广播至整个网络。收到区块的节点完成区块内容验证后保存该区块，即交易生效。

1.1.3 区块链的分类

根据网络范围和参与节点的特性，区块链主要分为公有链、联盟链、私有链，如表1-1所示。

表 1-1　区块链特性对比

区块链	公有链	联盟链	私有链
准入	自由进出	联盟成员	内部成员
记账者	所有参与者	联盟成员	自定义
共识机制	PoW/PoS/DPoS 等	分布式一致性算法	分布式一致性算法
激励机制	生态必需	可选	可选
中心化程度	去中心化	多中心化	（多）中心化
吞吐量（TPS）	3～20	1000～10000	>10000
典型场景	加密数字货币、存证	支付、清算	审计、发行

在分布式系统中，共识是指各参与者通过共识协议达成一致的过程。

去中心化是相对于中心化而言的一种成员组织方式，各参与者高度自治，参与者之间自由连接，不依赖任何中心系统。

多中心化是介于去中心化和中心化之间的一种组织结构，各参与者通过多个局部中心连接到一起。

激励机制是鼓励参与者参与系统维护的机制，如比特币系统对于获得相应区块记账权的节点给予比特币奖励。

1.1.4 区块链的工作原理

区块链的基本原理理解起来并不复杂。首先，区块链包括如下基本概念。

交易（Transaction）：一次对账本的操作，导致账本状态的一次改变，如添加一条转账记录。

区块（Block）：记录一段时间内发生的所有交易和状态结果，并实现对当前账本状态的一次共识。

链（Chain）：由区块按照发生顺序串联而成，是整个账本状态变化的日志记录。

如果把区块链看成一个状态机，每次交易就是试图改变其状态，而每次共识生成的区块就是参与者对于区块中交易导致状态改变的结果进行确认。在实现上，首先假设存在一个分布式的数据记录账本，这个账本只允许添加而不允许删除。账本底层的基本结构是一个线性链表，这也是其名字"区块链"的来源，即链表由一个个"区块"串联组成，后继区块验证前导区块的哈希值（pre-Hash）是否合法，可以通过计算哈希值的方式快速检验。任意维护节点都可以提议一个新的合法区块，然而必须通过共识机制对最终选择的区块达成一致。

以比特币网络为例，区块链技术的运行过程如下。首先，比特币客户端发起一笔交易，广播到比特币网络中并等待确认。网络中的节点会将一些收到的等待确认的交易记录打包在一起（还包括前区块头的哈希值等信息），组成候选区块。然后，矿工试图找到 nonce 串（随机串），放入区块，使得候选区块的哈希结果满足一定条件（如小于某指定值），这个 nonce 串的查找需要消耗一定时间进行计算（在比特币中称为"挖矿"），一旦节点计算出满足条件的 nonce 串，这个区块在协议中被认为是"合法"区块，就可以尝试在网络中将它广播。其他节点收到候选区块进行验证，发现其确实符合约定条件，就承认该区块是一个合法的新区块，并将其添加到自己维护的区块链上。当大部分节点都将区块添加到自己维护的区块链结构上时，该区块被网络接受，区块包含的交易也就得到确认。

1.2　公有链

公有链中的"公有"是指任何实体都可以参与区块链数据的维护和读取，不受任何单个中心机构的控制，数据完全开放透明。公有链的典型案例即比特币系统。使用比特币系统，只需要下载相应的客户端，创建钱包地址、转账交易、参与挖矿，这些功能都是免费开放的。比特币开创了去中心化加密数字货币的先河，并证实了区块链技术的可行性和安全性。比特币本质上是一个分布式账本加上一套记账协议，但是很难通过扩展来表达更多信息，如资产、身份、股权等，从而导致扩展性不足。为了解决比特币的扩展性问题，以太坊应运而生。以太坊支持一个图灵完备的智能合约语言，极大地拓展了区块链技术的应用范围。以太坊系统中有以太币地址，当用户向合约地址发送一笔交易后激活合约，然后根据交易请求，智能合约按照事先约定的契约自动运行。公有链系统没有中心机构管理，依靠事先约定的规则来运行，通过这些规则在不可信的网络环境中构建起可信的系统。

通常，需要公众参与、最大限度保证数据公开透明的系统，比较适合选用公有链，如数字货币系统、众筹系统等。公有链环境中，节点数量不确定，节点实际身份难以证实，是否实时在线也无法控制，甚至节点可能被攻击者控制。在这种情况下，如何保证系统可靠可信？大部分公有链主要通过共识算法、激励或惩罚机制、对等网络的数据同步保证最终一致性。

当然，公有链系统也存在如下问题。

1．产生区块的效率较低

现有的各类 PoX 类共识，如比特币的 PoW 及以太坊计划推出的 PoS，都存在一个较为突出的问题，即产生区块的效率较低。由于在公有链中，区块的传递需要时间，为了保证系统的可靠性，大多数公有链系统通过延长一个区块的产生时间来保证产生的区块能够尽可能广泛地传输到所有节点处，从而降低系统分叉（同一时间段内多个区块同时被产生，且被先后扩散到系统的不同区域）的可能性。因此在公有链中，区块的高生成速度与整个系统的低分叉可能性是矛盾的，必须牺牲其中一方面来提高另一方面的性能。同时，由于潜在的分叉情况，可能导致一些刚生成的区块回滚。一般来说，在公有链中，每个区块都需要等待若干后继区块的生成，才能够以一定概率认为该区块生效并且是安全的。比特币的区块在 6 个基于它的后继区块生成后才能被认为是足够安全的，大概需要等待 1 个小时，这样的效率对于大多数商业级应用来说难以接受。

2．匿名性和隐私保护问题

目前，公有链上传输和存储的数据都是公开可见的，仅通过"地址匿名"的方式对交易双方进行一定隐私保护，相关参与方可以通过对交易记录进行分析从而获取某些信息，这对于某些涉及商业机密和利益的业务场景来说也是不可接受的。另外，很多现实业务（如银行交易）都有实名制的要求，这在公有链系统中往往难以实现。

3．最终确定性（Finality）问题

交易的最终确定性指特定的某笔交易是否会最终被包含进区块链中。PoW 等公有链共识算法无法提供实时确定性，即使看到交易写入区块也可能后续再被回滚。如在比特币中，一笔交易在经过 1 小时后可达到的最终确定性为 99.9999%。在现有工商业应用和法律环境中，其可用性有较大风险。

4．激励问题

区块链系统中的激励机制为促使参与节点提供资源并自发维护网络，公有链一般会设计激励机制，以保证系统健康运行，但现有大多数激励机制需要发行代币，未必符合各国家（或地区）的监管政策。

1.2.1   区块链 1.0 架构

架构有两个层面的含义：一个是静态层面，主要勾画系统边界、结构、组件及组件之间的关联关系；另一个是动态层面，主要是规范组件的行为及组件之间的交互协议。系统

架构可以界定该系统的功能特性和一些非功能特性。架构设计要考虑不断变化和恒久不变两方面。

区块链 1.0 主要指包括比特币、莱特币等在内的数字加密货币项目，其可编程的数字货币应用涵盖了支付、流通等货币职能，也就是与转账、汇款和数字化支付相关的密码学货币应用。加密数字货币的"疯狂"发展吸引了人们对区块链技术的关注，对于传播区块链技术起到了很大的促进作用，人们开始尝试在比特币系统上开发加密数字货币之外的应用，如存证、股权众筹、能源互联网等[4, 5]。

但是比特币系统作为一个为加密数字货币设计的专用系统，仍存在如下问题。

① 比特币系统内置的脚本系统主要针对加密数字货币交易而专门设计，不是图灵完备的脚本，表达能力有限，因此在开发诸如存证、股权众筹等应用时，有些逻辑无法表达；另外，比特币系统内部需要做大量开发，对开发人员要求高，开发难度大，因此无法进行大规模的非加密数字货币类应用的开发。

② 比特币系统在全球范围内只能支持每秒 7 笔交易，交易记账后追加 6 个区块才能比较安全地确认交易，追加一个块大约需要 10 分钟，意味着大约需要 1 小时才能确认交易，不能满足实时性要求较高的应用的需求。

比特币是第一个解决"双花"问题的去中心化虚拟货币系统。区块链 1.0 时代首次通过区块链技术，基于时间戳、数字签名、哈希算法等密码学技术解决加密货币中点对点支付的安全和信任问题，实现了加密货币公开透明和不可篡改的特性。值得注意的是，在这种点对点分布式架构支撑的数字货币场景下，无须可信的第三方机构来管理货币的发行、流通等步骤，实现多方的安全转账交易。根据目前的代码情况，比特币架构总体上分为两部分：一部分是前端，包括钱包（Wallet）或图形化界面；另一部分是运行在每个节点的后台程序，包括挖矿、区块链管理、脚本引擎及网络管理等功能。

1.2.2 比特币

1. 比特币的诞生

2008 年 11 月，一位化名为中本聪（Satoshi Nakamoto）的极客在密码学论坛 metzdowd.com 发表的一篇名为 *Bitcoin : A Peer-to-Peer Electronic Cash System*（比特币：一种点对点的电子现金系统）的论文中首先提出了比特币[9]。

中本聪结合了诸如 b-money 和 HashCash 等设计思路，创建了一个完全去中心化的数字货币系统，它不依赖中央机构进行货币发行、结算和交易验证。最关键的创新是使用分布式计算系统（称为"工作量证明"算法）每 10 分钟进行一次全球性的"选举"，从而让分布式网络达成关于已经发生交易状态的共识[3]，这优雅地解决了双重支付的问题，即避免一个货币单位可以花费两次。在这之前，双重支付问题只能通过中心化的票据交换所（如央行）清算所有交易来解决，这是传统数字货币的一个弊端。

2009 年 1 月 3 日，中本聪发布了比特币系统并挖掘出第一个区块，被称为"创世区块"，最初的 50 个比特币宣告问世。比特币系统软件全部开源，系统本身分布在全球各地，无中央服务器，无任何负责的主体。比特币系统运行期间，尽管有大量黑客无数次尝试攻克比特币系统，然而一直稳定运行，没有发生过重大事故。这无疑展示了比特币系统背后技术的完备性和可靠性。近年来，随着比特币的风靡全球，越来越多的人对其背后的区块链技术进行研究，希望将这样一个去中心化的稳定系统应用到其他应用中。

除了其所用技术具有的价值，比特币作为一种虚拟货币，也逐渐与现实世界的法币建立了"兑换"关系，有了狭义的"价格"。现实世界中，第一笔比特币交易发生在 2010 年 5 月 22 日，美国佛罗里达州程序设计员 Laszlo Hanyecz 用 1 万比特币换回了比萨零售店棒约翰（Papa Johns）的一个价值 25 美元的比萨。这是比特币作为加密数字货币首次在现实世界中的应用。按照这笔交易，一个比特币在当时的价值为 0.25 美分。然而在今天来看，1 万比特币可以说是一笔巨款（注：按照 2022 年 6 月的价格计算，1 万比特币价值 3.13 亿美元），但在比特币刚出现时，人们并没有意识到这种新生事物在未来将会引起的疯狂及宏大的技术变革。

2．比特币交易

比特币既是构成数字货币生态系统基础概念和技术的总称，又是比特币网络中参与者存储和传输的货币单位。在互联网上，比特币用户主要通过比特币协议进行通信，当然也可以使用其他传输网络。作为开源软件，比特币协议栈可以在各种类型的计算设备上运行，包括笔记本电脑和智能手机，从而使得比特币更加普及。用户通过网络进行比特币转账可以进行与传统货币一样的交易，包括买卖商品、汇款等。

但同时，与传统货币不同，比特币完全是虚拟的，没有物理硬币，甚至本身都不是简单数字化货币（如银行卡里的存款余额算是简单的数字化货币），比特币隐含在汇款方到收款方的转账交易中。在比特币网络中，用户用自己的密钥来证明他们对比特币的所有权，用户使用密钥对交易进行签名以解锁比特币，并通过将其转账给新的所有者来消费比特币。密钥通常保存在每个用户终端的数字钱包里，拥有可以签署交易的密钥是消费比特币的唯一先决条件，用户通过密钥把对比特币的控制权完全掌握在自己手里。

要对比特币交易进行介绍，我们首先要了解比特币地址的概念。要参与比特币系统中的交易过程，需要一个类似现实世界中银行"账户"的实体。比特币是纯粹的数字货币，所以比特币的交易就是转账的过程，每笔转账就是一个交易。实际上，比特币的交易参与方实体掌握一组公钥和私钥，交易的合法性验证是通过检查私钥签名进行的。其中，私钥是由程序生成的一串随机数，公钥则是根据私钥经过一系列计算生成的，它们之间存在一一对应的关系。其中，公钥作为参与交易的"账户名"，在交易中被引用，用于指明一笔交易中资金的来源及去向；私钥则作为交易过程中的"验证密码"，用于确认交易的合法性。

如果以银行账户做类比，一对比特币公钥和私钥相当于一个银行账户。其中，公钥是公开的信息，可以作为一个比特币账户对外的"账户名"，用于外界对该账户的引用，类似银行账户的账号；相应地，比特币地址对应的私钥相当于银行账户的密码，用于在转账时进行身份验证，从而保证用户的资金安全。

比特币交易即从一个比特币地址向另一个比特币地址进行转账的过程，每笔交易可能包含多笔转账。比特币会将交易打包成为区块，可以通过比特币浏览器来查看相应的交易、区块中的交易，以及地址关联的交易等信息。

与交易相关的就是交易的输入和输出，其中有一个非常重要的概念：UTXO（Unspent Transaction Outputs，未花费的交易输出），它是比特币交易过程中的基本单位。所有 UTXO 的集合称为 UTXO 集，每笔交易都会使 UTXO 集产生变化，这个过程称为状态转换。在交易输出中有两个重要的内容：一个是金额，是 UTXO 有多少可以使用的比特币；另一个是锁定脚本，可以看成一把锁，只有能解开这把锁的人才有资格消费这个 UTXO 中的比特币。

交易的输入是花费比特币，引用需要花费的 UTXO，并且提供解锁脚本。解锁脚本就是私钥签名和公钥。UTXO 与比特币账户相关联，也与地址相关联。要使用 UTXO 中的比特币，就要通过私钥证明 UTXO 中的比特币是自己的。公钥所有人都知道，私钥只有自己知道，所以有 UTXO 对应地址的私钥就证明是 UTXO 中的比特币所有者。但是交易发起者不能直接发送私钥，因为这样私钥就暴露了，所以使用私钥签名代替私钥。只要私钥签名被验证，就相当于私钥被验证。当前整个区块链网络中的 UTXO 会被存储在每个节点中，只有满足了来源于 UTXO 和数字签名条件的交易才是合法的。所以，区块链系统中的新交易并不需要追溯整个交易历史，就可以确认当前交易是否合法。

大多数交易包含交易费。交易费作为矿工打包一笔交易到区块的一种奖励。成功挖到某区块的矿工将得到该区块内包含的交易费，这是为了激励矿工来打包交易以保证安全，同时通过对每笔交易收取小额费用来防止对系统的滥用。交易费是基于交易的规模来计算的。不同的矿工（比特币客户端）可能依据许多不同的参数对"待打包"交易进行优先级排序，如交易费用。这意味着有更多交易费的交易更可能被打包进下一个挖出的区块中；反之，交易费不足或者没有交易费的交易可能被推迟，基于"尽力而为"的原则在几个区块后被处理，甚至不被处理。交易费不是强制的，但是高交易费将被用于提高处理优先级。

比特币交易有两种类型：一种是 Coinbase 交易，也就是挖矿奖励的比特币，这种奖励来源于系统；另一种就是常见的普通交易了，即普通地址之间的转账交易。

比特币钱包是一个保存和管理比特币地址及对应公钥/私钥对的软件。根据终端类型，比特币钱包可以分为桌面钱包、手机钱包、网页钱包和硬件钱包。不同钱包的安全程度不同，少量持有比特币可以选用网页钱包这种轻量级的钱包存储；持有较大额度的比特币的用户来说，建议使用更高级的钱包存储方式，如硬件钱包。硬件钱包的成本较高，安全性也相对较高。

比特币官方提供钱包 Bitcoin Core，钱包中展示了可用的余额，可以给其他比特币地址转账、接收比特币并查看交易记录。

获得比特币总共有以下 3 种途径。

① "矿工"挖矿所得。

② 线下通过中间人购买。线下支付法币或者任何等价物后，转出方将比特币从他的地址转到购买者的地址，也可以通过线上"交易所"购买。

③ 商家收取比特币。例如，佛罗里达州程序员花 1 万比特币购买比萨的店主就收到了比特币。

3．比特币挖矿

很长一段历史里，作为基本货币的黄金需要人工开采获取，因此比特币记账者们之间争抢激励的方式被比作"挖矿"工作。当然，比特币系统中的"挖矿"只是一个形象的概念。"挖矿"是参与维护比特币网络的节点，通过协助生成新区块来获取一定量新增比特币的过程。"挖矿"就是争夺将这些交易打包成"交易记录区块"的权利，挖矿成功即该节点获得当前区块记账权。比特币系统会随机生成一道数学难题（后续会详细描述该数学难题），所有参与挖矿的节点一起参与计算这道数学难题，首先算出结果的节点将获得记账权。获得记账权的节点会获取一定数量的比特币奖励，以此激励比特币网络中的所有节点积极参与记账工作。

目前，每 10 分钟左右生成一个不超过 1 MB 大小的区块，其中包含了这 10 分钟内全网待确认的部分或全部交易，串联到最长链的尾部，每个区块的成功提交者可以得到系统 12.5 比特币的奖励（该奖励作为区块内的第一个交易，并在一定区块数产生后才能使用），以及用户支付的交易服务费用。矿工也可以自行产生合法的区块并获得奖励。每个区块的奖励最初是 50 比特币，每隔 21 万个区块自动减半，即 4 年时间，最终比特币总量稳定在 2100 万。

每个节点会将过去一段时间内发生的、尚未经过全网共识的交易信息进行收集、检验、确认，最后打包并添加签名，成为一个无法被篡改的"交易记录区块"，在获得记账权后将该区块进行广播，从而让这个区块被全部节点认可，让区块中的交易成为比特币网络上公认已经完成的交易记录并永久保存。

挖矿最主要的工作就是计算（上文提到的）数学难题，最先求出解的矿工即可获得该块的记账权。比特币系统中采用 SHA-256 算法，该算法最终输出的哈希值长度为 256 位。比特币中每个区块生成时，需要把前区块的哈希值、本区块交易信息的默克尔树根、一个未知的随机数（nonce）连接在一起，计算一个新的哈希值。为了保证 10 分钟产生一个区块，该工作必须具有一定难度，即哈希值必须以若干 0 开头。在哈希算法中，输入信息的任何微小改动即可引起哈希值的巨大变动，且这个变动不具有规律性。因为哈希值的位数是有限的，通过不断尝试随机数 nonce，总可以计算出一个符合要求的哈希值，且该随机数无法通过寻找规律计算出来。这就意味着，该随机数只能通过暴力枚举的方式获得。挖矿中的计算数学难题即为寻找该随机数的过程。哈希值由十六进制数字表示，即每位有 16 种可能。根据哈希算法的特性，出现任何一个数字的概率是均等的，即每位为 0 的概率为 1/16。要求某位为 0 平均需要 16 次哈希运算，要求前 n 位为 0，则需要进行哈希计算的平均次数为 16^n。矿工为了计算出该随机数，需要花费一定的时间进行大量的哈希运算。某矿工成功计算出该随机数后，则会进行区块打包并全网广播。其他节点收到广播后，只需要对包含随机数的区块按照同样的方法进行一次哈希运算即可，若哈希值以 0 开头的个数满足要求，且通过其他合法性校验，则接受这个区块，并停止本地对当前区块随机数的寻找，开始下一个区块随机数的计算。

随着技术的发展，进行一次哈希计算速度越来越快，同时随着矿工的逐渐增多，算出满足哈希值以一定数量 0 开头的随机数的时间越来越短。为保证比特币始终按照平均每 10 分钟一个区块的速度出块，必须不断调整计算出随机哈希计算的平均次数，即调整哈希值以 0 开头的数量要求，以此调整难度。比特币中，每生成 2016 个区块就会调整一次难度，即调整周期大约为两周（2016×10 分钟 ≈ 14 天）。也就是说，对比生成最新 2016 个区块花费的实际时间和按照每 10 分钟出一个块生成 2016 个块的期望时间，若实际时间大于期望时间，则降低难度，若实际时间小于期望时间，则增加难度。同时，为防止难度变化波动过大，每个周期调整幅度必须小于一个因子（当前为 4 倍）。若幅度大于 4 倍，则按照 4 倍调整。由于按照该幅度调整，出块速度仍然不满足预期，因此会在下一个周期继续调整。

随着区块链的日渐火爆，参与挖矿的人越来越多，按照比特币原本的设计模式，只有成功打包一个区块的人才能获取奖励。如果每个矿工都独立挖矿，在如此庞大的基数下，挖矿成功的概率几乎为 0，只有一个幸运儿可以获取一大笔财富，其他矿工投入的算力、电力资源就会白白亏损。或许投入一台矿机，持续挖矿好几年甚至更久才能挖到一个区块。

为了降低这种不确定性，矿池应运而生。假如有 10 万矿工参与挖矿工作，这 10 万矿工的算力总和占整个网络算力的 10%，则这 10 万个矿工中的某个矿工成功挖到下个区块的概率即为 1/10。即平均每个矿工成功挖到下个区块的概率为 1/1 000 000，平均每个矿工要花费 19 年可以成功挖到一个区块，然后获得相应的比特币奖励。但是假设这 10 万个矿工共同协作参与挖矿，则平均每 100 分钟即可成功挖到一个区块，然后按照每个矿工提供的算力分配该次收益。这 10 万个矿工的收益也会趋于稳定。当然，上述只是对矿池原理进行的一个简化分析，实际情况则要复杂得多。

当前大部分矿池是托管式矿池，一般由一个企业维护一个矿池服务器，运行专业的软件，协调矿池中矿工的计算任务。矿工不需要参与区块的验证工作，仅由矿池服务器验证即可，因此矿工也不需要存储历史区块，这极大地降低了矿工的算力及存储资源消耗。协调矿工进行计算的思路也非常简单，矿池将打包区块需要的交易等信息验证完成后发送给矿工，然后降低矿工的挖矿难度。例如，某个时段比特币系统需要哈希值"0"开头的个数大于50个，矿池可以将难度降低到40个"0"开头，矿工找到1个40个"0"开头哈希值的方案后，即可提交给矿池。矿池收到一个满足哈希值"0"开头个数大于50的方案时，即可提交至比特币网络。当然，你也许会想：若矿工计算得到1个"0"开头个数大于50的哈希值，则直接提交给比特币网络，独享该区块的收益；若计算得到1个"0"开头数在40~50之间的哈希值，则提交到矿池，享受整个矿池分配的收益。该方案当然是行不通的，因为区块内容是由矿池发送给矿工的，即受益者地址已经包含在该区块中了，即使直接提交，最终受益的也是矿池。如果修改该地址，即意味着区块内容改变，那么前面计算的哈希值也无效了。最后，矿池按照矿工提交方案数量计算贡献的算力，根据算力分配收益。当前矿池为协调矿工计算工作采用的最流行的协议为 Stratum 协议，该协议采用主动分配任务的方式。矿工首先需要连接到矿池订阅任务，矿池会返回订阅号 ID、矿池给矿工指定的难度及后续构造区块所需要的信息。连接成功后，需要在矿池注册一个账户，添加矿工，每个账户可以添加多个矿工。注册完成后即可申请授权，矿池授权成功后才会给矿工分配任务。矿池分配任务时，会提供任务号 ID 及打包区块需要的相关信息。收到任务后，矿工即开始哈希计算并打包区块。如果矿工收到新任务，将直接终止旧任务，开始新任务，同时矿工可以主动申请新任务。这种托管式矿池一直饱受争议，矿池的存在大大降低了挖矿的门槛，使普通设备也可以参与到挖矿中，吸引更多矿工参与区块链网络，同时降低了矿工的风险。但是弊病非常明显，矿池一定程度上违背了区块链去中心化的理念。

于是有人提出了 P2P 矿池来取代托管式矿池，但是由于其效率远低于托管式矿池，收益低下，司马迁说得好："天下熙熙，皆为利来，天下攘攘，皆为利往。"大部分矿工都更愿意因为利益而选择托管式矿池。由于托管式矿池掌握着大量的算力资源，拥有非常大的话语权，甚至某个矿池或者几个矿池联合掌握的算力超过整个网络的50%时，可以随意决定出块内容，并进行"双花"等操作。但是也不用太过担心，从经济学的角度，拥有大量算力的矿池已经是既得利益者，为保障自己的利益，肯定会不遗余力地保障比特币网络的平稳运行。

4．比特币分叉

软件由于方案优化、漏洞修复等原因进行升级是一种非常常见的现象。如手机应用等传统软件，升级非常简单，只需厂商发布，用户接受升级即可。但是对于比特币这种去中心化的系统，升级是非常困难的，需要协调网络中的每个参与者。由于分布在全球的节点不可能同时完成升级来遵循新的协议，因此比特币网络在升级时可能发生分叉。

对于一次升级，网络中升级的节点被称为新节点，未升级的节点被称为旧节点。根据节点兼容性，升级可分为软分叉（soft fork）和硬分叉（hard fork）。若比特币升级后，新的代码逻辑向前兼容，即新规则产生的区块仍然会被旧节点接受，则为软分叉；若新的代码逻辑无法向前兼容，即新产生的规则产生的区块无法被旧节点接受，则为硬分叉。

软分叉由于向前兼容，新旧节点仍然运行在同一条区块链上，并不会产生两条链，对整个系统影响相对较小。到目前为止，比特币发生过多次软分叉，如 BIP-34、BIP-65、BIP-66、BIP-9 等。其中，比特币改进建议（Bitcoin Improvement Proposal，BIP）指的是比特币社区成员针对比特币提出的一系列改进建议，对其具体内容感兴趣的读者可以通过访问 BIP 的网站自行查阅。

下面以 BIP-34 为例简单说明软分叉的过程。在旧版本中，存在一个无意义的字段 coinbase data，矿工不会去验证该字段的内容，BIP-34 升级的新版本则要求该字段必须包含区块高度，同时将版本信息由 1 修改为 2。该升级共包含三个阶段。

第一阶段：矿工将版本号修改为 2，此时所有矿工按照旧的规则验证区块，即不关心 coinbase data 字段内容，所有矿工不论以新规则还是旧规则打包区块，均可以被整个网络接受。

第二阶段：若最新产生的 1000 个区块中，版本号为 2 的区块个数超过 75%，则要求版本号为 2 的矿工必须按照新的规则打包区块，升级的矿工收到版本号为 2 的区块时，只会接受 coinbase data 字段包含区块高度的区块，对于版本号为 1 的区块，仍然不校验该字段并接受。

第三阶段：若最新产生的 1000 个区块中，版本号为 2 的区块个数超过 95%，则升级的矿工只接受版本号为 2 的区块，并对 coinbase data 字段进行校验，版本号为 1 的区块则不被接受，以此来逼迫剩余少量矿工进行升级。

软分叉虽然对系统的影响较小，但是为了保证向前兼容，不能新增字段，只能在现有数据结构下修改，即可升级的内容非常有限。同时，因为这些限制，软分叉一般升级方案比较复杂，复杂的方案往往更容易产生 bug，并且可维护性很差。

相比软分叉，硬分叉则会"暴力"很多，可用于改变共识规则，但需要系统的所有参与者进行协调。没有升级到新的共识规则的任何节点都不能参与共识机制，并且被强制保留在硬分叉时刻单独的区块链上。因此，硬分叉引入的变化可以被认为不是向前兼容，因为未升级的系统不能再处理新的共识规则。旧版本矿工无法验证新版本的区块而拒绝接受，仍然按照旧的逻辑只接受旧版本矿工打包的区块。而新版本产生的区块则会被新版本矿工接受，因此，新版本矿工保存的区块会与旧版本矿工保存的区块产生差别，即会形成两条链。

硬分叉修改余地很大，方案设计比较简单，但是如果整个网络中有不同的意见，就会导致整个生态的分裂。当前比特币影响最广泛的硬分叉事件即 2017 年 8 月 1 日的硬分叉，比特币由一条链分叉产生一条新的链"比特现金"（Bitcoin Cash，BCH）。

同时，硬分叉具有较高风险，因为它们迫使少数人选择升级或必须保留在少数派链条上，而将整个系统分为两个竞争系统被许多人认为是不可接受的风险。结果，许多开发人员不愿使用硬分叉机制来实现对共识规则的升级，除非整个网络都能达成一致。任何没有被所有人支持的硬分叉建议也被认为是"有争议"的，否则有分裂系统的风险。

为了解决以上问题，经过社区讨论，最终形成了两个改进方案，分别是扩容方案和隔离见证方案。

扩容方案的思路比较直接，既然现在因为区块太小而导致交易处理速度低下，就直接扩大区块的容量，使其能容纳更多的交易。原来 1 MB 不够用，就扩成 2 MB、8 MB，甚至直接扩到 32 MB。

隔离见证方案的思路是将交易分为两部分，一部分是交易信息，另一部分是见证信息，这两部分信息分开进行处理。好比一辆车太小，要搭车的人太多，于是让车上所有人将背包和行李放在另一辆跟着的货车上，这样原来的车就可以容纳更多的人了。

尽管通过硬分叉升级区块链协议的难度大于软分叉，但软分叉能做的事情毕竟有限，一些大胆的改动只能通过硬分叉完成。

1.2.3 区块链 2.0 架构

比特币的区块链架构主要围绕支持虚拟货币的实现，虽然它有一定的灵活性，但用来支撑虚拟货币以外的应用场景显得非常局限。近年来，区块链逐渐引起 IT 界的关注，并逐渐成为独立于比特币的一个平台架构，其重要性越来越受到重视，区块链 2.0 的概念也随之产生（见图 1-3）。其核心理念是把区块链作为一个可编程的分布式信用基础设施，支撑智能合约应用，以与过去比特币区块链作为一个虚拟货币支撑平台区别[6]。具体来说，不仅把区块链作为一个去中心化的虚拟货币和支付平台，更是通过增加链上的扩展功能，把区块链的技术范围扩展到支撑一个去中心化的市场，交易内容可以包括房产的契约、权益及债务凭证、知识产权，甚至汽车、艺术品等[7, 8]。

区块链 2.0 提供一套新的协议（区块链 2.0 协议）支撑新型的去中心化应用。如果用互联网协议类比，区块链 1.0 就相当于 TCP/IP，而区块链 2.0 相当于 HTTP、SMTP 和 FTP 等高级协议。甚至有把区块链 1.0 比作电话，而区块链 2.0 相当于智能电话。在比特币后，出现很多被称为区块链 2.0 的平台，其中最具代表性的是以太坊。以太坊的设计还是以比特币架构为基础的。

在区块链领域，以太坊项目也是十分出名的开源项目作为公有区块链平台，以太坊将比特币针对数字货币交易的功能进行了进一步拓展，面向更为复杂和灵活的应用场景，支持智能合约（Smart Contract）。从此，区块链技术的应用场景从单一基于 UTXO 的数字货

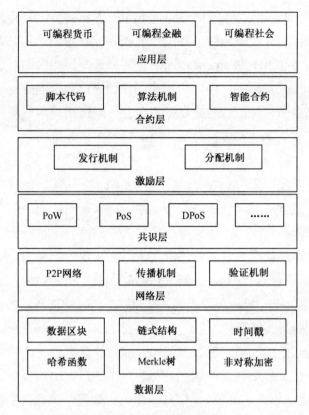

图 1-3　区块链 2.0 架构

币交易，延伸到图灵完备的通用计算领域用户，不再受限于只能使用比特币脚本支持的简单逻辑，而是可以自行设计任意复杂的合约逻辑。这就为构建各种多样化的上层应用开启了大门，可谓意义重大。

1.2.4　以太坊与智能合约

1. 以太坊概述

以太坊（Ethereum）是区块链 2.0 的典型代表，根据其官网的定义，"以太坊是一种支持智能合约的去中心化平台"，所以相较于比特币，以太坊除了支持数字货币交换功能，更重要的特性在于其具备的可编程智能合约。

以太坊是最成熟的区块链系统之一，提供了自定义区块链系统的方法。比特币的目的在于用它自己的共识机制来瓦解当前的支付系统和网上银行，而以太坊的最初目标是打造一个智能合约的平台，支持图灵完备的应用，按照智能合约的约定逻辑自动执行，理想情况下，将不存在故障停机审查、欺诈和第三方干预等问题[10, 11]。

智能合约（Smart Contract）是以太坊中最重要的一个概念，即以计算机程序的方式来缔结和运行各种合约。20世纪90年代，Nick Szabo等就提出过类似的概念，但因为缺乏可靠执行智能合约的环境，而被当作一种设计区块链技术的理论。以太坊支持通过图灵完备的高级语言（包括Solidity、Serpent、Viper）等来开发智能合约。运行在以太坊虚拟机（Ethereum Virtual Machine，EVM）中的应用可以接受来自外部的交易请求和事件，通过运行提前编写好的代码逻辑，生成新的交易和事件，可以调用其他智能合约。智能合约的执行结果可能对以太坊的账本状态进行更新，这些修改由于经过了以太坊网络中所有节点的共识，一旦确认后无法被伪造和篡改。

比特币在设计中并没有账户（Account）的概念，而是采用了UTXO模型记录整个系统的状态，任何人都可以通过交易历史来推算出用户的余额信息。而以太坊采用了不同的做法，直接用账户来记录系统状态，包括每个账户的余额信息、智能合约代码和内部数据存储等。以太坊支持在不同的账户之间转移数据，以实现更为复杂的逻辑。具体来看，以太坊账户分为两种类型：合约账户（Contracts Account）和外部账户（Externally Owned Account，EOA）。合约账户存储执行的智能合约代码，只能被外部账户来调用激活；外部账户为资产拥有者的账户，对应到某公钥账户，包括nonce、balance、storageRoot、codeHash等字段，由个人来控制。当合约账户被调用时，存储的智能合约会在矿工处的虚拟机中自动执行，并消耗一定的燃料（Gas）。燃料需要通过外部账户中的以太币购买。

在以太坊中，交易（Transaction）是指从一个账户到另一个账户的消息数据，消息数据可以是以太币或者合约执行参数。以太坊采用交易作为执行操作的最小单位，每个交易包括如下字段：to，即目标账户地址；value，即转移的以太币（Ether）数量；nonce，即交易相关的字串；gasPrice，即执行交易需要消耗的Gas价格；startGas，即交易消耗的最大Gas值；signature，即签名信息。在发送交易时，用户需要缴纳一定的交易费用，通过Ether方式进行支付和消耗。目前，以太坊的交易速度比比特币的快，达到每秒几十笔。

Ether是以太坊网络的货币，主要用于购买Gas，支付给矿工，以维护以太坊网络运行智能合约的费用。Ether的最小单位是wei，1 Ether = 10^{18} wei。同样，Ether可以通过挖矿来生成，成功生成新区块的以太坊矿工可以获得Ether的奖励，以及（包含在区块内）交易的Gas。用户也可以通过交易市场来直接购买Ether。目前，每年可以通过挖矿生成超过1000万Ether，1 Ether的市场价格超过1757美元（2022年6月价格）。

燃料控制某次交易执行指令的上限，每执行一条合约，指令会消耗固定的Gas。若某交易还未执行结束而燃料已消耗完，则合约执行终止并回滚状态。Gas可以与Ether进行兑换。需要注意的是，Ether的价格是波动的，但运行某段智能合约的Gas是固定的，可以通过设定Gas价格等进行调节。

2．以太坊的架构

以太坊的架构如图1-4所示，分为底层服务、核心层、顶层应用。

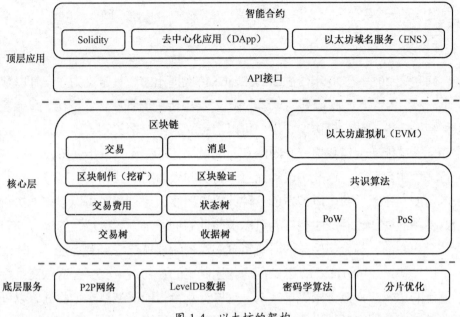

图 1-4　以太坊的架构

（1）底层服务

底层服务包含 P2P 网络、LevelDB 数据库、密码学算法及分片（Sharding）优化等基础服务。P2P 网络中的每个节点彼此对等，各节点共同提供服务，不存在任何特殊节点，网络中的节点能够生成或审核新数据。而以太坊中的区块、交易等数据最终被存储在 LevelDB 数据库中。密码学算法用于保证数据的隐私性和区块链的安全。分片优化使得以太坊可以并行验证交易，大大加快了区块生成速度。这些底层服务共同保证以太坊平稳地运行。

（2）核心层

核心层包含区块链、共识算法和以太坊虚拟机（EVM）等，以区块链技术为主体，辅以以太坊特有的共识算法，以以太坊虚拟机作为运行智能合约的载体，是以太坊的核心组成部分。区块链构造的去中心化账本需要解决的首要问题就是如何确保不同节点上账本数据的一致性和正确性，而共识算法正是用于此。EVM 是以太坊的一个主要创新，是智能合约的运行环境，使得以太坊能够实现更复杂的逻辑。

（3）顶层应用

顶层应用包括 API 接口、智能合约、去中心化应用（Decentralized Application，DApp）和以太坊域名服务（Ethereum Name Service，ENS）等。DApp 通过 Web3.js 与智能合约层进行信息交换，所有的智能合约都运行在 EVM 上，并会用到 RPC 的调用。顶层是最接近用户的。企业可以根据自己的业务逻辑，实现自身特有的智能合约，以高效地执行业务。

底层服务中的 LevelDB 数据库存储了交易、区块等数据，密码学算法为区块的生成、交易的传输等进行加密，分片优化加快了交易验证的速度，共识算法用于解决 P2P 网络节点之间账本的一致性，顶层应用中的 DApp 需要在 EVM 上执行，因此各层相互协同又各司其职，共同组成了一个完整的以太坊系统。

3．智能合约

智能合约是在 20 世纪 90 年代由 Nick Szabo 首次提出的，其定义为"一套以数字形式指定的承诺，包括各参与方履行其他承诺的协议"。与传统的纸质合约相比，智能合约是一套执行某种特殊条件的计算机协议，用户可以自定义与协议相关的规则和条件。这类协议一旦制定和部署就能实现自我执行（self-executing）和自我验证（self-verifying），并能够在可信的执行环境中自动执行这些协议，而且不再需要人为的干预。

从技术角度，智能合约可以被看成一种计算机程序，这种程序可以自主地执行全部或部分与合约相关的操作，并产生相应的可以被验证的证据来说明执行合约操作的有效性。在部署智能合约之前，与合约相关的所有条款的逻辑流程就已经被制定好了。智能合约通常具有一个用户接口（interface），以供用户与已制定的合约进行交互，这些交互行为严格遵守此前制定的逻辑。得益于密码学技术，这些交互行为能够被严格地验证，以确保合约能够按照此前制定的规则顺利执行，从而防止出现违约行为。

从应用角度，智能合约是一种用计算机语言取代法律语言去记录条款的合约。如果区块链是一个数据库，智能合约就是能够使区块链技术应用到现实的应用层。传统意义上的合同一般与执行合同内容的计算机代码没有直接联系。纸质合同在大多数情况下是被存档的，而软件会执行用计算机代码形式编写的合同条款。智能合约的潜在好处包括降低签订合约、执行和监管方面的成本，可以极大降低人力成本。

智能合约通常是采用 Solidity 等高级编程语言编写的。但是为了在以太坊虚拟机上运行，这些代码必须编译为 EVM 可以执行的底层字节码。编译完成后，这些代码会通过一个特殊的合约创建交易，部署到以太坊区块链上。这个特殊交易的目标地址是被称为 0x0 的合约创建地址。每个智能合约实例都通过以太坊地址来表示，这个地址由智能合约的创建交易在创建账户和随机数时生成。智能合约实例的地址可以在交易中用作为收款地址，向合约地址发送 Ether，或者通过地址调用智能合约实例中的函数。需要注意的是，不同于外部账户，新建的智能合约实例并没有与之关联的私钥。智能合约的创建者并不会在协议层获得相对其他用户而言的任何特权（尽管可以把自己的特权写入合约内部）。智能合约创建者肯定不会收到一个智能合约账户的私钥，因为它并不存在。可以认为，智能合约是它自己的主人。注意，智能合约只有在被交易调用时才会执行。归根结底，以太坊上所有智能合约的执行都是由来自外部账户所创建的交易触发的。智能合约可以调用另一个智能合约，然后一层层地在智能合约之间不断调用，但是这个执行链条中第一个智能合约的执行一定是由外部账户所创建的交易触发的。智能合约永远不会"自动运行"或者"在后台运行"。在没有交易触发（不论是直接触发，还是通过智能合约调用）执行的情况下，智能合约永远处于等待调用的状态。

另外，任何情况下，智能合约的"并发执行"都是没有意义的。在以太坊中，计算机可以被认为是一台单线程的计算机。交易是原子化的，无论它调用多少智能合约，或者这些智能合约被调用后执行多少操作。交易的执行是一个整体，对于全局状态（如智能合约、账户等）的修改只会在所有执行都确定成功后才会进行。确定成功意味着程序的执行没有出现任何错误，或者遇到执行的终结。如果智能合约因为错误而终止，那么它之前进行的所有操作（如改变的状态）都会被回滚，就像从来没有发生过一样。失败的交易仍旧会被作为一次失败的尝试而记录在案，执行所花费的 Gas 将从发起账户中被扣除。除此之外，它不会对智能合约或者账户状态产生任何其他影响。

如上所述，智能合约实例的代码是不能被更改的。然而，智能合约实例可以被删除，从它的地址把代码和智能合约实例的内部状态（存储）清空，让这个地址变成一个空账户。智能合约实例被清空后，任何向这个地址发起的交易都不会引发任何代码的执行，因为这个地址对应的智能合约实例已经没有代码可供执行了。要删除智能合约实例，需要执行名为 SELFDESTRUCT（之前称为 SUICIDE）的 EVM 字节码。这个操作会产生负的 Gas 消耗，也就是系统会提供 Gas 退款，这也会激励人们通过删除存储状态的方式释放资源。删除智能合约并不会清除这个智能合约之前交易的历史记录，因为区块链本身是不可变的。另外，只有智能合约的开发者在代码中编写了对应的删除功能，SELFDESTRUCT 字节码才会起作用。如果智能合约的代码不包含 SELFDESTRUCT 字节码，或者智能合约实例是不可执行的，那么这个智能合约实例就无法删除。

现今，虽然智能合约还未被广泛应用和实践，但已得到研究人员和业内人士的广泛认可，如高效的实时更新、准确执行、较低的人为干预风险、去中心化权威、较低的运行成本等。

4．以太坊与图灵完备

"图灵完备"一词来源于被誉为计算机科学之父的英国数学家阿兰·图灵。1936 年，图灵创建了一个数学模型之上的计算机，这个计算机是一个包含操作符号的状态机，可以从连续的内存（如无限长度的磁带）中读取和写入这些数据。在这个构想下，图灵进一步探索关于通用可计算性这个问题的数学基础，这也意味着求证是否任何问题都可解（图灵的研究试图给出否定答案）。图灵证明了有一类问题是不可解的，特别是著名的停机问题（即给定任意程序和输入，试图证明程序最终是否会停止运行）是不可解的。图灵随后定义了一个名为"图灵完备"的系统，这个系统可以用来模拟所有的图灵机。这类系统被称为通用图灵机。

以太坊具备执行存储在区块链之上的程序的能力，是由被称为 EVM 的状态机完成的。能够从存储中读取和写入数据，让这个状态机成为图灵完备的系统，也就是满足通用图灵机的定义。在给定充足内存的情况下，以太坊可以计算任何图灵机可以计算的算法。以太坊的突破性创新在于，它把存储程序计算机这样的通用目的计算架构与去中心化区块链相结合，创建了一个分布式的单体状态世界计算机。无论以太坊的程序运行在任何地方，都能够产生一致的共识状态，通过共识规则确保安全。

这就意味着在 EVM 上可以做所有的计算，包括无限循环。EVM 指令包括 JUMP 跳转指令，可以让程序跳回前面的程序代码，也可以像条件判断语句那样做条件跳转，当满足一定条件时将程序跳转到另一个地方执行。另外，智能合约可以调用其他智能合约，因此提供了潜在的递归调用的功能。

这自然会导致一个问题：一个恶意的用户能否通过强制矿工或全部节点进入死循环而使他们基本关掉呢？这个其实也是一个"停机问题"。以太坊怎么解决这个问题呢？它首先要求每个交易要给出最大的计算步骤，交易的发起人要提供 Gas 作为交易费，以供矿工把交易加进区块。如果实际运行超过了该最大计算步骤，计算将被终止，而交易费归挖到该区块的矿工所有。因此，以太坊采用计算需消耗 Gas 的方法来保证以太坊的安全。以太坊网络的每个节点都运行 EVM 并执行智能合约代码，以太坊就像一个并行运行的"世界电脑"，在所有节点上同时进行账户的状态转换，并形成网络层面对所有账户状态的共识。虽然这种 P2P 的运行方式并不是最高效的，但是最有安全保障的，可以说，这部"世界电脑"永不停机。

EVM 是一个运行字节码（特殊形式机器码）的虚拟机，是运行类似 x86_64 指令集的计算机 CPU。显然，可以直接使用字节码开发智能合约，但是 EVM 的字节码对于程序员来说非常难读和难懂。因此，大多数以太坊开发者使用高级编程语言编写智能合约，然后通过编译器转化为 EVM 字节码。尽管任何高级编程语言都可以用来编写智能合约，但是让这些编程语言去兼容 EVM 的字节码却是一件苦差事，而且往往会无功而返。智能合约运行在一个高度隔离并且极其简单的执行环境（EVM）中，不存在常见的用户界面、操作系统接口和硬件接口。另外，与 EVM 相关的一系列系统参数和函数也需要在编程语言中有所体现和支持。因此，从头开始开发一款全新的编程语言反而可能是好办法，因为这样不会受到通用编程语言的种种限制，而且更适合编写智能合约。因此，一系列专门用于编写智能合约的编程语言开始涌现。以太坊有若干智能合约编程语言和相应的编译器，用于生成可供 EVM 执行的字节码。

编程语言可以分为两大类：声明式的和指令式的，也对应称为函数式的和过程式的。在声明式的编程语言中，我们通过编写函数来表示程序的逻辑，但是不体现出程序的执行过程。声明式编程语言用于编写那些对函数之外的状态没有修改的程序。声明式编程语言包括 Haskell 和 SQL。指令式编程语言与之相反，是指程序员编写一组包含了逻辑和执行流程的指令。指令式编程语言包括 C++和 Java。有些编程语言是混合式的，意味着尽管这些语言鼓励使用声明式，但是可以用来表述指令式的程序片段。这些混合式的编程语言包括 Lisp、JavaScript 和 Python。简而言之，指令式的语言可以用来编写声明式的代码，但是会产生一些不够优雅的代码。相比之下，单纯的声明式语言不能用来编写指令式代码，因为在纯声明式语言中并没有"变量"这个概念。尽管指令式程序代码更容易编写和阅读，大多数程序员也都在使用，却很难用于编写那些严格按部就班执行的代码。程序的任何部分都有可能改变状态，这使得我们很难推断程序的执行，并有可能引入许多非预期的错误。声明式程序也许更难编写，但更容易理解（和控制）程序的行为方式——程序的各部分都是相互独立的，降低了理解程序的难度。智能合约为程序员设定了一个很高的门槛：如果有 bug，可能会损失大量的资产。因此，编写智能合约需要极力避免任何可能的错误。为此，程序员必须清楚地了解程序的预期行为。

1.3 联盟链

联盟链通常应用在多个互相已知身份的组织之间进行的区块链系统构建，如多个银行之间的支付结算、多个企业之间的物流供应链管理、政府部门之间的数据共享等。因此，联盟链系统一般需要严格的身份认证和权限管理，节点的数量在一定时间段内也是确定的，适合处理组织间需要达成共识的业务。联盟链的典型代表是 Hyperledger Fabric 系统。

联盟链的特点如下。

1．效率较公有链有很大提升

联盟链参与方之间互相知道彼此在现实世界的身份，支持完整的成员服务管理机制，成员服务模块提供成员管理的框架，定义了参与者身份及验证管理规则；在一定的时间内，参与方个数确定且节点数量远远小于公有链，对于要共同实现的业务在线下已经达成一致。因此，联盟链共识算法较比特币 PoW 的共识算法约束更少，共识算法运行效率更高，如 PBFT、Raft 等共识算法可以实现毫秒级共识确认，吞吐率有极大提升。

2．更好的安全隐私保护

联盟链内的数据仅对联盟成员开放，非联盟成员无法访问。即使在同一个联盟内，不同业务之间的数据也进行一定的隔离，如 Hyperledger Fabric 的通道（Channel）机制将不同业务的区块链进行隔离，Fabric 1.2 版本中推出的 Private Data Collection 功能支持对私有数据提供加密保护。另外，不同厂商对联盟链做了隐私保护增强，如某些厂商公有云的区块链服务（Blockchain Service，BCS）提供了同态加密，对交易金额信息进行保护；通过零知识证明，对交易参与方的身份进行保护等。

3．无代币激励

联盟链中的参与方为了共同的业务收益而共同配合，因此自发拥有贡献算力、存储资源、网络资源的动力，一般不需要通过额外的代币进行激励。

1.3.1　区块链 3.0 架构

《区块链：新经济蓝图及导读》一书的作者 Melanie Swan 把超越货币、金融范围的区块链应用归为区块链 3.0，特别是在政府、健康、科学、工业、文化和艺术领域的应用。它支持广义资产、广义交换，支持行业应用。支持行业应用意味着区块链平台必须具备企业级属性。具体来说，就是安全性的考虑会更为突出。很多企业级应用场景需要有授权才能访问区块链，也就是权限控制链（Permissioned Chain）。一般来说，企业级区块链的部署模式是联盟链或私有链。另外，区块链 3.0 需要图灵完备的智能合约平台，同时对网络和共识算法的性能、每秒交易数（TPS）都有比较高的要求。因此，区块链 3.0 架构是分布式架构，但可以不是完全去中心化的架构，最有可能是在不同场景下的混合架构，也就是在部分场景特别需要消费者参与共识过程的环境下可能使用去中心化架构；而在很多企业使用场景中，可能半中心化（如联盟链场景）或部分中心化（如私有链场景）更合适。

目前，虽然像 NameCoin、Factom 等应用已属于区块链 3.0 的应用，但成熟的支撑区块链 3.0 应用的平台还不多见。HyperLedger Fabric 项目是基于 IBM 开源的 Open Blockchain 平台。Open Blockchain 平台定位于企业市场，是一个平台化设计，支持插件式共识算法的更换，以智能合约设计为中心，主要支持商用场景，其设计已接近区块链 3.0 的架构。区块链 3.0 的应用场景很多，下面简单介绍一些典型的应用案例。

① 自动化采购方希望订立一个自动化的供货流程，追踪合约执行过程，并根据条件（时间、地点、质量、数量）自动完成全额支付、部分支付、补贴、罚款。此过程会涉及多个采购方、供货方、物流、银行等，需要对每批次商品的供货过程有完整记录。传统的解决方案存在的问题是：如何让各方遵守规则，完全按供货记录计算盈收？现在可以通过采用区块链方案，实现多方共同记账，共同监管，实现高效性和高透明度，并提高抗风险能力。

② 智能物联网应用智能设备代替人处理一些日常工作。例如，汽车可以自动订购汽油、预定检修服务或清洗服务；冰箱可以自动订购食品，甚至空调和冰箱可以规划如何错峰用电等。其中面临的挑战是智能设备是否可信，如何监控、管理分散的智能设备。区块链方案可以在一个分布式的物联网建立信用机制，利用区块链的记录来监控、管理智能设备，同时利用智能合约来规范智能设备的行为。

③ 供应链自动化管理客户希望了解购买商品的供应链信息。例如，消费者希望知道食品的生产、加工、经销、仓储、运输过程，原材料的来源等；整机集成商希望知道部件的生产厂商、渠道来源等。现有的问题是商品供应链权属关系（原厂、总代、分销、零售）和上下游关系（生产、总装、维修、保养）都比较长，没有一个统一共享的数据平台，每个企业只能获取一部分的信息。而且在生产过程中，商品形态也会出现很大的变化（如小

麦、面粉、饼干），使商品的追踪溯源非常困难。区块链方案则可以登记每个商品的出处，提供一个共享的全局账本，追踪溯源所有引起状态变化的环境。这对生产过程、市场渠道的管理和政府监管都会有所帮助。

④ 虚拟资产兑换、转移。在游戏或某些行业中，消费者会积累很多虚拟资产（点数、积分、奖励、装备、战力）等。消费者希望能方便地将虚拟资产兑换或转移，如游戏玩家希望游戏虚拟资产能从一个游戏转移到另一个游戏，或者玩家之间能够互相兑换这些虚拟资产。现在的问题是如何建立一个自动化的、可信任的交易平台来实现虚拟资产安全、公正的转移。目前，中心化的兑换平台很容易被运营商操纵，而区块链方案可以实现虚拟资产公开、公正的转移，不受第三方影响，自动到账。

⑤ 产权登记。包括不动产、动产、知识产权、物权、租赁使用权益、商标、执照、各类票据、证书、证明、身份、名称登记等在内的产权登记，都可以采用区块链技术来登记，以保证公正、防伪、不可篡改和可审计等。未来，随着人工智能（AI）、物联网（IoT）的发展，区块链会有越来越广泛的应用场景，将作为下一代互联网的重要组成部分，解决目前互联网存在的建立信用、维护信用成本高的问题，并将互联网从现在的信息互联网提升到价值互联网，这必将给人类社会的方方面面带来更多的革新。

区块链 3.0 是价值互联网的内核[15]。区块链能够对于每个互联网中代表价值的信息和字节进行产权确认、计量和存储，从而实现资产在区块链上可被追踪、控制和交易。区块链 3.0 主要应用于社会治理领域，包括身份认证、公证、仲裁、审计、域名、物流、医疗、电子邮件、签证、投票等领域，其应用范围已扩大到全社会。

区块链技术可能成为"万物互联"的底层协议[1]，区块链 3.0 体系架构如图 1-5 所示，包含以下组成部分[2]。

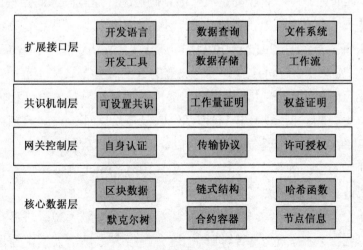

图 1-5　区块链 3.0 体系架构

（1）核心数据层

链式结构决定了区块链数据的存储形式，由区块头、交易数据和区块数据三部分组成。不同区块的区块头通过哈希指针串联起来，形成整个区块链底层数据的链表。默克尔树描述了区块链中节点的层次结构。合约容器为智能合约的开发提供了专用存储空间。

（2）网关控制层

区块链的网络结构是典型的点对点网络，所有节点参与数据的维护，当某节点请求对区块数据进行操作时，其他节点参与身份认证和数据验证。通过认证的节点和验证后的数据才会被添加到账本中。

（3）共识机制层

区块链网络利用工作量证明（PoW）和权益证明（PoS）来阻止网络攻击，以保证数据的合法和安全，防止信息被篡改。在区块链 3.0 中，为了匹配各行业的使用需求，共识机制不是固定的，用户可以根据需要选用配置。

（4）扩展接口层

区块链 3.0 提供了开发平台和应用程序编程接口（API），包含智能合约开发语言、图形化开发工具、文件系统、数据存储、数据查询和工作流等技术。

1.3.2 超级账本

1．Hyperledger 架构

比特币等公有链无法克服自身固有的一些问题，如：交易效率很低，整个网络吞吐量大约只有每秒 7 笔，而且每笔交易需要 60 分钟以上才能确认；交易的确定性（Finality）问题也无法保证，理论上，每个区块都是没有最终确定的。这些问题使公有链不能满足大多数商业应用的要求。为了克服上述不足，设计适合商用的区块链平台迫在眉睫。在各界强烈的呼声中，Linux 基金会于 2015 年 12 月启动了名为"超级账本"（Hyperledger）的开源项目，旨在推动各方协作，共同打造基于区块链的企业级分布式账本底层技术，用于构建支撑业务的行业应用和平台[12, 13]。超级账本提供多种区块链技术框架和代码，包括开放的协议和标准、不同的共识算法和存储模型，以及身份认证、访问控制和智能合约等服务。模块化、高性能和高可靠性是很重要的设计目标，以支持各种各样的商业应用场景。参与超级账本项目的企业阵容相当强大，不仅有 IBM、Intel、Cisco 等科技巨头，还有摩根大通、富国银行、荷兰银行等金融大鳄，以及 R3、ConsenSys 等专注区块链的公司。不管是从代码数量还是从社区参与度来看，超级账本都是最大的区块链开源项目。与比特币、以太坊等由极客主导的公有链项目相比，超级账本是由大型企业领衔的商业化联盟链项目。

作为一个整体项目，Hyperledger 本身并没有单一的架构，但是设计理念包括模块化

可扩展方法、互操作性、对安全解决方案的重视、没有原生加密货币的代币不确定性方法和易用性。

Hyperledger 架构工作组区分了以下业务区块链组件。

❖ 共识层——负责生成关于订单的协议，并确认构成区块的一组交易的正确性。

❖ 合约层——负责处理事务请求，并通过执行业务逻辑确定事务是否有效。

❖ 通信层——负责参与共享账本实例的节点之间的点对点消息传输。

❖ 数据存储抽象——允许其他模块使用不同的数据存储。加密抽象允许不同的加密算法或模块被交换，而不影响其他模块。

❖ 身份服务——支持在区块链实例的设置期间建立信任根，在网络运行期间注册和重新设置身份或系统实体，以及管理更改（如删除、添加和撤销），并提供身份验证和授权。

❖ 政策服务——负责管理系统中指定的各种政策，如背书政策、共识政策或组管理政策，通过接口和依赖其他模块来执行各种策略。

❖ API——允许客户端和应用程序通过 API 接口连接到区块链。

❖ 互操作——支持不同区块链实例之间的互操作。

2. Hyperledger 技术特点

超级账本项目由会员公司组成。只要是 Linux 基金会的会员公司，缴纳一定的年费，即可成为超级账本项目的会员，按照所缴年费数额的多少，分为首要会员（Premier Member）和普通会员（General Member），以及一种无须缴费且无投票权的附属会员（Associate Member）。超级账本项目会员，可以参加日常会议，并享有会员特权和履行会员义务。超级账本项目设有理事会（Governing Board），负责日常事务管理，包括审核预算、监督项目和市场活动、表决重要事项等职责。每个首要会员可以委派一名理事会成员，普通会员每年可推选不超过两名理事会成员。技术指导委员会（Technical Steering Committee，TSC）主席及一名用户顾问团（End User Technical Advisory Board，EU-TAB）成员也是理事会成员。技术指导委员会由项目的贡献者（Contributor）或维护者（Maintainer）选举产生，主要任务是在技术上保证项目正常进行，包括制定技术方向、审批项目议案、设立工作组和工作流程，以及与技术社区用户交流等。任何人都可以成为项目的贡献者，只需贡献代码、文档或其他技术性产品。部分项目贡献者将成为项目的维护者，拥有对代码库的管理权。在超级账本项目开始的前 6 个月，技术指导委员会由每个首要会员指派的一名成员和各顶级项目的维护者共同组成，还会选举出一位主席作为理事会成员，以加强与理事会的沟通。用户顾问团有一名代表可以参与理事会的讨论和投票。

超级账本项目的目标是为商业区块链应用提供底层支持，因此在知识产权上采用了商业友好的使用许可。所有添加到项目中的代码都要使用 Apache 2.0 的许可协议，项目对外提供的代码同样依照 Apache 2.0 的许可协议，这是非常宽泛的许可协议，可以满足绝大部分商业应用的需求。项目的文档遵循知识共享 4.0 国际许可协议（Creative Commons Attribution 4.0 International License），适合商业和非商业用途。

超级账本项目充当了一个"温室"，将来自很多不同领域及市场空间的用户、开发人员和供应商聚集在一起。所有参与者都有一个共同点：对学习、开发和使用企业区块链感兴趣。不同的组织有不同的需求，所以不会有一个单一的、标准的区块链能满足所有需求。因此，需要很多具有不同特性的区块链为多种行业提供广泛的解决方案。超级账本项目可以孵化新的想法，向每个人提供必要的资源，并广泛分发成果。温室结构可以支持多种不同的品种，同时消耗的资源要少得多。

超级账本项目具有以下技术特点。

（1）帮助跟上发展

在一个开放源码环境中完成所有的开发是一件困难的事情。由于涉及的成本和复杂性，一些组织可能会放弃，或者根本就不会开始。Hyperledger 通过创建一个协作环境来简化交流，从而减轻了这种研究负担。更好地沟通可以帮助新参与者更快地获得必要的信息，从而赶上进度。随着新的参与者快速加入协作工作，这将加快开发，使整个社区受益。

（2）通过专业化提高生产力

自亚当·斯密以来，经济学的一个基本前提是专业化——也被称为劳动分工——会带来更高的生产率。专业化使人们能够集中他们的精力在更少的任务上，成为专家。专业化可以创造更多的专业知识、更多的附加价值，并最终创造更多的财富。这就是专业化已经被证明是全球经济发展的驱动因素。参与者可以通过专门研究新技术的某些领域（如区块链）获得同样的好处——更多的专业知识、更多的附加价值和更好的全面生产力。在没有任何温室组织的开放源码环境中，这将困难得多。Hyperledger 的温室结构鼓励专业化，从而提高生产率。碰巧擅长相似领域的参与者不会相互竞争。在温室组织中，专家们被鼓励联合起来加速他们的研究和开发。

（3）合作以避免重复工作

在一个孤立的环境中，许多人可能会不知不觉地重复彼此的努力。温室组织高度鼓励参与者之间的合作。这样可以避免重复，简化新项目的开发，并鼓励创建有益于整个社区的公共组件。通过更好地理解其他项目，各种分布式分类账之间的互操作性也得到了增强。Hyperledger 提供的管理结构可以帮助解决任何可能出现的互操作性争议。

（4）更好的代码质量控制

开源软件因其高质量而得到认可，这是通过仔细的代码审查和重要的调试实现的。Hyperledger 通过技术管理委员会审查所有项目的整个生命周期来促进质量控制。这给新项目提供了一个被评价的机会，因此开发人员可以从所有现有的项目中获得知识。长期的项目成员可能在新项目中发现创新，这样可以改进自己的项目。这种温室结构也促进了新项目与现有项目之间的互操作性。

（5）更容易处理知识产权

温室结构带来的另一个好处是更容易、更一致地处理知识产权。

Hyperledger 在 Apache 2.0 代码许可（见 apache.org/licenses/LICENSE-2.0）和知识共享 4.0 国际许可协议（见 creativecommons.org/licenses/by/4.0/）下运行。这两种许可证对企业非常友好，对知识产权的单一、一致的方法消除了成员之间对复杂昂贵的合同关系。所有参与者都清楚地传达了他们的期望，任何构建和使用 Hyperledger 技术的人都可以参与其中，而不必担心遇到隐藏的法律障碍。

3．Hyperledger 典型项目

超级账本包括很多项目（Project），每个项目是社区在某方面协同努力的工作内容，既可以是创建各类文档，也可以是开发特定功能的代码。超级账本采用了开源项目常见的孵化流程：一方面鼓励社区提出更多的新建议；另一方面给社区提供项目进展情况的指引，以便了解项目是否已经成熟可用，或处于试验或开发阶段。超级账本项目根据发展程度可处于 5 种状态：提案、孵化、成熟、弃用和终止。项目在开展的过程中可能在数个状态之间转换多次。

（1）提案（Proposal）

提案就是设立项目的建议，任何人都可以向技术指导委员会递交提案。提案需要有清晰的描述和项目的范围，确认将投入开发的资源和项目维护者，同时必须是厂商中立的方案。如果提案被批准，该项目就正式启动，交由相关的项目维护者管理，项目进入孵化状态。

（2）孵化（Incubation）

进入孵化状态的项目，可在超级账本的 Github 账号下创建专属的代码库，以便社区能协作开发、共同探索不同的方案，为项目添加所需的各种功能。超级账本同时包含多个孵化期的项目，为了鼓励社区的创新，项目之间或许有重叠。长远看，各项目最终可取长补短，把项目间共性或互补的功能抽取、合并到同一个项目框架中，实现完整的技术方案。孵化项目的目标就是使代码达到质量稳定、可用的标准，具有成熟的发布流程，并在社区拥有众多的活跃开发者。项目的维护者可向技术指导委员会提出审批申请，宣布项目转变为成熟状态。当然，项目由于实施不当或目标改变等原因，也有可能最后无法从孵化状态转化为成熟状态。

（3）成熟（Mature）

从孵化状态"毕业"的项目将进入成熟状态，项目的成果适合在实际的应用中使用。与大多数开源项目一样，成熟项目还会持续地完善功能、修复错误，以及定期发布更新版本。

（4）弃用（Deprecated）

项目发展到一定阶段，由于各种原因，已经不适应实际需要，此时项目维护者可投票表决，是否让项目进入弃用状态。如果投票通过，技术指导委员会将宣布项目进入弃用状态。社区将继续维护该项目 6 个月，之后将不再发布任何更新。

（5）终止（End of Life）

在弃用状态持续 6 个月后，项目正式进入终止状态，不再维护和开发。

超级账本的初始成员公司中不少已经开发了自己的区块链项目，都希望贡献这些代码给超级账本，成为其中的项目。这些成员的备选项目功能上既有侧重也有重复，因此较好的方式是把这些项目整合，互通有无，形成功能完整统一的方案。截至 2016 年 7 月，通过提案进入孵化状态的项目有两个：Fabric 和 Sawtooth Lake（锯齿湖）。

Fabric 是由 IBM、数字资产和 Blockstream 三家公司的代码整合而成的。由于这三家公司原来的代码分别使用不同的语言开发，因此无法直接合并到一起。为此，三家公司的程序员进行了一次黑客松编程。通过这次黑客松编程[1]，终于把原来用不同语言编写的三个项目集成到一起，可实现基本的区块链交易和侦听余额变化的功能。这次黑客松的成果奠定了 Fabric 项目的基础。

Sawtooth Lake 来自 Intel 贡献的代码，是构建、部署和运行分布式账本的高度模块化平台。该项目主要提供了可扩展的分布式账本交易平台及两种共识算法，分别是时间消逝证明（Proof of Elapsed Time，PoET）和法定人数投票（Quorum Voting）。随着更多的提案通过审批，超级账本会包含越来越多的项目。

Hyperledger 的所有项目代码托管在 Gerrit GitHub（只读，自动从 Gerrit 同步）上，目前主要包括如下顶级项目。

① Fabric：包括 Fabric、Fabric CA、Fabric SDK（包括 Node.Js、Python、Java 等语言），目标是区块链的基础核心平台，支持 PBFT 等共识机制和权限管理，由 IBM DAH 发起[14]。

② Sawtooth：包括 arcade、core、dev-tools、validator、mktplace 等，支持全新的基于硬件芯片的共识机制 Proof of Elapsed Time（PoET），由 Intel 主要发起和贡献。

③ Iroha：账本平台项目，用 C++代码实现，具有面向 Web 和 Mobile 特性，主要由 Soramitsu 发起和贡献。

④ Blockchain Explorer：提供 Web 操作界面，可以快速查询绑定区块链的状态（区块个数、交易历史）信息等，由 DTCC、IBM、Intel 等发起。

⑤ Cello：提供区块链平台的部署和运行管理功能时使用 Cello，管理员可以轻松部署和管理多条区块链，应用开发者无须关心如何搭建和维护区块链，由 IBM 团队发起。

⑥ Indy：提供基于分布式账本技术的数字身份管理机制，由 Sovrin 基金会发起。

⑦ Composer：提供面向链码开发的高级语言支持，自动生成链码等，由 IBM 团队发起并维护。

⑧ Burrow：提供以太坊虚拟机的支持，实现支持高效交易的带权限的区块链平台，由 Monax 公司发起。

这些顶级项目相互协作，构成了完善的生态系统。

4．Hyperledger Fabric

Fabric 项目的目标是实现一个通用的权限区块链（Permissioned Chain）的底层基础框架。为了适用于不同的场合，Fabric 采用模块化架构，提供可切换和可扩展的组件，包括共识算法、加密安全、数字资产、记录仓库、智能合约和身份鉴权等服务。Fabric 克服了比特币等公有链的缺陷，如吞吐量低、无隐私性、无最终确定性和共识算法低效等，使得用户能够方便地开发商业应用。在超级账本联盟成立之前，IBM 公司就开源了"开放区块链"（Open Blockchain，OBC）项目。在联盟成立之后，该项目约 44000 行代码被贡献给了 Linux 基金会，成为了 Fabric 的主要组成部分。在 2016 年 3 月的一次黑客松编程活动中，Blockstream 和数字资产两个成员公司把各自的区块链功能代码融合到 OBC 中，最终建立了 Fabric 的雏形，也就是 Fabric 项目进入孵化阶段的基础代码。

Fabric 的逻辑架构由 4 种服务构成：身份服务、策略服务、区块链服务和智能合约服务，从而为上层应用提供编程接口（API）、软件开发工具（SDK）和命令行工具（CLI）。

（1）身份服务

Fabric 是权限区块链，与比特币、以太坊这类匿名的无权限区块链网络的最大区别是具有身份识别能力。在 Fabric 账本各类事件和交易中，参与者和对象都具有明确的身份信息。身份服务（Identity Service）管理着系统中各种实体、参与者和对象的身份信息，包括：参与的组织、验证者和交易者，账本中的资产和智能合约，系统组件（网络、服务器），以及运行环境等。验证者在 Fabric 网络建立时可以确定参加交易的权限级别。

（2）策略服务

Fabric 的许多功能需要用策略（Policy）方式驱动，因此有独立的策略服务来提供系统的策略配置和管理功能。策略服务最重要的是访问控制和授权功能，Fabric 的交易通常要求参与方具有相关权限才能进行。其他策略还包括：加入和退出网络的策略，身份的注册、验证、隐私和保密的策略，共识策略等。

（3）区块链服务

Fabric 的区块链服务提供构建分布式账本最基础的能力，实现数据传输、共识达成等底层功能，并且提供发布、订阅的事件管理框架，分布式账本内部的各种事件可通知到外部监听的应用。Fabric 的区块链服务主要包含 4 个组件：P2P 协议组件、分布式账本组件、共识管理器组件和账本存储组件。

① P2P 协议组件，主要提供区块链节点之间直接双向通信的能力，包括流式数据传输、流控制、多路复用等方面。P2P 的通信机制利用了现有互联网的基础设施（防火墙、代理、

路由器等），把数据封装成消息，采用点对点或组播等方式在节点间传送。

② 分布式账本组件，管理着 Fabric 的区块链数据。区块链网络每个节点可以看成一个状态机，分布式账本组件维护着区块链数据（状态机的状态），维持各状态机之间相同的状态。分布式账本组件的性能直接影响整个网络的吞吐量，因此在许多方面需要较高的处理效率，如计算区块数据的哈希值，减少每个节点需要存储的最小数据量，补足节点之间差异的数据集等。

③ 共识管理器组件，在各种共识算法之上定义了抽象的接口，提供给其他 Fabric 组件使用。由于不同的应用场景会使用不同的共识算法，Fabric 的模块化架构支持可切换的共识模块，通过统一的抽象接口，由共识管理器接收各种交易数据，然后根据共识算法来决定如何组织和执行交易，在交易执行成功后，再更改区块链账本的数据。Fabric 提供了 PBFT 共识算法的参考实现。

④ 在区块链上保存大文件等数据是非常低效的操作，因此通常大文档要存放在链外存储。账本存储组件提供了链外数据的持久化能力，每个链外文档的哈希值可保存在链上，从而保证链外数据的完整性。

（4）智能合约服务

Fabric 的智能合约（Smart Contract）曾经称为链上代码（Chaincode），其实质是在验证节点（Validating Node）上运行的分布式交易程序，用以自动执行特定的业务规则，最终会更新账本的状态。智能合约分为公开、保密和访问控制的类型。公开智能合约可供任何一个成员调用，保密智能合约只能由验证成员（Validating Member）发起，访问控制智能合约允许某些批准过的成员调用。智能合约服务为合约代码提供安全的运行环境及智能合约的生命周期管理。具体实现时可以采用虚拟机或容器等技术，构造安全隔离的运行环境。

（5）应用编程接口

Fabric 项目的目标是提供构建分布式账本的基本能力，如账本数据结构、智能合约执行环境、模块化框架，网络通信等。用户可以在 Fabric 基础上调用 API（Application Programming Interface，应用编程接口），实现丰富的应用逻辑。灵活易用的 API 将大大促进围绕 Fabric 的生态系统的发展。Fabric 的主接口采用 RESTAPI，基本与 Fabric 服务对应。API 分为身份、策略、区块链、交易（对应区块链服务）和智能合约等。为了方便应用开发，Fabric 还提供了命令行接口（Command Line Interface，CLI），可覆盖部分 API 的功能，方便测试智能合约代码及查询交易状态。

1.4 私有链

私有链是联盟链的一种特殊形态，即联盟中只有一个成员，如企业内部的票据管理、账务审计、供应链管理，或者政府部门内部管理系统等。私有链通常具备完善的权限管理体系，要求使用者进行身份认证。

在私有链环境中，参与方的数量和节点状态通常是确定的、可控的，且节点数目要远小于公链。私有链的特点如下。

1．更高效

私有链规模一般较小，同一个组织内已经有一定的信任机制，可以采用一些非拜占庭容错类、对区块进行即时确认的共识算法，如 Paxos、Raft 等，因此确认时延和写入频率都有很大的提高，甚至与中心化数据库的性能相当。

2．更好的安全隐私保护

私有链大多在一个组织内部，因此可充分利用现有的企业信息安全防护机制；信息系统也是组织内部信息系统，隐私保护要求弱一些。相比传统数据库系统，私有链的最大好处是加密审计和自证清白的能力，没有人可以轻易篡改数据，即使发生篡改也可以追溯到责任方。

本章小结

2019 年 10 月 24 日，习近平总书记在中央政治局第十八次集体学习中强调，"我们要把区块链作为核心技术自主创新的重要突破口，明确主攻方向，加大投入力度，着力攻克一批关键核心技术，加快推动区块链技术和产业创新发展。"区块链正式上升为国家战略，相关扶持政策层出不穷。

2022 年 1 月 12 日，国务院发布《"十四五"数字经济发展规划》，在阐述"增强关键技术创新能力"时提到"瞄准传感器、量子信息、网络通信、集成电路、关键软件、大数据、人工智能、区块链、新材料等战略性前瞻性领域……"区块链技术的战略性被突出。

本章首先介绍了区块链的基本概念，然后以参与者的不同关系为索引介绍了区块链的三种组成形态，即公有链、联盟链和私有链，以比特币、以太坊和超级账本为代表介绍了三种框架的关键技术和特性。本章以宏观的视角俯瞰区块链技术，方便读者对区块链进行系统的了解。

习 题 1

1．在区块链中使用什么方式来确定其身份？

2．身份认证主要是用来解决什么问题的？

3．区块链身份管理较传统的身份管理具有哪些优势？

4．Indy 是如何进行身份管理的？

5. 什么是 Plenum 的共识算法？

6. CULedger 是如何优化身份管理的？

7. 简述 PKI。

8. 证书有哪些格式？

9. 如何实现 PKI 证书的吊销？

10. 现有的 PKI 模型面临哪些挑战？

参考文献

[1] 华为区块链技术开发团队. 区块链技术及应用[M]. 北京：清华大学出版社，2019.

[2] 何蒲，于戈，张岩峰，等. 区块链技术与应用前瞻综述[J]. 计算机科学，2017, 44(4): 1-7.

[3] 杨晓晨，张明. 比特币：运行原理，典型特征与前景展望[J]. 金融评论，2014, 1(1): 39-53.

[4] 张宁，王毅，康重庆，等. 能源互联网中的区块链技术：研究框架与典型应用初探[J]. 中国电机工程学报，2016, 36(15): 4011-4022.

[5] Yuan Yong, Fei-Yue Wang. 区块链技术发展现状与展望[J]. Acta Automatica Sinica, 2016, 42(4): 481-494.

[6] 李赫，孙继飞，杨泳，等. 基于区块链2.0的以太坊初探[J]. 中国金融电脑，2017, 000(6): 57-60.

[7] 邵奇峰，金澈清，张召，等. 区块链技术：架构及进展[J]. 计算机学报，2018, 041(5): 969-988.

[8] 贾民政. 区块链技术及其应用研究[J]. 数字技术与应用，2018(1): 189-189.

[9] Nakamoto S. Bitcoin：A Peer-to-Peer Electronic Cash System[J]. Decentralized Business Review (2008): 21260.

[10] Lavanya B M. Blockchain Technology Beyond Bitcoin：An Overview. International Journal of Computer Science and Mobile Applications 6.1 (2018): 76-80.

[11] 佘维，杨晓宇，胡跃，等. 基于联盟区块链的分布式能源交易认证模型[J]. 中国科学技术大学学报，2018, 48(4): 307.

[12] Cachin C. Architecture of the Hyperledger Blockchain Fabric[C]//Workshop on Distributed Cryptocurrencies and Consensus Ledgers. 2016, 310(4).

[13] Dhillon V, Metcalf D, Hooper M. The Hyperledger Project[C]//Blockchain Enabled Applications. Apress, Berkeley, CA, 2017: 139-149.

[14] Nasir Q, Qasse I A, Abu Talib M, et al.. Performance Analysis of Hyperledger Fabric Platforms[J]. Security and Communication Networks, 2018.

[15] 董宁，朱轩彤. 区块链技术演进及产业应用展望[J]. 信息安全研究，2017, 3(3):200-210.

第 2 章　区块链技术原理

2.1　区块链技术基础

  区块链本质上是一个去中心化的账本，相较于底层使用的技术是比较新的。区块链的创新之处在于将众多比较成熟的技术进行了整合：数据层中交易的产生和执行采用了非对称加密技术；链式结构基于哈希算法；网络层采用点对点（Peer-to-Peer，P2P）网络的相关技术等。本章将介绍主流区块链系统中采用的一些关键技术。

2.1.1　P2P 网络

  比特币和以太坊等区块链采用了基于互联网的点对点（P2P）网络架构。P2P 网络即对等网络（如图 2-1 所示），在这种网络中每个计算节点角色相同，彼此平等，不存在特殊节点[2,3]。P2P 网络以扁平的拓扑结构相连接，不存在任何层级结构和特殊节点。P2P 网络天生就是去中心化的，因此更加安全和可靠；每个节点既是服务的提供者也是服务的消费者，所以具有开放性。早期的互联网就是一个典型的 P2P 网络，IP 网络中的每个节点都是完全平等的。然而，当今互联网的规模和架构已经比早期互联网复杂得多，现在的互联网是一种分层架构，但是从 IP 协议的角度来看，目前的互联网的拓扑结构仍然是扁平的。经过几十年的发展，P2P 网络针对不同类型的应用场景衍生出很多基于 P2P 网络的协议，如文件共享的 BitTorrent、Chord 协议等。

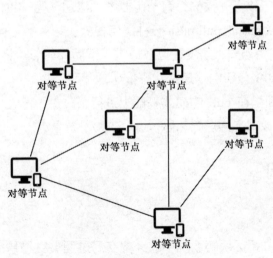

图 2-1　P2P 网络示例

P2P 网络相较于 C/S 架构有如下优点。

① 去中心化。网络中的资源和服务分散在所有节点上，信息的传输和服务的实现都直接在节点之间进行，无须中间环节和服务器的介入，避免了可能存在的网络或服务拥塞瓶颈。P2P 的去中心化特点带来了可扩展性、健壮性等优势。

② 安全性。在 C/S 架构下，如果服务器被劫持或者攻击，那么意味着整个系统的瘫痪和用户信息的丢失。而 P2P 网络不存在这种问题。

③ 隐私保护性。基于 P2P 构建的是无信任（Trustless）系统。用户掌握了自己的隐私，不需要信任服务器及其运营公司不会泄露数据，而只是需要信任通信协议提供的安全性和隐私性。

比特币和以太坊等区块链系统采用了非常关键的 P2P 协议——Gossip 协议[4, 5]。Gossip 协议是在 1987 年发表的论文 *Epidemic algorithms for replicated database maintenance*[1] 中提出的，最初应用于分布式数据库各节点间的数据同步，进而保证数据库中数据的一致性。Gossip 协议在区块链系统中也被用来实现数据同步。

Gossip 协议又被称为"流言算法""八卦算法"，这些称呼形象地表达了 Gossip 协议的特点。Gossip 协议的运行原理简述如下：当一个节点的信息发生改变后，将最新的状态广播到邻居节点，然后不断重复，最终每个节点都会更新到一致状态。整个过程类似网络泛洪（Flooding）。Gossip 主要有两种交互模式：反熵（Anti-Entropy）、谣言传播（Rumor mongering）。

① 反熵：每个节点周期性地随机挑选出一些邻居节点，同步状态，从而保证一致性。这个过程由于需要经常同步信息，每次同步时需要交互的信息量可能比较大，因此该模式可能因网络中消息数量过多而导致网络开销巨大。

② 谣言传播：当节点收到更新消息后，在一定时间内周期性地向邻居广播新消息。相较于反熵模式，谣言传播模式因为只有在出现新消息时才产生周期性更新，因此网络开销相对较小，但可能导致一致性的损失，有一定概率无法达成强一致性。

Gossip 协议有 pull、push、pull/push 三种通信模式。

① pull 模式下节点主动向邻居发送拉取请求，然后邻居节点将最新内容结果返回。

② push 模式可主动将最新的信息或状态推送到邻居。

③ pull/push 模式则是在 pull 的模式基础上进行了改进，即收到邻居返回的最新内容后，再次将本地的内容或状态推送给邻居。

2.1.2　交易和地址

1. 交易

本节以比特币为例介绍区块链系统中的经典交易过程。交易是比特币系统最重要的部分。比特币的设计是为了确保交易可以被创建、在网络上传播、验证，并最终添加到全局分布式交易账本（区块链）中。比特币区块链是一本全局复式记账总账簿，每笔有效的比特币交易都需要在比特币区块链上进行公开记录。比特币会将交易打包为区块，可以通过比特币浏览器来查看相应的交易、区块中的交易，以及地址关联的交易等信息。有很多网站可以查看比特币的相关数据，如 www.blockchain.com 或 www.bitinfocharts.com。图 2-2是一个比特币交易示例，可以看到，交易就是价值（value）在地址之间的转移，图中显示的内容是已经被处理过的简化后的视图，具体结构更复杂。

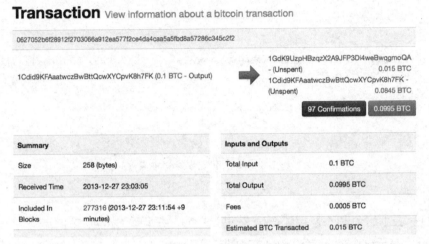

图 2-2　比特币交易示例

图 2-3 为比特币交易的部分脚本。一笔交易主要包含 4 个字段：version、locktime、vin、vout。

① version（版本号）：标识该笔交易遵循的交易版本及其对应的验证规则。

② locktime（时间锁）：对交易加的时间锁，交易在时间锁释放之前，无法被写入账本。时间锁为 0 则意味着没有锁。

③ vin（输入）：表示上一笔交易中未被花费的输出，即 UTXO（Unspent Transaction Output），意味着当前这笔交易将消耗一个 UTXO。一笔交易可能有一个或者多个输入 vin。

④ vout（输出）：表示这笔交易转账金额将转到新地址的 UTXO，一笔交易可能有一个或者多个输入 vout。

交易输出是比特币不可分割的基本组成部分，被记录在区块链上，并被整个区块链网络进行验证。比特币全节点搜索出所有可找到的和可使用的输出，即 UTXO。所有 UTXO组成的集合称为 UTXO 集。目前，比特币区块链上有数百万个 UTXO。当新的 UTXO 被创建时，UTXO 集就会增大；当 UTXO 被消耗时，UTXO 集会随着缩小。每笔交易都代表 UTXO 集的变化（状态转换）。

（1）交易的输入

比特币的输入 vin 是一个数组，数组中的每一项都是被消耗的 UTXO。交易输入包含

```
{
  "version": 1,
  "locktime": 0,
  "vin": [
    {
      "txid":"7957a35fe64f80d234d76d83a2a8f1a0d8149a41d81de548f0a65a8a999f6f18",
      "vout": 0,
      "scriptSig":
"3045022100884d142d86652a3f47ba4746ec719bbfbd040a570b1deccbb6498c75c4ae24cb02204b9f039ff08df09cbe9f6addac960298c
ad530a863ea8f53982c09db8f6e3813[ALL]
0484ecc0d46f1918b30928fa0e4ed99f16a0fb4fde0735e7ade8416ab9fe423cc5412336376789d172787ec3457eee41c04f4938de5cc17b
4a10fa336a8d752adf",
      "sequence": 4294967295
    }
  ],
  "vout": [
    {
      "value": 0.01500000,
      "scriptPubKey": "OP_DUP OP_HASH160 ab68025513c3dbd2f7b92a94e0581f5d50f654e7 OP_EQUALVERIFY OP_CHECKSIG"
    },
    {
      "value": 0.08450000,
      "scriptPubKey": "OP_DUP OP_HASH160 7f9b1a7fb68d60c536c2fd8aeaa53a8f3cc025a8 OP_EQUALVERIFY OP_CHECKSIG",
    }
  ]
}
```

图 2-3　比特币交易部分脚本

以下 4 部分。

❖ txid：表示这个输入来自哪个交易的 UTXO，是该交易的哈希值。

❖ vout：表示这个输入来自 txid 交易的第几个 UTXO，是一个从 0 开始的索引值。

❖ scriptSig：对消耗 UTXO 的验证解锁信息，证实这笔交易的发送人有权限使用这个 UTXO。

❖ sequence：也是一个时间锁，不过指定的是一个相对的值，表示这个输入要等待多少个区块才有效。

（2）交易的输出

比特币的输出 vout 同样是一个数组，每个输出表示一个新产生的 UTXO。交易输出包含两部分。

❖ value：一定量的比特币，面值为"聪"（satoshis，最小的比特币单位）。

❖ scriptPubKey：花费输出需解决的密码难题（cryptographic puzzle）。

那么，第一笔交易的 vin 是从哪儿来的？这是一个鸡生蛋还是蛋生鸡的问题。在每个区块链系统被创建时，都会有一笔创币交易（也称为 coinbase 交易）被打包进区块中，这笔交易没有输入，只有指向矿工地址的输出，作为给矿工的奖励。正是有这些创币交易的存在，才有会新比特币不断地被创建。

除了从创币交易中获得奖励，矿工还会在打包每个交易的过程中获得奖励，这部分奖励由交易的发起方支付。因此，每笔交易的输入和输出的总值往往并不相等，其差值就是给矿工的奖励，称为交易费用。交易费用越高，越容易被矿工提前挑选出来，被打包进新区块中，更早得到确认，从而使得交易生效。交易费是基于交易量的规模来计算的，并根据比特币网络中的算力确定。不同的矿工（某些具有解决密码难题能力的比特币客户端）可能会依据许多不同的参数对等待打包的交易进行优先级排序，如交易费用的高低。这意味着有更高费用的交易可能被打包进下一个挖出的区块中；反之，交易费用不足或没有交易费用的交易可能被推迟处理甚至不被处理。交易费用不是强制的，但是更高的交易费用将提高处理优先级。

2．密钥和地址

（1）概述

比特币的所有权是通过数字密钥（包括公钥和私钥）、比特币地址和数字签名来确定的，其中关键的是私钥，其他公钥、比特币地址和数字签名都可以通过私钥来生成。私钥是用户自己生成并且自己掌管的，为了防止私钥泄露而导致比特币丢失，通常私钥不存储在区块链网络中。用户对于密钥的保管可以在电子钱包中，甚至是实体的"纸钱包"——直接手工记录在纸质笔记本上。用户的密钥可以由用户自己在本地生成和管理，无须参与区块链网络的管理。密钥及其对应的公钥体制实现了比特币的许多特性，包括去中心化信任和控制、所有权认证等。

密钥是成对出现的，由公钥和私钥组成。公钥就像银行的账号，私钥就像银行卡的密码（但是有区别：比特币的公钥是由私钥生成的，而银行卡号和密码没有这种关系）。一般情况下，它们由比特币钱包软件进行管理。

在比特币交易的支付环节，收款人的公钥由数字指纹表示，称为比特币地址，就像支票的收款人名称（"付给谁的账户"）。一般情况下，比特币地址由公钥生成并实现两者间的对应关系。然而，并非所有比特币地址都代表公钥，也可以代表其他支付对象，如脚本。这样，比特币地址就可以抽象为资产接收方，使得交易更灵活，就像纸质支票，可以支付到个人账户、公司账户，或者支付账单和现金。因此，在交易中比特币地址是需要公开的。

（2）密钥和地址的生成与用途

比特币地址的生成过程如图 2-4 所示。在比特币系统中，私钥是一个由随机算法生成的随机数。一旦拥有和控制了某用户的私钥，就相当于控制了该账户中的所有资金。私钥可以生成花费该资产的有效签名，以证明比特币交易中资金的所有权。因此，私钥任何情况下都必须保密。因为一旦私钥被泄露给第三方，则相当于该私钥对应账户中的所有比特币也可以被第三方进行交易和花费了。私钥必须进行备份，以防意外丢失。由于私钥一旦丢失就无法恢复，因而其保护的比特币将永远丢失。

比特币系统的私钥是一个 256 位随机数。生成私钥的关键是要找到足够安全的熵源，也就是随机性的来源。比特币系统一般通过操作系统的随机数生成器来生成。准确地说，比特币私钥是 $1 \sim 2^{256}$ 的任意一个数字，该私钥生成空间的大小可以用已知宇宙来对比。2^{256} 约为 1.158×10^{77}，而已知宇宙的原子数大小约为 10^{80}，由此可知密钥空间有多大，因此想通过暴力破解私钥几乎是不可能的。

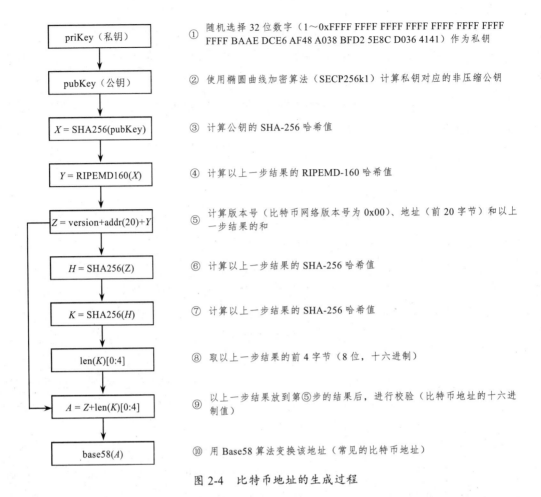

图 2-4　比特币地址的生成过程

公钥由私钥通过密码学中的椭圆曲线算法生成，以当前的计算机算力为依据，该过程被认为是不可逆的。公钥在区块链系统中公开，可用来验证数字签名。例如，比特币交易的输入有个关键的概念 scriptSig，它是用来解锁被消耗的 UTXO 的"钥匙"。scriptSig 由两部分组成：由私钥生成的签名，以及对应的公钥。

比特币地址是一个以数字"1"开头的由数字和字母组成的字符串，由公钥（一个同样由数字和字母组成的字符串）经过双重哈希后生成，可以在区块链系统中公开，以接收转账款项。

在交易中，比特币地址通常作为接收人的"二维码"。如果把比特币交易比作一张支票，比特币地址就是收款方，也就是写入"支付给谁"一栏的内容。一张支票的收款人可能是某银行账户，也可能是某企业、机构，甚至是现金支票。由于支票不需要指定一个特定的账户，而是用一个抽象的名字作为收款人，这就使它成为一种相当灵活的支付工具。同理，比特币交易使用类似抽象——比特币地址，如 1J7mdg5rbQyUHENYdx39WVWK7fsLpEoXZy。比特币地址代表一对公钥和私钥的所有者，也可以代表其他信息，如后面将介绍的 P2SH（Pay-to-Script-Hash）。

比特币地址采用 Base58 编码，类似 Base64 编码，但减少了 "O" "0" "I" "l"，以及 "+" 和 "/" 符号，目的是消除易混淆的字符。

例如，将公钥进行 SHA-256 和 RIPEMD-160 双重哈希，这个结果得到最原始的 160 位（20 字节）的地址。然后，将版本号附加到刚才计算的 20 字节的前面，经过双重 SHA-256 哈希后，取前 4 字节作为校验码；接着，将版本号、20 字节的地址、4 字节的校验码拼接，再进行 Base58 编码就是最终地址，最后得到的比特币地址是一个字符串，包含 26～35 个字符。

3．脚本

在比特币的交易数据结构中输入的解锁脚本（scriptSig）和输出的加锁脚本（scriptPub-Key）是比特币身份和使用权限认证的关键，它们一起构成了比特币的脚本。简而言之，脚本就是指在验证交易数据有效性的过程中所执行的运行逻辑，是一种非常简单的逆波兰表示法（Reverse Polish Notation，RPN）的基于堆栈的执行语言。从安全性角度考虑，这个语言只支持一些非常简单的操作，不支持跳转循环等复杂指令。语言本身的简洁性决定了它能抵御多种攻击，如拒绝服务（Deny-of-Service，DoS）攻击。虽然这个脚本语言本身比较简单，但是能实现多种支付模式。比特币有几个比较通用的执行规则：P2PKH（Pay to Public Key Hash）、P2SH（Pay to Script Hash）和多签名交易[5]。

在比特币中，绝大多数交易是 P2PKH 交易。P2PKH 类型的执行脚本包含解锁脚本（scriptSig）和加锁脚本（scriptPubKey）。解锁脚本包含在输入中，由两部分组成：公钥和数字签名，两者作为资金权限的证明。相应地，加锁脚本在输出中指定了一个待执行的脚本，当 UTXO 被解锁时，需要执行这个脚本进行身份验证。

比特币脚本的执行过程如图 2-5 所示。一个交易将一个输入分别输出到两个地址中。如果这个交易生效，必须解锁输入对应的 UTXO 的锁，这就是执行脚本的过程。执行脚本前需要先拼接，拼接方式是将 scriptSig（相当于钥匙）拼接上一个 UTXO 的 scriptPubKey（相当于锁）。

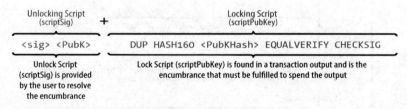

图 2-5　脚本执行的堆栈

组合脚本的评估过程如图 2-6 所示。先将数字签名 sig 压入栈，再将发送方的公钥压入栈，此时执行 DUP（duplication，复制）操作，即在栈顶复制公钥，则可看到此栈顶有两个公钥。

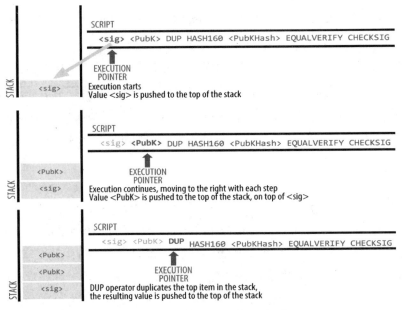

图 2-6 组合脚本的评估过程（一）

脚本继续向下执行，如图 2-7 所示。执行 HASH160 操作，即执行与生成用户地址时相同的双重哈希操作，并且将结果压入栈顶，再将脚本内部的公钥哈希值压入栈顶，然后进行 EQUALVERIFY（equality verify，等性验证）操作，即将栈顶计算出的公钥哈希值和脚本自

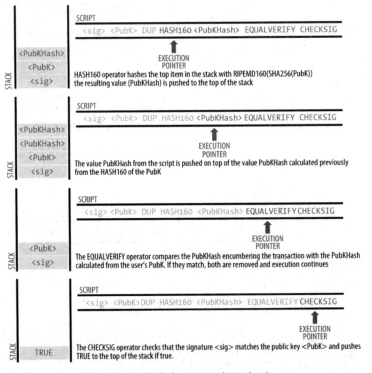

图 2-7 组合脚本的评估过程（二）

带的哈希值进行比较，若相同，则弹出两者，继续向下执行，最后执行 CHECKSIG（check signature，验证签名）操作，即检查数字签名和公钥是否匹配，若匹配，则意味着用户有权限使用这笔 UTXO。

以上介绍了 P2PKH 的操作过程，接下来简要介绍多重签名和 P2SH。多重签名中有两个参数 M 和 N，表示如果多重签名锁定脚本中包含 N 个公钥，那么解锁脚本中必须有 M 个私钥签名验证通过才会通过最终验证（并满足 $M \leq N$）。我们来看一下 M-N 多重签名的锁定脚本与解锁脚本示例。

```
2 <PuKA> <PuKB> <PuKC> 3 CHECKMULTISIG
<Signature B> <Signature C> 2 <PuKA> <PuKB> <PuKC> 3 CHECKMULTISIG
```

第 1 行是多重签名锁定脚本，第一个数字 2 代表 M，表示解锁脚本至少需要两个签名，后面是 3 个公钥<PuKA>、<PuKB>和<PuKC>，公钥后的数字 3 代表 N，表示公钥的个数是 3。第 2 行是多重签名的解锁脚本，首先是两个签名<SignatureB>和<SignatureC>，数字 2 代表签名的个数；接着是 3 个公钥<PuKA>、<PuKB>和<PuKC>，数字 3 代表公钥个数。

P2SH 与 P2PKH 很相似，区别在于 P2PKH 支付到地址，而 P2SH 支付到脚本哈希。支付到脚本哈希的比特币没有与私钥绑定，怎么使用呢？在操作过程中只需要在签名时加上锁定脚本就可以了。锁定脚本用来计算哈希是否匹配，签名用来验证是否包含指定的私钥，这与多重签名的解锁过程是一致的。

为了保证安全性，比特币脚本支持简单的有限个操作指令：最多 1000 字节的脚本长度和支持 256 个指令数量和，其中 75 个保留指令，15 个废弃指令。不支持跳转、循环等复杂的运行逻辑。显然，比特币的脚本是图灵不完备的，使用的范围也相对比较有限，无法满足数字支付以外的其他业务逻辑。以太坊作为区块链的 2.0 版本，对比特币的脚本进行了升级和完善，设计了图灵完备的复杂脚本，称为智能合约。以太坊的智能合约运行在虚拟机中，支持用户开发各种复杂的应用（DApp）。与此同时，以太坊也可能面临因脚本执行时间无止境而导致的 DoS 攻击。为了防止该类型攻击，以太坊提出了 Gas 的概念：在虚拟机中执行合约需要消耗一定的费用（Gas），而随着执行时间变长，Gas 的消耗也会增多，如果执行过程中 Gas 消耗完，就会回滚到执行前的状态，并且所消耗的 Gas 不会返回。为了支持静态分析及图灵完备性，以太坊专门开发了 Solidity 等智能合约编程语言。

2.2 账本模型

目前，我们经常接触和使用的账户都是银行体系下的"身份—余额"模式，身份标识是身份证和银行卡号，而余额就是银行数据库中的一条数据。账本是转账记录，体现在银行账户余额的增加和减少。传统银行体系下采用的账户模型非常直观，容易理解。然而，在区块链的世界里，账户和账本的概念与我们的传统认知有很大区别。

从 2009 年 1 月比特币主网上线以来，这种新的电子货币及它的支付和账本模型逐渐颠覆了人们对于电子支付的认知。2013 年，Vitalik Buterin 首先提出了以太坊的构想，随后在白皮书中详细阐述了以太坊的技术设计架构和基本原理，以及智能合约的结构[4]。随后，随着以太坊的社区不断壮大，该架构越来越成熟，设计也不断完善。不同于比特币基于 UTXO 的账本模型，以太坊的账本模型是一种基于账户（Account）的模型。本节将详细介绍 UTXO 模型和账户模型。

2.2.1 UTXO 模型

比特币交易中有两个关键的域分别是 vin 和 vout，前者是该交易消耗的 UTXO，后者是这个交易产生的新 UTXO。比特币交易的输出就是 vout，是比特币交易的基本单元，比特币的所有交易都是围绕 UTXO 的消费和生产进行的。比特币系统中的全节点追踪所有的 UTXO，这些 UTXO 称为 UTXO 集。比特币系统中"钱包"就在时刻追踪与自己账户相关的 UTXO，从而向用户展示"余额"。这里的"余额"其实就是所有关于自身账号 UXTO 的总和。比特币中资金的最小单位是聪（Satoshi），1 聪=0.00 000 001 BTC。UTXO 的数值可以是聪的任意整数倍。

比特币的交易构成一个链式结构，如果我们追溯一笔交易的来源，所有合法的收入都来自每个创始块交易 coinbase，而这个链式结构的结尾都是一个 UTXO。假设 Alice 给 Bob 支付 0.015 BTC，Alice 之前从 Joe 获得了 0.1 BTC，Alice 将这个 UTXO 作为输入，支付 0.015 BTC 给 Bob 产生新的 UTXO，然后 Bob 可以再使用这个 UTXO 转账给其他人。整个流程构成图 2-8 所示的链式结构。

可以看出，UTXO 是一个完整独立的个体，只能被全部消费，许多比特币交易的输出都会包括新所有者的地址（买方地址）和当前所有者的地址（称为找零地址），这是因为 UTXO 交易输入就像纸币一样无法被分割。例如，假设用户在商店使用 20 美元面额的纸币购买 5 美元的商品，则商家会收到 5 美元的购买款项，而用户会收到 15 美元的找零。相同的概念也适用于比特币交易的输入。如果用户购买了一个价格为 5 比特币的商品，而用户的 UTXO 输入中只有 20 比特币，则交易需要产生两个输出：一个 5 比特币的输出发送给店主，另一个 15 比特币的输出返回用户作为找零（实际系统中，还需要减去相关交易费用）。出于隐私保护的原因，找零地址不必与输入地址相同，通常，找零地址是所有者钱包中的新地址。UTXO 模型的交易有几种常见的模式[5]。

① 从一个地址到另一个地址外加一个"找零"地址，这是最常见的支付形式。

② 归集多个输入到一个输出的模式。这相当于现实生活中将很多硬币和纸币零钱兑换为一个大额钞票。这样的交易由钱包应用产生，以整理在支付过程收到的许多小额的找零。

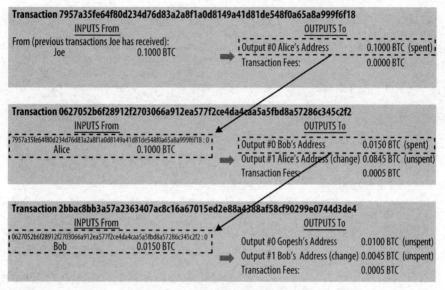

图 2-8　UTXO 模型链式结构示例

③ 将一个输入分配给多个输出，即多个接收者的交易。这类交易有时被商业机构用作分配资产，如给员工发工资。

④ 多个输入对应多个输出。

由此可见，UTXO 模型的交易关系其实已经不再是简单的链式结构，如果抽象出这种关系，可能构成具有一定的拓扑结构，如图 2-9 所示。因此，UXTO 模型的优点可以总结如下。

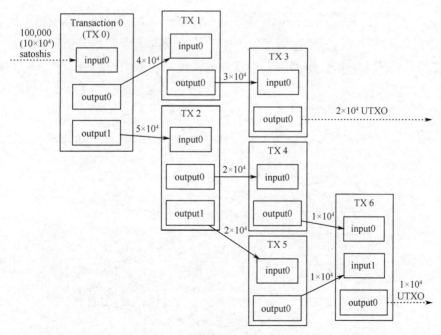

图 2-9　UTXO 模型交易拓扑结构

① 链式的交易结构，本身就可以验证结果，不需要进行额外的计算，也不需要额外的状态进行存储，这就意味着更少的系统负担。而且，这种链式结构与区块链的链式结构设计理念相同。

② UXTO 模型可以更好地支持并行交易，不同的 UTXO 之间没有并发冲突。而且一笔交易内部包含的多个输入/输出没有次序要求，即使顺序不同也不会影响最终结果（但实际过程中，为了更便于验证，比特币会采取一定规则对输入/输出进行排序）。

③ 链式结构的冷热数据容易裁剪切割，这样可以节省存储空间，对于如物联网中存储空间较小的设备更加友好。

当然，UTXO 模型也有如下缺点。

① 输入较多时，脚本的长度也会增加，签名本身就是计算密集型的操作，对于 CPU 的资源消耗会比较大。

② UTXO 模型过于简单，只能显示已花费和未花费两种状态，因此它的使用范围会受限，只能用于建立简单的一次性合约。相较于以太坊的账户模型，UTXO 模型没有任何内部状态可以存储阶段性合约。

③ 从 UTXO 的脚本只能看到用户自身账户的历史轨迹，没有办法看到区块链数据全貌，从而导致功能性拓展受限，不适合实现复杂的逻辑，可编程性较差，对于复杂逻辑或者需要保存状态的合约，实现难度较大，而且 UTXO 模型的空间利用率比较低。

2.2.2　账户模型

以太坊作为后起之秀，采用了全新的账户（Account）模型，更直观且易于理解，与用户在银行或使用第三方支付时的逻辑类似，用户能看到的余额就是一个状态。以太坊为代表的账户模型从本质上分析，更像是一个状态机，这个状态机反映了所有账户的状态。以太坊也被称为"世界计算机"，因为它具有图灵完备性。本节将对以太坊为代表的账户模型进行介绍。

图 2-10 为以太坊的账户状态，每个账户包含 nonce、balance、storageRoot 和 codeHash 四个字段[7]。

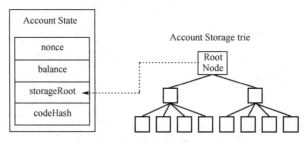

图 2-10　以太坊的账户状态

nonce 表示账户中已经发生了的成功转账的次数。注意，这个 nonce 与比特币区块头部的随机数 nonce 意义完全不同，其值在以太坊的账户状态中起到了并发控制的作用。

balance 表示账户余额。

storageRoot 表示每个账户的存储根节点，用于记录合约数据的存储位置。

codeHash 表示合约代码编译后字节码的哈希值。

为了防止交易重复，每个交易都会有一个 nonce 值，交易执行的顺序按照 nonce 值从小到大依次执行。每发生一笔交易，账户的 nonce 值会随之增 1。交易执行的规则如下。

① 若交易 nonce 值小于当前状态的 nonce 值，说明这是一笔过时的交易，则直接丢弃该交易。

② 若 nonce 值大于当前状态的 nonce 值，交易会被放到一个等待队列中，直到中间空缺的 nonce 被填满，才会轮到等待中的交易被执行。

③ 若一笔交易处于 pending 状态，又来一笔交易拥有相同 nonce 的交易，这笔新交易的 nonce 的 Gas Price（费用）太小，那么旧的 pending 交易不会被覆盖；如果新交易的 Gas Price 超过了旧交易费用的 110%，那么旧交易被新交易替换。

通常情况下，使用账户模型的区块链账户一般有两种类型：外部账户和合约账户（也称为内部账户），如图 2-11 所示。

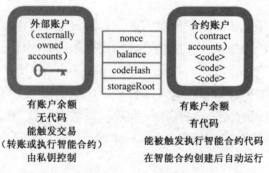

图 2-11　外部账户和合约账户

外部账户（Externally Owned Account，EOA）与用户私钥一一对应，并且没有任何代码与之关联。外部账户与比特币的账户性质一样，决定了数字货币的归属权。外部账户可以用来构建交易，发送交易到一个合约账户，交易在执行过程中可以触发智能合约的创建、调用。外部账户就是所谓的个人账户。

合约账户（Contract Account，CA），就是合约内的账户，被智能合约的代码逻辑控制。合约账户自身不能发起一笔交易，因为交易只能由外部账户来发起。合约账户一般是以智能合约的形式出现。只有合约账户才有代码，其中存储的是 codeHash（该账户以太坊虚拟机代码的哈希值）。这个字段在生成后不可修改，这也意味着对应的智能合约代码是不可修改的。

账户模型保持全局状态以跟踪所有余额。可以将这种状态理解为一个数据库，其中包含所有账户、对应的私钥和合同代码，以及它们在网络上不同资产账户的当前余额。交易费用在账户模型中的工作方式也有所不同，它们是根据完成状态转换所需的计算次数来计算的。由于以太坊的收费依据取决于消耗的计算资源而不是所占用的存储容量，因此以太坊也被称为"世界计算机"。

UXTO 本质上是验证模型，用户提交的交易需要在系统中验证其合法性；而账户模型是个计算模型，交易中包含了需要执行的操作，执行交易的过程就是按照交易中的内容来计算新的状态。从以下 3 个角度来对 UTXO 模型和账户模型进行比较[8]。

1．可拓展性

① 存储开销。UTXO 模型需比账户模型消耗更多的存储空间，因为每个 UTXO 都可能有较多的输入/输出，而账户模型只需要指定交易金额。

② 二层网络构建的难易程度。UXTO 模型更容易支持二层网络（当资产进出第二层结构时，使用证明提交来进行验证），因为它本身是一个验证模型，相比账户模型更容易验证。

③ 分片。UTXO 模型更容易分片，因为它基于部分 UTXO 就可以完成交易，而账户模型要求每个分片都要获取全局状态。

2．隐私性保护

① 在 UTXO 模型下，很难追踪资金的去向，因为用户可以频繁地更换新密钥，从而让资金流向更多和更新的地址。账户模型不鼓励更换账户，因而分析单个用户的历史交易记录更加容易。

② 从资产的可替代性（Fungibility）来分析。UTXO 模型比账户模型的安全性更弱，因为 UXTO 模型可以追踪所有交易的来源，而账户模型很困难，它的工作原理是基于 coin-mixer 的，从状态看到的只有余额信息，而这些余额可能来自普通的账户交易，也可能来自智能合约。

3．对智能合约的支持度

账户模型具有明显优势，因为它支持图灵完备的编程语言，而 UXTO 模型则难以实现。

2.3　区块链扩展

2.3.1　区块链扩容

区块链的发展非常迅速，从第一个去中心化的加密货币比特币，到提供智能合约的以太坊，再到新兴的联盟区块链（如 Hyperledger Fabric[9]），基于区块链的应用已经逐步融入日常生活。随着区块链系统用户数量的大幅增加，各公有链平台（如比特币、以太坊）的可扩展性问题也随之出现，制约了区块链的发展。交易吞吐量和交易确认延迟是区块链的两个重要性能指标，主流区块链系统的两个指标都没有达到令人满意的水平，与银行等中心化的支付系统相比，这两个指标在区块链这种自治系统中不易改进，因为区块链系统需要保持去中心化的结构特点。

与传统分布式系统领域中的 CAP 理论[10]类似，研究者对区块链系统提出不可能三角理论[11]，即区块链系统的三个重要属性（去中心化、安全性和可伸缩性）不能完美共存。例如，在系统中添加一个集中式的管理员服务可以减少系统中所有用户对一组事务达成共识所消耗的资源（如工作证明消耗的计算资源）。再如，缩短比特币的区块间隔时间可以提高交易吞吐量，但由此带来的分叉概率会随之增加，影响了整个系统的安全性。如何平衡区块链系统的这三个性能指标，对于未来可能出现的更复杂、更大规模的区块链系统的发展至关重要。

一般情况下，区块链系统分层结构一般采用 Layer1、Layer2 两层模式，Layer1 表示区块链系统本身，Layer2 则表示基于 Layer1 构建的第二层网络，如支付通道网络、侧链等。然而除了这两者，还有基于网络数据传输层改进的区块传输 Layer0 层。

Layer0 层的优化主要集中在数据传输层，其主要思想是加快全网节点间的传播速度，从而实现更高效的共识和区块同步，主要有以下几种优化方案。

1．中继网络

区块链系统（如比特币和以太坊等）大多使用 P2P 网络协议进行通信。由于区块链系统之间在通信协议方面具有一致性，中继网络基于这一共性建立起网络通信中枢，通过中枢降低网络通信的延迟，并且提升通信的可靠性。典型的区块链中继网络包括以下几种。

① 2015 年，Bitcoin Core 的设计者 Matt Corallo 提出了 BitCoin Relay Network 的架构。

② 2016 年，Matt Corallo 在 Bitcoin Relay Network 的基础上提出快速互联网比特币传播引擎（Fast Internet Bitcoin Relay Engine，FIBRE）架构作为改进。

③ 康纳尔大学的 Soumya Basu、Ittay Eyal 等提出了 Falcon Relay Network，使用"直通路由"（cut-throuth routing）替代"存储转发"从而降低延迟。

2．扩容协议

bloXRoute 项目[12]提出区块链分布式网络（Blockchain Distribution Network，BDN）的概念，可以在不影响区块链整体架构的情况下，将链上可存储的数据量增加几个数量级。bloXroute BDN 作为区块链下的分散路由器，实现了较高的可伸缩性。bloXroute 体系结构包括如下。

① BDN：一个高容量、低延迟的全球网络，优化后，可快速传播多个区块链系统的交易和区块。

② P2P 网络：利用 bloXroute 传播事务和区块的 P2P 网络，每个对等网络由执行特定

协议的节点组成。例如，所有使用 bloXroute 的比特币节点形成一个对等网络，而所有使用 bloXroute 的以太坊节点形成另一个不同的对等网络。

bloXroute 项目的优势在于，BDN 可以使用少量 Peer 节点在区块链中传播区块。BDN 网络为节点提供通信服务，但是无法获取区块内容、来源和目的地信息；而 Peer 节点可以对 BDN 网络行为进行审查。bloXroute 实现了 GB 级数据块的系统缓存，并支持高效传输数据块的路由协议。

Layer1 层技术关注区块链系统本身，目标在于提升区块链系统的可拓展性，可改进的方向包括对账本结构、区块链网络和共识算法的提升。

3．账本改造

（1）增加区块大小

比特币和以太坊等区块链系统出于安全性考虑，通过动态设置挖矿难度来保持出块的频率基本一致，区块大小相对固定，因此交易的频率很难提升。在一定程度增加区块链的大小是一个能直观提升吞吐率的方法。目前，最经典的案例包括比特币现金（Bitcoin Cash，BCH）和 BSV（Bitcoin Satoshi Vision）等系统。然而，区块越大可能对安全性造成一定影响，如出现更多分叉、孤块等问题，同时对网络带宽等提出了新的要求。

（2）区块数据隔离

由于提升区块大小可能导致安全性和稳定性的问题，那么减少区块中存储的交易辅助数据也会提升容量。比特币基于这种思想提出了隔离见证（SegWit）的方案：把比特币脚本信息从基本数据结构中分离，存储在其他位置。由于签名等验证信息不写入区块，隔离见证技术能够让比特币在相同的区块容量前提下存储更多的交易，从而提升吞吐率，以达到扩容的目的。

（3）有向无环图

传统区块链的链式结构是一条单链，如果将单一的链式结构改造成具有更好并行性的有向无环图，且图中的区块都是有效区块，那么这对区块链的吞吐率将有极大的提升。有向无环图将在 2.3.4 节详细介绍。

4．分片

分片技术起源于数据库领域，通过对大型数据库进行切分，使之成为多个更小、更快且更容易管理的子系统，各部分各司其职、相互协调，从而提升系统的吞吐率等。区块链系统充分借鉴了数据库系统分片的思想，将该技术与自身结构特点结合。分片技术领域主要的研究工作包括 OmniLedger[13]、RapidChain[14]、Monoxide[15]，以及以太坊的 Casper、Zilliqa 等。根据涉及的层次，分片技术大致可以分为网络级别分片、交易级别分片和计算（状态）级别分片，这几种分片技术的难度依次增加。

（1）网络分片

网络分片是一种物理级的分片。其主要思想是随机抽取网络中的节点，使其形成分片，通过控制片内网络规模的大小，实现高效率的交易处理，进而提升系统的整体运行效率。

（2）交易分片

交易分片的主要思想是利用局部性原理，尽可能将相关交易放在一个片内处理。首先将交易进行预处理，然后根据交易相关性进行分片，由于每个分片的规模相对较小，片内可以实现高速的并行验证。

（3）计算（状态）分片

计算（状态）分片主要面向智能合约，利用分片进行智能合约的处理，分片之间进行合约的交叉验证。

5．共识算法优化

共识算法对区块链系统的性能起到了决定性的影响。比特币区块链系统目前采用的是PoW 共识算法，以太坊在 2022 年 9 月之前主链采用的也是 PoW 共识算法，从安全性和稳定性的角度，使用单链的 PoW 共识算法其实很难实现高吞吐率，并且计算消耗大量的计算资源，效率很低。关于共识算法的优化，本书将着重在第 3 章进行介绍。

Layer0 和 Layer1 对于区块链系统的性能提升相对来说比较有限，更有应用前景的技术方向是 Layer2 层的扩容技术。Layer2 是现有区块链系统（Layer1）之上构建的辅助框架。目前，Layer2 协议的主要目标是解决区块链所面临的交易处理速度与扩展难题，使区块链系统的"状态生成"可以独立于 Layer1 之外进行，因此也被称为"链下"扩容方案。链下扩容方案的优点是能够降低 Layer1 的性能局限性，并且不需要改变区块链本身的协议。Layer2 扩容方案尽可能在不牺牲区块链网络安全性的情况下实现高吞吐量的状态生成。Layer2 本质上是将尽可能多的操作转移到链下处理，然后保证交易的安全性和正确性。Layer2 的主要扩容技术包括跨链、通道等。

2.3.2 跨链技术

1．跨链概念

在很多应用场景中，不同行业区块链之间数据互通是很有必要的。如在加密数字货币领域，比特币、以太坊等多种代币共存，它们运行在自己的价值网络中，不同系统的用户想要进行信息互通和价值互换非常困难。因此，某种意义上，这些孤立的区块链系统形成了一个个的"信息孤岛"，跨链技术正是要打破这种现状，增加区块链系统之间信息的流通性，从而使区块链发挥更大的价值。

跨链技术在加密数字货币领域的应用场景如图 2-12 所示，以比特币网络与以太币网络

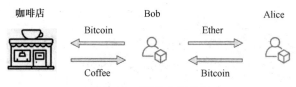

图 2-12　跨链应用示例

跨链作为实例进行讲解。Alice 是比特币的用户，持有 3 BTC；Bob 是以太币的用户，持有 100 BTC；咖啡店一杯咖啡的售价为 1 BTC，支持比特币支付，但不支持以太币支付。Bob 通过跨链机制（比特币、以太币之间的跨链机制）从 Alice 手中兑换到一定数量的比特币，再使用比特币从咖啡店买到咖啡，从而完成交易。

跨链技术在区块链的商业领域可以发挥出更大的价值。如果把区块链分布式账本类比于多家企业共同建立的分布式数据库，那么每条区块链相当于数据库中的一张数据表。复杂的商业应用场景则需要使用多张数据表共同完成业务。而每张数据表不可能都是孤立的，必然存在着一定的关联件、依赖性或者要求保持数据的一致性。以税收场景为例，每个地域的企业可以与相关税务部门组建一条区块链，以记录纳税信息，但是涉及采购、销售等上下游企业，它们可能处于其他行政地域，从而涉及增值税数据的抵扣。不同地域的区块链账本之间数据存在一定的关联性和一致性。跨链技术可以解决商业场景中的一个重要的问题：在保证业务协同性的情况下，尽可能地提升区块链系统的整体业务性能。跨链技术可以将具有紧耦合的业务放到一条区块链上，松耦合的业务则被拆分到不同的链上，并由跨链技术实现业务的协同和事务的一致性。现有的区块链系统大都是相对独立的系统，需要通过合适的跨链技术，实现区块链业务系统的互联互通，并提高性能。当前设计与实现跨链的技术难点主要集中在以下两方面。

① 交易验证问题。如何设计区块链系统之间的信任机制，使得一个区块链系统可以接收并且验证另一个区块链系统上的交易？

② 事务管理问题。跨链交易包含多个子交易，这些交易共同构成一个事务，如何确定子交易已经被最终确认、永不回滚，以及如何保证交易的原子性？这里的原子性是指事务要么完全执行，要么完全不执行。

2．跨链方法

根据所操作的链的对象，跨链可以分为同构跨链和异构跨链。同构跨链的共识机制、安全机制、网络拓扑、区块生成逻辑等都是一致的，它们之间的差别可能仅在于 ID 标识不同，同构跨链的跨链交互和设计相对比较简单，例如，Fabric 中不同通道之间的跨链。相对于同构跨链，异构跨链的跨链技术要复杂得多，如 Bitcoin 采用 PoW 算法，而 Fabric 采用传统确定性共识算法，其区块的组成形式和确定性保证机制均有很大不同，不易直接设计跨链交互机制。异构跨链之间的交互一般需要第三方服务来辅助。

原子性是区块链和跨链技术的一项重要安全性指标。对于普通的链内交易来说，交易需要支持原子性——交易若失败，则需要回滚。跨链交易也遵循此原则，即交易失败时需要回滚涉及此次交易的两条或多条链上的交易。目前，主流的区块链跨链技术方案主要有公证人机制、哈希锁定、侧链/中继链、分布式私钥控制等。本节将详细介绍发展较为成熟的公证人机制、侧链、哈希锁定等方法，其他方法因为目前尚不太成熟，读者感兴趣可以自行查阅。

（1）公证人机制

公证人机制，也称为见证人机制，是一种基于中介的跨链方式。假设区块链 A 和 B 不能直接进行互操作，则可以引入一个共同信任的第三方，作为中介，进行跨链消息的验证和转发。在很多应用场景中，该公证人/中介就是交易所。公证人机制的优点在于支持异构区块链的跨链操作；缺点是存在中心化风险，只能实现价值交换而不能实现价值转移。这种模式可以通过外部公证人验证跨链信息的准确性，公证人验证通过后会对跨链信息产生签名。

公证人机制的代表性方案是瑞波（Ripple）实验室提出的跨链价值传输协议（InterLedger Protocol，ILP）[16]。ILP 几乎适用于所有的记账系统，能够兼容不同支付系统的差异性，目标是打造全球统一支付标准，创建统一的网络金融传输协议。ILP 可以使两个不同的记账系统通过第三方"连接器"或"验证器"自由地传输货币。记账系统无须信任"连接器"，因为 ILP 采用密码算法来使用连接器为这两个记账系统创建资金托管，当所有参与方对交易达成共识时，就可以相互交易。

公证人机制原理如图 2-13 所示。发送方和接收方位于不同的链，连接器属于两条链。发送人通过连接器将价值发送到接收方。当发生价值转移时，会在两条链上创建"托管交易"（Prepare），连接器负责在中间搭线。当托管交易还未被确认时，交易内指定的价值转移不会真正发生。当接收方创建"确认交易"（Fulfill）后，连接器负责搭线，在发送方的链上同样创建确认交易。只有当接收器对托管交易确认完成后，从接收方到发送方的各托管交易才会被确认，此时所有账本上的托管交易得到确认，各托管交易内指定的资产才会真正转移。

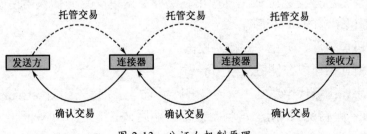

图 2-13　公证人机制原理

（2）侧链

侧链是相对主链而言的一个概念，是以锚定某种区块链的代币为基础的新型区块链，如比特币锚定以太币。侧链可以是一个独立的区块链，可以按需定制账本、共识机制、交易类型、脚本和合约等。侧链不能发行主链上的代币，但可以通过与主链挂钩来引入和流通一定数量的代币。当代币在侧链上流通时，主链中对应的代币会被锁定，直到代币从侧链流回主链[18]。因此，侧链机制可将一些定制化或高频的交易放到主链之外进行，以实现区块链的扩展。主链和侧链之间可以通过双向挂钩（two-way peg）来实现该目标[17]，如图 2-14 所示。

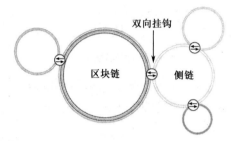

图 2-14　主链与侧链之间的双向挂钩

在描述侧链协议的工作原理前，首先介绍侧链中用到的简单支付验证证明（SPV Proof）。比特币系统中验证交易时，涉及交易合法性检查、双重花费检查、脚本检查等。由于验证过程需要完整的 UTXO 记录，通常由运行完整功能节点（全节点）的矿工来完成。很多时候，用户只关心与自己相关的那些交易。例如，用户收到其他人发送过来的比特币时，只希望验证交易是否合法、是否已在区块链中获得了足够的确认，而不需要使自己成为全节点而进行完整验证。因此，中本聪设计了简单支付验证（Simplified Payment Verification，SPV）功能，能够以较小的计算代价判断某支付交易是否已经被验证过，以及得到了多少算力支持。SPV 客户端只需下载所有区块的区块头，并进行简单的定位和相对较少的计算工作，就能得出验证结论。

侧链协议采用双向挂钩机制实现比特币向侧链的转移和返回，如图 2-15 所示。

① 当用户要向侧链转移主链代币时，先在主链创建交易，待转移的主链代币被发往一个特殊的地址，使这些主链代币在主链上被锁定。

② 等待一段确认期，使得上述交易获得足够的工作量确认。

③ 用户在侧链创建交易提取主链代币，需要在这笔交易的输入中指明上述主链被锁定的输出，并提供足够的 SPV 证明。

④ 等待一段竞争期，防止"双花"攻击。

⑤ 这些主链代币可以在侧链上自由流通。

⑥ 当用户想让主链代币返回主链时，进行类似操作。首先在侧链创建交易，待返回的主链代币被发往一个特殊的输出。等待一段确认期后，主链通过 SPV 证明来解锁最早被锁定的输出。等待一段竞争期后，主链代币被解锁从而在主链上恢复流通。

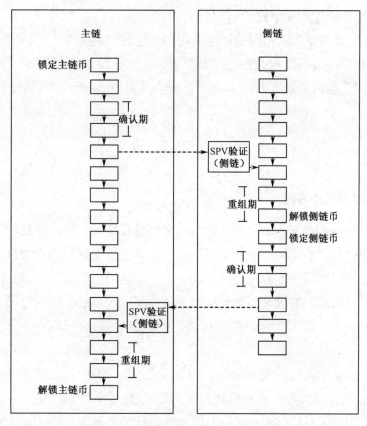

图 2-15 主侧链双向挂钩机制协议流程

（3）哈希锁定

哈希锁定的典型案例是哈希时间锁定合约（Hashed TimeLock Contract，HTLC）[6]。哈希时间锁定最早出现在比特币的闪电网络（将在 2.3.3 节进行介绍）。哈希时间锁定巧妙地采用了哈希锁和时间锁，要求资产的接收方在截止时间前确认收款并产生特定的收款证明给付款方，否则资产会归还给付款方。收款证明能够被付款方用来获取接收方区块链上等量价值的数字资产或触发其他事件。以下是一个跨链交易实例。

① Alice 随机构建一个字符串 s，并计算出其哈希值 h。

② Alice 将 h 发送给 Bob。

③ Alice 通过智能合约锁定自己的 1 BTC 资产，并设置一个较长的锁定时间 T_1，以及获取 1 BTC 的条件：Bob 提供 h 的原始值 s。

④ Bob 锁定 50 ETH 到自己的智能合约，设置一个相对较短的锁定时间 T_2，使其满足 $T_2 < T_1$；并设定获取 50 ETH 的条件：Alice 提供 h 的原始值 s。

⑤ Alice 将字符串 s 发送到 Bob 的智能合约，以获得 50 ETH。

⑥ Bob 验证 Alice 发送的 s 值，将其发送给 Alice 的合约并成功获取 1 BTC。完成数字资产的交换。

⑦ 若超时，则锁定的数字资产返回原主。

从上述过程可以看出，哈希时间锁定合约有一定的约束条件。

① 双方必须能够解析对方的合约内部数据，如字符串 *s* 和锁定资产的证明等。

② 哈希锁定的超时设置需要保证存在时间差，这样在单方面违规时，另一方可以及时撤回自己的资产。

2.3.3 通道

1. 支付通道和状态通道

支付通道（Payment Channel）是在区块链之外双方发起、执行交易的一种机制，可以简单理解为一个批处理的交易池，在交易池内通道双方发生交易后不会直接提交结果，而是等通道关闭时才将最终状态提交到区块链上。由于通道中的交易不需要提交至区块链，因此可以在没有结算延迟的情况下进行交换，从而实现较高的交易吞吐量、低延迟（亚毫秒级）和精细（satoshi 级）粒度。实际上，支付通道的吞吐率只取决于交易双方的计算能力和网络带宽。

状态通道（State Channel）是区块链外由双方之间的交换状态代表的虚拟构想，实际上没有所谓的"通道"，底层数据传输机制也并不是通道。我们使用"通道"这个术语来表示链外交易双方之间的关系和共享状态。要进一步解释这个概念，可以参考 TCP 流。从更高层次的协议角度，TCP 流是一个连接两个应用程序的"套接字"。但是如果查看网络流量，TCP 流是 IP 数据包上的虚拟通道。TCP 流序列的每个端点组装 IP 数据包，并且造成创建字节流的构想，而其实它们都是不连续的数据包。与之类似，支付通道只是一系列交易。如果能正确处理这些交易的顺序，它们会创建可赎回的合约，即使通道双方互相不信任，但可以信任创建的合约。

本节将着重讲解支付通道。支付通道是应用更广泛的状态通道概念的一部分，状态通道代表了链外状态的变化，通过最终在区块链上结算得到交易确认[5]。支付通道是一种特殊的状态通道，其中被改变的状态是虚拟货币的余额。本节以支付通道为例来解释状态通道，即本节中的状态通道等价于支付通道。

支付通道的相关概念如下。

（1）注资交易（Funding Transaction）或锚点交易（Anchor Transaction）

通过在区块链上锁定共享状态的交易，从而在交易双方之间建立起一个状态通道，我们称其为注资交易或锚点交易。这笔交易必须传送到区块链网络并被共识算法确认才能建立通道。在支付通道的示例中，锁定的状态即通道的初始余额（以数字货币计）。

（2）承诺交易（Commitment Transaction）

通道中发生的所有交易都称为承诺交易，这些交易都是被签名的，并且会改变双方的通道状态，也就是通道双方的余额。这些交易是有效的交易，因为它们可以被交易方提交进行结算。在通道关闭前，交易双方将其保存在链下而不会广播到区块链上。交易速度可以与实体创建交易、签名和传输速度相当，这意味着每秒可以进行成千上万笔交易。支付通道通过这种链下的高频交易方式解决区块链系统吞吐率的问题。当承诺交易成功时，要求双方同时废止之前的状态，这样最新的承诺交易总是唯一可兑换的。该机制可以防止任何一个交易方通过单方面关闭通道来进行交易欺诈，即选取通道中某个更利于己方的先前状态作为最终状态。

（3）结算交易（Settlement Transaction）

结算交易是通道关闭时所产生的交易，将通道的最终状态提交到区块链上。通道可以协商关闭，即协商向区块链所提交的最后状态，或者由一方单方面提交最后的承诺交易到链上。单方面关闭通道的选项是必要的，以防止交易中的一方意外断开连接。结算交易代表通道的最终状态，并在链上进行结算。

在通道的整个生命周期中，只有两类交易需要提交给链上进行共识确认：注资交易和结算交易。在这两个状态之间，双方可以进行任意数量的承诺交易，任何实体无法查看这些承诺交易，也不会提交到链上。

支付通道的运行过程如图 2-16 所示。首先，Alice 和 Bob 都锁定 0.5 BTC 到交易通道中，然后将注资交易广播到比特币网络中。此时，这笔交易成为需要双方签名才可以使用的输出。然后在通道内部发生了 3 笔交易：Alice 支付 0.1BTC 给 Bob、Alice 支付 0.3BTC 给 Bob、Bob 支付 0.1 BTC 给 Alice。这些承诺交易的执行并没有使通道的总容量发生改变，而仅限于两人资产的相互流动。最后，双方协商或者由其中一方将最终的结算交易广播到比特币网络中，这笔交易的本质就是消耗注资交易的输出，从而产生属于双方的那一部分输出。

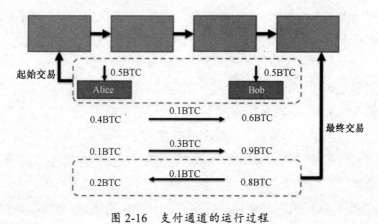

图 2-16　支付通道的运行过程

2．闪电网络

闪电网络（Lightning Network）[6]是基于比特币的支付通道网络，旨在解决比特币低吞吐率（7 TPS）和高延迟（等待 6 个区块）的问题。闪电网络也遵循支付通道的设计理念：将大部分交易放到链下处理，链上只处理重要交易。可以认为，闪电网络的主要目的解决比特币中小微支付的高时间延迟和高支付费用。闪电网络的设计思想来自 2015 年 2 月发布的白皮书 *The Bitcoin Lightning Network：Scalable Off-Chain Instant Payments*。

比特币虽然不支持智能合约，但是它的脚本支持相对复杂的操作，闪电网络正是基于这些脚本来设计和实现的。可以认为，这些脚本就是简单的智能合约。在闪电网络中，主要依靠 RSMC（Revocable Sequence Maturity Contract，可撤销序列成熟度合约）和 HTLC（Hashed Time Lock Contract，哈希时间锁合约）来实现交易。RSMC 保障双方之间的直接交易可以在链下完成，HTLC 保障任意两方之间的转账都可以通过一条支付通道来完成。闪电网络整合这两种机制保证任意两方之间的交易都可以在链下完成。

（1）RSMC

RSMC 就是可撤销的、基于序列成熟度的合约，类似资金池机制。首先，假定交易双方之间存在一个"微支付通道"（资金池）。交易双方预存一部分资金到"微支付通道"，初始情况下，双方的分配方案等于预存金额。每次发生交易时（不能超过预存金额），需要对交易后资金分配结果进行共同确认，同时生成签名，将旧版本分配方案作废。任何一方需要提现时，可以将其手中双方签署过的交易结果写入区块，以得到确认。由此可见，该机制只有在提现时才需要通过区块链进行操作。

任何一个版本的分配方案都需要经过双方的签名认证才合法。任何一方在任何时候都可以提出提现请求，提现时需要提供一个双方都签署过的资金分配方案（意味着方案是某交易后的结果，已经被双方确认，但未必是最新的结果）。在指定时间段内，如果另一方拿出证明进行质疑，表明这个分配方案之前已经被作废，即并非最新的交易结果，那么资金罚没给质疑方，否则按照提出方的结果进行分配。罚没机制可以确保没有交易方会故意提交一个旧的交易结果来提现。另外，即使双方都确认了某次提现，首先提出提现一方的资产到账时间需要晚于对方，从而鼓励交易双方尽量在链外完成中间交易。

（2）HTLC

HTLC 类似限时转账，通过智能合约，双方约定转账方先冻结一笔资产（发送比特币到一个多重签名地址），并由最终接收方生成的一个秘密值 R 的哈希值 H 进行加锁，如果在一定时间内接收方获得了秘密值 R，使得其哈希值 H 与已知值匹配（实际上意味着转账方授权了接收方来提现），该资产就转给接收方。如果约定时间内，接收方未获取秘密值 R，那么转账方可取回已冻结资产。该机制主要由两部分构成。

① 哈希值锁定：确保只有获取最终接收方生成的秘密值 R 才可以解锁（确保最终接收方已经拿到资产后，中间节点才可以解锁资产，在最终接收方拿到资产前，中间节点无法获取秘密值 R）。

② 时间锁定：确保转账方在一定时间内（最终接收方解锁取走资产前）无法取走资产，

又能保证在一段时间后，在最终接收方没有取走资产的情况下，转账方可拿回自己的资产。

HTLC 的执行过程如图 2-17 所示。

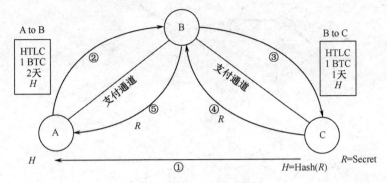

图 2-17　HTLC 的执行过程

① C 随机生成一个秘密值 R，计算哈希值 H 发给 A。

② A 用哈希值 H 创建和 B 的 HTLC 合约：A 转 1 BTC 给一个多重签名地址，如果 B 能在 2 天内知晓秘密值 R，则解锁合约，B 取到 A 支付的 1 BTC；如果 2 天内 B 没有获取秘密值 R，则 2 天后合约解锁，A 取回自己支付的 1 BTC。

③ B 用哈希值 H 创建和 C 的 HTLC 合约：B 转 1 BTC 给一个多重签名地址，如果 C 能在 1 天内知道秘密值 R，那么解锁合约，C 取到 B 支付的 1 BTC；如果 1 天内 C 无法知晓秘密值 R，那么 1 天后合约解锁，B 取回自己支付的 1 BTC。

④ 秘密值 R 是 C 生成的，所以 C 能在 1 天内解锁 B 的 HTLC，以取到 B 支付的 1 BTC，则在此过程中 B 也获得了秘密值 R。

⑤ 在 C 解锁 B 后，B 知晓了秘密值 R，依此 B 解锁 A 的 HTLC，取到 A 支付的 1 BTC。

⑥ 至此，A 支付给 B 了 1 BTC，B 支付给 C 了 1 BTC，即等同于 A 支付给 C 了 1 BTC，则转账完成。

（3）闪电网络路由

如果交易双方都加入了支付通道网络，就可以通过这个支付通道网络与任何加入闪电网络的交易方进行交易。如图 2-18 所示，在确定交易接收方后，需要选择中间节点构建一条发起方到接收方的路由去完成交易。如何构建这些支付路径是一个非常关键的问题。仅仅知道当前有哪些节点，本节点连接了哪些节点，是不够的，还需要知道当前网络拓扑以及各个支付通道的费用、离线余额等更多信息，才能选择一条满足要求的最佳路径。这就需要一个协议来同步全网的网络拓扑以及支付通道的费用、离线余额等信息。这里使用 Gossip 协议对这些信息进行同步，主要包括同步节点和通道信息。同步节点信息使得节点间建立连接和支付通道。同步通道信息使得系统维护一个全网通道网络拓扑，以进行路由选择。

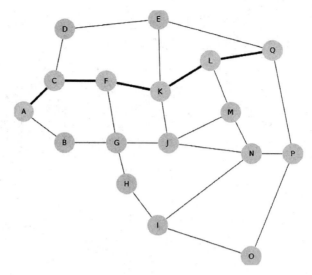

图 2-18　闪电网络路由示例

有了上述信息就能设计路由算法来建立这条路径。前面提到，进行交易时需要先建立一个通道，中间会经过若干支付通道，有很多路由选择，不同的通道交易费用不同，同时有些通道可能不满足要求（如费用太高），考虑到经过太多的支付通道也不是最优解，因此需要有路由跳数的限制，即选择一条经过有限跳数的费用最低的一条路径。因此，闪电网络路由算法归纳为：一个在有限跳数条件下（闪电网络设为 20），带有权值的单源最短路径问题（路径中权值指的是费用，费用可能为正，也可能为负）。闪电网络使用最短路径算法。

通过路由算法确定了一条最佳路径后，发送数据时需要使用多跳（origin node→hop→…→hop→final node），经由中间节点最终到达目的节点。闪电网络支付时还需确保数据的安全性，并满足一定程度的匿名隐私保护要求。因此，闪电网络"路由部分"的一个重要特性是匿名网络路径。只有发起节点知道完整路线，其他节点只知道上一跳和下一跳节点。具体实现方式是 Sphinx 方案的洋葱路由协议[6]。

在洋葱路由网络中，消息一层一层加密包装成像洋葱一样的数据包，每经过一个节点，会将数据包的最外层解密，直至目的地，将最后一层解密，从而获得原始消息。通过一系列的加密封装，每个网络节点（包含目的地）都只能知道上一节点的位置，而无法知道整个发送路径和原发送者的地址。

2.3.4　有向无环图

当前主流的区块链账本主要基于链式结构，其账本通常是一个单向的只能往后扩展的单条链表，这样的账本结构是由它们的共识机制决定的，这些共识机制包括 PoW、PoS、DPoS、PoI、PoP、PBFT 等。随着用户数量的增加，单位时间内产生的交易数量也会相应增加。单链的账本结构只能串行地处理每笔交易，导致其吞吐率的上限相对比较低，因此更容易产生交易拥堵现象。另外，该问题会随着用户和交易量的增加愈发严重。下面根据不同的共识机制，对当前链式结构的账本存在的问题进行简短总结。

① 吞吐率低，在单位时间内可以完成确认的交易数量较少，区块生成效率低，不足以支撑现实场景下的高频交易，如大并发量交易场景。

② 共识模块的可拓展性差，尤其是对于支持拜占庭容错的共识，节点数量过多时，会使通信开销大大增加，极大地降低共识效率。

③ 能耗大，如类似 PoW 的共识机制比拼算力最终演化为比拼电力。

为了解决这些问题，学术界和工业界有很多基于图结构的账本结构探索，并采用与链式结构完全不同的共识机制，其账本结构类似有向无环图（Directed Acyclic Graph，DAG），如图 2-19 所示。基于 DAG 的账本结构比简单的链式结构拥有更好的并行特性，目前业内认为，有向无环图能较好地解决区块生成效率和吞吐率低下的问题，比较有代表性的有 IOTA[19]、Hashgraph[20]、SPECTRE[21]/PHANTOM[22]等。

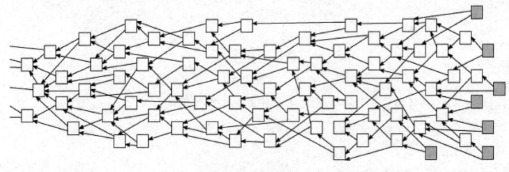

图 2-19 有向无环图

IOTA 采用的是 Tangle 共识协议，这是一种比较弱的共识协议，通过蒙特卡洛随机游走算法挑选其父交易，而父交易随着被引用的次数增多其可信度也会不断积累。Tangle 协议对小额交易的支持度比较好，并且交易量越大越快被确认。

Hashgraph 采用异步拜占庭容错算法，主要通过互相投票和虚拟投票来实现共识的过程。Hashgraph 的优势很明显。首先，具有很好的公平性，交易具有一致的时间戳，可以对每笔交易定序；其次，安全，它采用的异步拜占庭容错算法具有很好的安全理论证明，验证简单；最后，速度快，峰值 TPS 可达 250 万。

SPECTRE/PHANTOM 主要通过偏序变全序的算法来确定整个 DAG 上的区块的线性排列，从而达到整体共识。虽然 PHANTOM 实现了 DAG 上的全序排列，大大提升了整个网络的交易量，但是不能保证迅速地确认区块时间。

DAG 的结构支持区块的并行创建，可以提升区块的吞吐率，但是基于 DAG 的共识协议，交易一致性还没有得到充分有效的验证和认可，同时应用场景没有传统区块链那么广泛。DAG 共识协议的相关研究正在逐步推进，相信未来将发挥更大的作用。

本章小结

2022 年 10 月 16 日，中国共产党第二十次全国代表大会隆重开幕，大会报告提出"强化国家战略科技力量"，"坚决打赢关键核心技术攻坚战"，令区块链等国家战略科技再次走入大众视野。我们要"完善科技创新体系，坚持创新在我国现代化建设全局中的核心地位，健全新型举国体制，强化国家战略科技力量，提升国家创新体系整体效能，形成具有全球竞争力的开放创新生态。""加快实施创新驱动发展战略，加快实现高水平科技自立自强，以国家战略需求为导向，集聚力量进行原创性引领性科技攻关，坚决打赢关键核心技术攻坚战，加快实施一批具有战略性全局性前瞻性的国家重大科技项目，增强自主创新能力。"

本章首先介绍了区块链的技术基础，包括区块链底层使用的 P2P 网络，以及区块链中的交易和地址的基本概念和原理；然后介绍了当前区块链主流的账本模型，包括以比特币为代表的 UTXO 模型和以太坊为代表的账户模型；最后介绍了区块链扩展的相关技术，包括区块链的扩容、跨链、通道和有向无环图。通过本章的学习，读者可以对区块链的基本原理有比较全面的认识。

习 题 2

1．简述 P2P 网络的特点。主流区块链为什么要采用这种网络？
2．UTXO 模型下的钱包余额是如何获取的，与账户模型下的余额有什么区别？
3．简述 UTXO 模型与账户模型的区别。
4．简述非对称加密的原理，以及区块链使用非对称加密的理由。
5．比特币的密钥和地址的关系是什么？请简述如何通过私钥计算出地址。
6．为什么不直接使用公钥转账而使用地址？
7．简述比特币脚本的验证过程。
8．简述造成主流区块链性能瓶颈的原因。目前有哪些区块链扩容的主流方案？
9．为什么要实现区块链系统之间跨链？实现跨链技术的难点有哪些？
10．简述通道和通道网络的原理。

参考文献

[1] Demers, Alan, Dan Greene, et al．Epidemic Algorithms for Replicated Database Maintenance[J]．Operating Systems Review, 1988, 22: 8-32.

[2] Wikipedia．Peer-to-peer[EB/OL]．2021.

[3] Nakamoto S．Bitcoin : A peer-to-peer electronic cash system[R]．Manubot, 2019.

[4]   Buterin V．A next-generation smart contract and decentralized application platform[J]．White Paper, 2014, 3(37).

[5]   Antonopoulos A M．Mastering Bitcoin：unlocking digital cryptocurrencies[M]．O'Reilly Media Inc., 2014.

[6]   Poon J, Dryja T．The bitcoin lightning network：Scalable off-chain instant payments, in Proc．Lightning Labs, San Francisco, CA, USA, vol. 9, pp. 14, Jan. 2016.

[7]   Lucas Saldanha．Ethereum Yellow Paper Walkthrough: Merkle Trees[EB/OL]．[2018-12-21].

[8]   Horizon Academy．UTXO VS. ACCOUNT MODEL[EB/OL]．[2021].

[9]   Androulaki E, Barger A, Bortnikov V, et al．Hyperledger fabric: a distributed operating system for permissioned blockchains[C]//Proceedings of the thirteenth EuroSys Conference．2018：1-15.

[10]   Brewer E A．Towards robust distributed systems[C]//PODC．2000, 7(10.1145): 343477. 343502.

[11]   Natoli C, Gramoli V．The blockchain anomaly[C]//2016 IEEE 15th International Symposium on Network Computing and Applications (NCA)．IEEE, 2016: 310-317.

[12]   Klarman U, Basu S, Kuzmanovic A, et al．bloxroute: A scalable trustless blockchain distribution network whitepaper[J]．IEEE Internet of Things Journal, 2018.

[13]   Kokoris-Kogias E, Jovanovic P, Gasser L, et al．Omniledger: A secure, scale-out, decentralized ledger via sharding[C]//2018 IEEE Symposium on Security and Privacy (SP)．IEEE, 2018: 583-598.

[14]   Zamani M, Movahedi M, Raykova M．Rapidchain: Scaling blockchain via full sharding[C]// Proceedings of the 2018 ACM SIGSAC Conference on Computer and Communications Security. 2018: 931-948.

[15]   Wang J, Wang H．Monoxide: Scale out blockchains with asynchronous consensus zones[C]//16th {USENIX} Symposium on Networked Systems Design and Implementation ({NSDI} 19). 2019: 95-112.

[16]   Thomas S, Schwartz E．A protocol for interledger payments[J]．2015.

[17]   Simplexity．Blockchain 性能扩容（1）- (Size, Segwit, Sidechain)[EB/OL]．[2020-10-28].

[18]   富豪俱乐部．什么是侧链、公链、私链、联盟链、token、数字货币、代币．[2018.12.26].

[19]   Popov S．The tangle[J]．White paper, 2018, 1: 3.

[20]   Baird L．The swirlds hashgraph consensus algorithm: Fair, fast, byzantine fault tolerance [J]．Swirlds Tech Reports, 2016.

[21]   Sompolinsky Y, Lewenberg Y, Zohar A．SPECTRE：A Fast and Scalable Cryptocurrency Protocol[J]．IACR Cryptol. ePrint Arch., 2016, 2016: 1159.

[22]   Sompolinsky Y, Zohar A．Phantom[J]．IACR Cryptology ePrint Archive Report, 2018.

第 3 章　区块链共识机制

一致性问题是分布式系统的关键，实现的方式是共识机制。作为一种去中心化分布式数据库（分布式账本），区块链由于没有中心化的监管机构，一切对区块链数据库的修改更新都通过共识机制完成，如果共识机制不能保证区块链中各节点协调运作和一致性，区块链系统也将无法运行，因此共识机制是区块链技术的核心问题。

本章首先通过介绍具体的共识算法、抽象化概念以及两个不可能性原理，理解分布式系统中的一致性问题及解决方案；然后，介绍常见的区块链共识机制；最后，介绍区块链的攻击方式，理解区块链中各种共识算法面临的共识威胁。

3.1　拜占庭容错技术

3.1.1　拜占庭将军问题

拜占庭将军问题由 Lamport 等三人在 1982 年提出[2]，描述如下：几支拜占庭军队共同包围了一座敌人的城市，每支军队由各自的将军指挥，每位将军之间只能通过信使传递消息（假设信使是可靠的，即信使不会被截获导致消息丢失或被篡改）。为了胜利，几支军队必须就下一步的作战计划达成一致，共同行动。然而这些将军之中已经有一些将军叛变，他们试图阻止所有的拜占庭军队就下一步作战计划达成一致，如向不同的将军发送不同的作战计划。即便有叛变的将军们的存在，忠诚的将军们还是想取得战争的胜利，因此他们需要一个共识算法，以保证：

A.　所有忠诚的将军们就下一步的作战计划达成一致。

忠诚的将军们会按照算法指示的计划指挥军队，而叛变的将军们会做出任何可能的指挥来破坏共识（如传递错误的消息、拒绝传递消息等），算法必须保证无论叛变的将军们做什么，都能保证条件 A。

B.　少数叛变的将军们无法使得忠诚的将军们采纳一个错误的作战计划。

条件 B 很难形式化，因为我们无法精确地描述什么样的计划是错误的。我们将问题简化并形式化：将作战计划仅分为两种，即进攻和撤退，一共有 n 位将军，其中有 m 个叛变的将军，每位将军 i 通过对敌军的观察做出自己的判断，并将提议 $v(i)$ 发送给其他将军。这是一个投票过程，最终选择获得大多数投票的作战计划。

为了满足条件 A，则必须满足：

a. 每个忠诚的将军必须收到相同的消息 $v(0),\cdots,v(n)$。

为了满足条件 B，必须满足：

b. 如果将军 i 是忠诚的，那么他发送的命令和其他忠诚的将军收到的 $v(i)$ 是相同的。

我们可以重写条件 b：

a'. 所有忠诚的将军都会收到相同的 $v(i)$。

这样条件 a' 和条件 b 都是对将军 i 发出的消息 $v(i)$ 的描述，我们将这个子问题称为拜占庭将军问题：

一个主帅向他的 $n-1$ 位将军发送命令，需满足：

　　IC1. 所有将军遵循相同的命令。

　　IC2. 如果主帅是忠诚的，那么所有将军都执行他发出的命令。

要解决初始的问题，只要解决拜占庭将军问题的一个实例：将军 i 将他的提议 $v(i)$ 发送给其他 $n-1$ 个将军，并发出命令："将 $v(i)$ 作为我的提议。"

Lamport 在他的论文中证明：当 $n \leqslant 3m$ 时，即叛变的将军的数量 m 大于等于将军总数 n 的 1/3 时，不存在一个共识算法，能通过口头协议算法解决拜占庭将军问题。口头协议算法是一种递归的算法，算法通过口头通信完成节点之间多轮的信息传递。口头通信是指通信的内容完全由消息发送者控制，即叛变的将军可以发送任意内容的消息[5]。

1．OM(0)算法

① 主帅将他的命令发送给每位将军。

② 每位将军采用主帅发来的命令；若没有收到命令，则默认为撤退命令。

2．OM(m)算法（$m>0$）

① 主帅将他的命令发送给每位将军。

② 对于每个 i，$v(i)$ 为每位将军 i 从主帅收到的命令，若没有收到命令，则默认为撤退命令。将军 i 在算法 OM($m-1$) 中作为发令者，将 $v(i)$ 发送给其他 $n-2$ 位将军。

③ 对于每位将军 i，$v(j)$（$j\neq i$）为将军 i 在第②步中从将军 j 收到的命令，若没有收到命令，则默认为撤退命令。将军 i 使用 majority($v(1),\cdots,v(n-1)$) 得到命令。

口头协议算法是一个递归算法，算法需要 $m+1$ 轮通信完成。其中，m 代表叛变的将军数量。因此，使用该算法需要知道叛变的将军们的数量或最大数量。

当 $n \leqslant 3m$ 时，我们使用一个最简单情况下的例子（$n=3$，$m=1$）来说明。

如图 3-1 所示，首先考虑主帅忠诚、将军 L2 是叛变的将军的情况。主帅向将军 L1 和将军 L2 同时发送了进攻的命令，将军 L2 为了破坏共识，将主帅的命令改为撤退，并发送

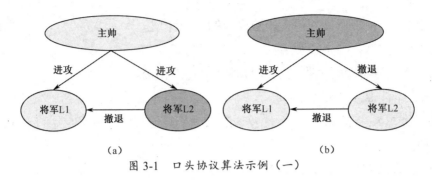

图 3-1　口头协议算法示例（一）

给将军 L1。将军 L1 收到的来自主帅和将军 L2 的命令是不一致的，如图 3-1(a)所示。然后考虑主帅为叛变的将军们，将军 L2 忠诚的情况，主帅为了破坏共识，向将军 L1 发送了攻击的命令，向将军 L2 发送了撤退的命令，由于将军 L2 是忠诚的，他会向将军 L1 如实转述来自主帅的命令，即撤退命令。此时对于将军 L1 来说，他收到来自主帅与将军 L2 的命令仍不一致。上述两种情况在将军 L1 的视角中是完全相同的，因此将军 L1 无法分辨主帅和将军 L2 哪个是忠诚的，哪个是叛变的。

当 $n > 3m$ 时，我们同样使用最简单情况下的例子（$n=4$，$m=1$）来说明。

如图 3-2(a)所示，先考虑主帅忠诚、将军 L3 为叛变的将军的情况。主帅向 3 个将军发送了进攻的命令，在下一轮的口头通信中，忠诚的将军 L1 和 L2 都如实转发了来自主帅的命令，将军 L3 为了破坏共识，将主帅的命令改为撤退，并发送给将军 L1 和将军 L2，但此时将军 L1 和 L2 收到的命令集合都为(A, A, R)，使用 majority 方法后，都会采用与主帅一致的进攻的命令，这满足了 IC1 和 IC2。再考虑主帅为叛变的将军们的情况，此时不需要满足 IC2，如图 3-2(b)所示，主帅向 3 个将军发送的命令分别为(X, Y, Z)，X、Y、Z 均可以是进攻或撤退。在第 2 轮的口头通信中，由于 3 位将军都是忠诚的，因此他们会如实转发从主帅收到的命令，收到的命令集合都为(X, Y, Z)，使用 majority 方法得到的命令自然也相同，满足 IC1。

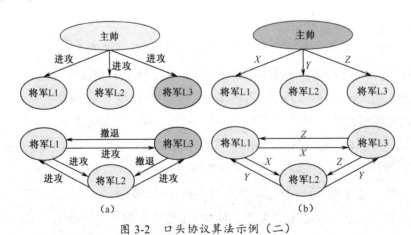

图 3-2　口头协议算法示例（二）

3.1.2 拜占庭容错系统

拜占庭将军问题是对分布式系统中存在恶意节点的一个比喻，我们将分布式系统中的恶意节点称为拜占庭节点，这些节点的行为具有不可预测性和任意性的特征。容忍系统中存在一定数目的拜占庭节点的分布式系统被称为拜占庭容错系统，拜占庭容错系统中运行的共识算法被称为拜占庭容错的共识算法。拜占庭容错的共识算法对拜占庭节点的数目是有约束的，如 3.1.1 节中介绍的口头协议算法要求拜占庭节点的数目小于系统中节点总数的 1/3。

区块链作为一种分布式系统，尤其像比特币这种主要提供金融服务，并且没有加入门槛的公链系统，拜占庭节点的存在是不可避免的，因此，区块链公链一般要求具有一定的拜占庭容错功能。但对于仅在几个企业或组织之间运行的联盟链，由于这些区块链的加入受到控制，也可以使用一些分布式系统中经典的非拜占庭容错的共识算法，如 Raft 算法等。

3.2 FLP 不可能原理

FLP 不可能原理由 Fischer、Lynch 和 Patterson 于 1985 年提出[4]，是分布式领域中一个非常著名的定理（定理命名由三位作者名字的首字母组成）。**FLP 不可能定理指出**：在异步通信场景下，即使只有一个节点不可用，也不存在一个确定性的共识算法，可以解决分布式系统的一致性问题。

FLP 不可能定理的异步通信假设如下。

① 消息是正确的，且只发送 1 次，即没有拜占庭节点。

② 没有关于消息传递延迟的假设，即消息可能延迟、乱序，但最终都会到达。

③ 没有同步时钟，因此关于超时的算法无法使用。

④ 无法探测其他节点是否不可用，即节点无法分辨其他节点不可用还是只是运行得很慢。

既然有了 FLP 不可能原理，那么我们还有必要研究各种各样的共识算法吗？答案是肯定的。首先，FLP 不可能原理的异步通信假设并不适用于所有的分布式系统，现实中很多情况是可以使用超时判断的；其次，即使是一些不完全正确的共识算法，在实际的工程中也是有实用性和指导意义的，如 Paxos 算法。

3.3 CAP 原理

1998 年，Eric Brewer 提出了分布式系统的三个指标[3]如下。

① 一致性（Consistency）：分布式系统对于每个请求都能返回正确的响应。

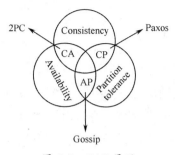

图 3-3　CAP 原理

② 可用性（Availability）：对于分布式系统的每个请求都能得到响应，但响应不保证是正确的。

③ 分区容错性（Partition Tolerance）：在通信不可靠的系统中，当因为发生信息丢失而产生网络分区时，分布式系统仍能继续工作。

CAP 原理指出：任何分布式系统只能满足以上三种指标中的两种，不可能同时都满足，如图 3-3 所示。

在设计一个特定场景下的分布式系统时，CAP 原理通常需要被考虑，根据实际应用场景的需求，设计满足不同指标的分布式系统。在实际情况中，我们通常无法避免信息的丢失，即网络分区通常是需要被考虑的，因此 CAP 原理要求设计一个分布式系统，需要在满足分区容错性的基础上，对一致性和可用性做出取舍。

我们从 CAP 原理的角度分析区块链系统，如比特币系统。比特币系统采用基于工作量证明的共识机制，这是一种最终一致性的共识算法，对区块链的查询可能得到错误的结果，如当前的主链可能一定时间后被更长的区块链分支替换，这是对 CAP 原理中强一致性的弱化。这种设计提高了比特币系统的可用性，任何对区块链的查询都能很快返回结果，即使返回的结果不一定是正确的。

3.4　Paxos 算法和 Raft 算法

Google Chubby 的作者 Mike Burrows 曾说："这个世界上只有一种共识算法，就是 Paxos，其他算法都是 Paxos 的残次版本。"这种说法虽然略有夸张，但确实肯定了 Paxos 算法在分布式系统中的地位。Paxos 算法最早由 Lamport 于 1989 年提出，后来发表于 1998 年，是解决异步通信场景下分布式系统的分区容错的共识问题的经典算法。Raft 算法也是基于 Paxos 算法而来的，本节介绍这两种算法。

3.4.1　Paxos 算法[6]

在介绍 Paxos 算法的内容之前，我们先来明确算法使用场景的假设和算法的目的。

假设：① 系统中的节点可能崩溃、重启；② 异步通信场景，即信息传递延迟无上界，信息可能重复、丢失；③ 非拜占庭容错系统，即所有的节点都是非拜占庭节点。

目的：设计一个分区容错的共识算法，使得系统对选中某个值达成共识。其安全性要求包括：① 只有被提议过的值可以被选中；② 只有唯一的值可以被选中；③ 每个节点只承认被选中的值。

系统中的节点有如下 3 种身份。

① 提议者（Proposer）：提出某个提案，请求接受者批准。

② 接受者（Acceptor）：接受并批准提议者的提案。

③ 承认者（Learner）：承认最终选中的提案的值。

系统中的一个节点可以扮演多种角色，如一个节点既可以是提议者也可以是接受者，该节点自己提出一个提案，并批准该提案（直觉上是自然的，一个提议者必然支持自己提出的提案，而 Paxos 算法也正是这样认为的）。

在开始设计共识算法时，我们通常先考虑最简单的方式，可以在系统中只设置一个接受者节点，任何提议者提出的提案都必须经过该接受者节点的批准才可以被选中，那么只要让该接受者只批准它收到的第一个提案就可以了，此时选中的值就是该提案包含的提议值。然而，这种最简单的方式显然是脆弱的，如果系统中唯一的接受者节点发生故障，就会直接导致共识算法的停止运行。

为了解决最简单的方式中的单点故障问题，可以设置多个接受者节点，每个提议者可以将自己的提案发送给多个接受者。每个接受者可能收到多个提案，而不同的接受者可能批准不同的提案，那么如何选中唯一的提案呢？最直观的想法是，规定只有经过系统中大多数的接受者批准的提案才可以被选中，由于任何两个大多数的接受者集合都至少有一个相同的接受者，如果规定每个接受者最多只能批准一个提案，那么最终只有唯一的提案可以被选中。由于节点故障和消息丢失可能发生，我们希望即使只有唯一的提议者提出了唯一的提案，也能有提议值被选中，即我们总是希望共识可以达成，因此规定如下。

P1：一个接受者必须批准它收到的第一个提案。

P1 的要求是不完备的，因为系统中可能存在多个提案被一些接受者批准，但是没有一个提案获得了大多数接受者的批准。为了区分一个接受者收到的不同提案，我们给每个提案标上唯一的序号，因此一个提案包含两部分：序号和提议值（如何实现唯一的标号取决于具体的实现，目前只是假设）。

为了让共识算法能够进行下去，我们不再规定系统最多选中一个提案。事实上，这个规定过于严格了，共识算法的目的是对某个值达成共识，而不是对某个提案达成共识，因此我们可以允许系统选中多个提案，但要求这些提案的提议值相同，这样仍能保证对提议值的共识。我们将这样的规定表述为：

P2：如果一个提议值为 v 的提案已经被选中，那么后续选中的任何具有更高序号的提案的提议值都应该为 v。

由于一个提案要被选中必然经过了接受者批准，因此我们可以通过满足下述规定 P2a 来满足 P2。

P2a：如果一个提议值为 v 的提案已经被选中，那么后续被任何接受者批准的具有更高序号的提案的提议值都应该为 v。

P1 保证了一些提案会被选中，P2a 保证了选中的提议值的唯一性。但在异步场景下，由于节点可能故障，仍有特殊情况：假设有一个故障的提议者节点刚刚重启并提出了一个具有更大序号的提案，且该提案的提议值不同于之前已经选中的提议值 v，然后该提案被某个刚刚从故障中重启的接受者节点批准。在该场景中，接受者的行为满足规定 P1，但违反了规定 P2a。由于一个提案被批准，必然先被某个提议者提出，因此我们可以如下加强规定 P2a。

P2b：如果一个提议值为 v 的提案已经被选中，那么后续被任何提议者提出的具有更高序号的提案的提议值都为 v。

仍然考虑上述假设的场景：一个刚刚重启的提议者希望提出一个编号为 n 的提案，为了满足 P2b，需要获取系统中选中的或即将选中的（在异步通信场景下，这是可能的）编号小于 n 的提案的信息。因此，我们提出规定 P2c，它蕴含了 P2b。

P2c：如果一个序号为 n，提议值为 v 的提案被提出，那么存在一个包含了大多数接受者节点的集合 S，满足 (a) S 中没有任何接受者批准过序号小于 n 的提案；或满足 (b) 若 S 中有接受者批准过序号小于 n 的提案，则其中序号最大的提案的提议值为 v。

下面证明如何从 P2c 推导出 P2b。

需证：满足规定 P2c 时，如果一个提案 (m,v) 已经被选中，则序号为 $n>m$ 的任意提案提议值也为 v。

(a)：说明系统中没有提案被选中。

(b)：假设已经有提案 (m,v) 被选中，则存在一个大多数接受者集合 C，其中每个接受者都批准了提案 (m,v)，当 $n=m+1$ 时，S 中必有接受者批准过 (m,v)，由于小于 n 的最大序号为 $m=n-1$，则小于 n 的最大序号的提案的提议值也为 v；当 $n=k$ 时，假设序号为 m，$\cdots$，$k-1$ 的提案的提议值都为 v，则 S 中小于 n 的最大序号的提案的提议值也为 v，则序号为 n 的提案的提议值也为 v。

现在讨论如何满足 P2c。P2c 的过程事实上是提议者想要发起一个序号为 n 的提案之前，向一个大多数接受者集合询问批准过哪些提案的过程。在异步通信场景下，可能存在一些接受者，收到序号小于 n 的提案晚于该询问消息到达，这就导致该询问过程不能获取完整的信息，需要"预测未来"。Paxos 算法并不预测未来，而是使用"承诺"机制，提议者在询问过程中附加自己想要提出的提案的序号 n，并要求接受者承诺：不再批准序号小于 n 的提案，并返回批准过的序号小于 n 的提案中序号最大的提案的提议值。我们将这个提议者要求接受者做出承诺的过程称为准备阶段（prepare），因此规定 P1 可以修改为：

P1a：一个接受者可以批准一个序号为 n 的提案，当且仅当他没有响应过序号大于 n 的准备请求。

现在我们可以提出完整的算法了，Paxos 算法分为两个阶段，每个阶段包含以下两个步骤。

（1）阶段一

① 一个提议者选择一个序号 n，并发送准备请求给大多数接受者。

② 一个接受者收到一个序号为 *n* 的准备请求，若没有响应过序号大于 *n* 的准备请求，则返回一个不再响应序号小于 *n* 的准备请求的承诺，以及已经批准过的提案中序号最大的提案的提议值 *v*（若没有批准过提案，则 *v* 为空）。

（2）阶段二

① 如果该提议者收到来自大多数接受者的关于序号为 *n* 的准备请求的承诺信息，那么该提议者发送一个接受（accept）信息给这些接受者，接受信息包含序号 *n* 和提议值 *v*。其中，*v* 为这些承诺信息中批准过的序号最大的提案的提议值（若没有，则该提议者可自行决定 *v* 的值）。

② 如果一个接受者收到一个序号为 *n* 的接受信息，没有响应过序号大于 *n* 的准备请求，那么他批准该接受信息，即批准提案 (*n*,*v*)。

最终，经过大多数接受者节点批准的提案成为选中的提案。为了能够让承认者获取到选中的提议值，每个接受者在批准一个提案后，向所有承认者节点发送该提案，每个承认者在收到大多数接受者批准的提议值为 *v* 的提案后，可以知道共识算法选中了提议值 *v*，至此系统对提议值 *v* 达成了共识。

我们使用一个具有 5 个节点（每个节点既是提议者也是接受者）的例子来说明 Paxos 算法的工作流程。

如图 3-4 所示，节点 0 发起 Paxos 算法的阶段一，向节点 1 和节点 2 发送准备请求，其中包括节点 0 想要发起的提案序号 1。节点 1 和节点 2 收到该请求后，由于没有响应过序号大于 1 的请求，因此向节点 0 返回承诺（promise）信息，许诺不再响应序号小于 1 的请求。之后节点 4 也发起算法的阶段一，向节点 2 和节点 3 发送准备请求，其中包括节点 4 想要发起的提案序号 4。节点 2 和节点 3 收到该请求后，由于没有响应过序号大于 2 的请求，因此向节点 4 返回承诺信息，许诺不再响应序号小于 2 的请求。节点 0 进入算法的阶段二，向节点 1 和节点 2 发送了接受信息，其中包括提案序号 1 和提议值 1。节点 1 收到该请求后，由于没有响应过序号大于 1 的请求，因此批准该提案<1,1>。节点 2 由于已经响应过来自节点 4 的序号为 2 的准备请求，因此会忽略来自节点 0 的接受请求。节点 4 之后进入算法的阶段二，向节点 2 和节点 3 发送了接受信息，其中包括提案序号 2 和提议值 2，

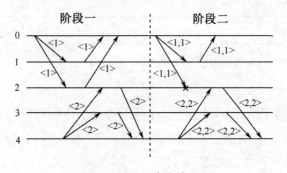

图 3-4　Paxos 算法情况一

节点 2 和节点 3 收到该请求后，由于没有响应过序号大于 2 的请求，因此都批准该请求。至此，提案<2,2>收到节点 4（自身）及节点 2 和节点 3 的批准，这 3 个节点构成一个接受者的大多数集合，因此该提案被选中。

图 3-5 展示了 Paxos 算法的另一种情况。节点 0 发起序号为 1 的提案，得到节点 1 和节点 2 的承诺信息后成功完成了算法的阶段二，此时节点 0、节点 1、节点 2 构成的接受者的大多数集合都批准了提案<1,1>。之后节点 4 进入算法的第一阶段，向节点 2 和节点 3 发送提案序号为 2 的准备请求。节点 3 收到该请求后，由于没有响应过序号大于 2 的请求，因此向节点 4 返回承诺信息。节点 2 也没有响应过序号大于 2 的请求，但是批准过提案<1,1>，因此向节点 4 返回承诺信息，其中包括已经批准过的提议值 1。节点 4 进入第二阶段，选择返回的信息中已经批准过的提议值 1，而不是自行决定提议值，向节点 2 和节点 3 发起接受请求，其中包括提案<2,1>，节点 2 和节点 3 收到该请求后批准该提案。至此，系统中的 5 个节点对提议值 1 达成了共识。

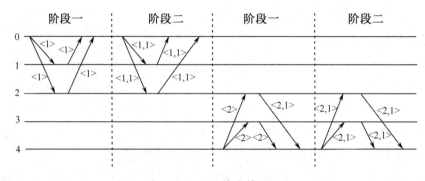

图 3-5　Paxos 算法情况二

事实上，Paxos 算法并不是完全正确的，运行时可能出现一些特殊情况，如图 3-6 所示。

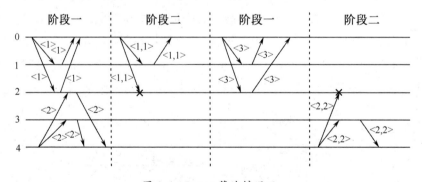

图 3-6　Paxos 算法情况三

节点 0 进入算法的阶段一，并得到节点 1 和节点 2 关于提案序号 1 的承诺信息，之后节点 4 也进入算法的阶段一，并得到节点 2 和节点 3 关于提案序号 1 的承诺信息。节点 0 进入算法的阶段二，向节点 1 节点 2 发送接受请求，其中包含提案<1,1>，由于节点 2 已经响应过来自节点 4 的提案序号为 2 的准备请求，因此会忽略节点 0 的接受请求，节点 0 的接受请求无法得到大多数接受者的批准，所以无法被选中。但此时节点 0 立刻重新发起提案，向节点 1 和节点 2 发送关于提案序号 3 的准备请求，并收到了节点 1 和节点 2 的承诺信息。在这之后节点 4 才进入算法的阶段二，向节点 2 和节点 3 发送接受请求，其中包含提案<2, 2>，但由于节点 2 又响应过来自节点 0 的提案序号为 3 的准备请求，因此会忽略节点 4 的接受请求，节点 4 发起的提案同样得不到大多数接受者的批准。如果节点 4 也像节点 0 一样立刻重新发起序号为 4 的提案，可能导致节点 0 的第二个提案也无法被选中。这种两个节点互相竞争导致没有任何一个提案能被选中的现象称为"活锁"。活锁与死锁的区别是活锁是可以自行解开的，如果节点 0 在第一次提案失败后等待一段时间，节点 4 的提案就可以成功被选中。

Paxos 算法略有些晦涩难懂，而且由于通信太多，很难在实际场景中应用。基于 Paxos 算法，后来有很多共识算法被提出，如 Raft 算法。

3.4.2　Raft 算法

Raft 算法是由斯坦福大学的 Diego Ongaro 提出的[11]，因为 Paxos 算法过于难以理解，因此 Raft 算法最重要的宗旨是易于理解，尽可能地简化算法，降低学习成本。

Raft 算法通过两种方法来简化算法。

第一种是将算法分解为多个子问题：领导者选举（Leader election）、日志复制（Log replication）、安全性（Safety）和成员变更（Membership changes）。

第二种是简化状态空间，尽可能减少要考虑的状态数目、排除不确定性。例如，Raft 算法中只有唯一的领导者可以响应客户端的请求，并与其他节点完成数据的同步，这就简化了共识过程。Raft 算法同样采用非拜占庭容错的异步通信的假设，节点可能发生故障、通信具有不可预知的延迟、可能发生网络分区、丢包、重复、乱序等。

Raft 算法中的节点分为以下 3 种。

① 领导者（Leader）：正常情况下，系统中只有唯一的领导者，负责处理客户端的请求，并与其他节点完成数据的同步。

② 追随者（Follower）：除了领导者的所有节点都是追随者，当追随者收到来自客户端的请求时，将该请求重定向到领导者。

③ 候选者（Candidate）：当由于领导者故障或网络通信故障而使追随者看不到领导者时，追随者就自发成为候选者，向其他节点发送选举请求，若收到大多数节点的选票，则成为领导者。

下面介绍 Raft 算法的 3 个问题。

1．领导者选举

Raft 算法将时间分为任意长度的任期（Term），用连续的整数标号，每个任期开始于一次领导者选举（Election），结束于领导者失效（可能是选举失败、领导者故障、网络分区导致领导者不可见等）。那么，追随者如何确定系统中是否存在一个领导者呢？Raft 算法使用心跳机制。领导者定时向所有追随者发送心跳信息，其他节点收到有效的心跳信息则保持为追随者。若超时（Timeout）还未收到心跳信息，则某追随者成为候选者，开始一个新的任期并发起选举请求。当候选者收到大多数节点的选票时，便成为领导者，这保证一个任期中最多只有一个领导者。

图 3-7 描述了 Raft 算法中节点的状态转换过程。若多个候选者同时发起选举，将导致有很高的概率出现选举失败，即没有任何一个候选者得到大多数选票。为了降低选举失败发生的概率，Raft 算法采用了随机化的方法，随机生成不同追随者的心跳信息的超时时间，避免在领导者失效时，多个追随者同时成为候选者并发起选举。

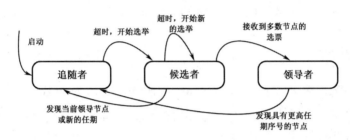

图 3-7　Raft 算法中节点的状态转换过程

2．日志复制

当一个节点被选为领导者后，便开始处理客户端的请求。领导者首先将客户端的命令记录到自己的日志中，并向追随者发起请求复制该条目。当大多数的追随者完成该更新后，领导者把更新的结果返回给客户端。领导者持续地要求追随者完成更新，直到所有的追随者都完成该更新。

领导者和追随者的日志可能不一致，如何发现不一致？领导者在向追随者发送更新请求时会附加领导者提交的上一个更新条目的序号和任期序号，若追随者在自身的日志中找不到该条目，则拒绝该更新请求。由递推关系，当一个更新条目相同时，在该条目之前的所有条目也相同，因此向前找到第一个相同的条目，不一致的部分就是该条目之后的日志。

当领导者和追随者的日志发生不一致时，Raft 算法要求追随者和领导者保持一致，即重写追随者的日志。通过这种机制，当一个节点成为领导者后，无须任何特殊的机制便能保证系统中不同节点日志的一致性，因此简化了共识的过程，但是否会出错？如果领导者的日志本身就是错误的怎么处理？下面讨论其安全性。

3．安全性

考虑这样一个场景：一个追随者发生故障，故障期间没有收到领导者发出的日志条目更新，而当该节点恢复时恰好被选为新的领导者，那么该节点会要求所有的追随者与自己保持一致，从而一些更新被覆盖。Raft 算法通过在选举过程中加入限制条件来解决这个问题。一个候选者只有获得大多数的选票才能成为领导者，而追随者在投票时需要验证该候选者的日志是否包含了自身所有的日志更新，只有候选者的日志比自身的日志更"新"（up-to-date，比较日志中最后一个条目的序号和任期序号），追随者才会投票。

Raft 算法基于 Paxos 算法，但比 Paxos 算法更加简单易懂，并且易于实现。联盟链或私有链的共识算法就可以采用 Raft 算法，如 Hyperledger Fabric 项目就有 Raft 算法作为共识算法的选项。

3.5 共识机制

拜占庭将军问题要解决的是多个将军之间对下一步的作战计划达成一致，Paxos 算法的目的是系统中的节点对某个值达成共识，Raft 算法要求追随节点和领导节点的日志保持一致，这些算法中都提到了分布式系统中的一致性、共识。本节系统介绍分布式系统的一致性问题，以及在区块链场景下一致性问题的解决方案。

3.5.1 分布式系统的一致性问题

分布式系统的一致性问题是指在分布式系统中的多个节点保存的数据副本和事务的执行顺序对外呈现出相同的状态，共识算法就是解决一致性问题的过程。一个共识算法应满足以下 4 个属性。

① 一致性（Consistency）：每个正确的节点应对数据达成一致。

② 完整性（Integrity）：每个正确的节点最多决定一个数据值，并且这个值是由某节点提出的。

③ 终止性（Termination）：所有节点最终能够达成一致。

④ 有效性（Validity）：若所有节点提出相同的数据值，则所有节点都决定该值。

根据 CAP 原理，由于实际场景中网络分区是不可避免的，因此在设计一个分布式系统时，通常需要在满足分区容错性的基础上，对一致性和可用性做出取舍。根据 FLP 不可能原理，在异步通信场景下，即使只有一个节点不可用，也不存在一个确定性的共识算法可以解决一致性问题。这是否意味着在设计分布式系统时，对一致性做出完全的"舍"，从而取得可用性？答案是否定的，CAP 原理中的一致性指的是强一致性，而实际在对一致性和可用性进行取舍时，并不是完全地放弃某属性，而是根据需求在一定程度上弱化某属性。

分布式系统的一致性模型可以分为两大类：强一致性模型和弱一致性模型。

1. 强一致性模型

线性一致性（Linearizable consistency）：所有节点上的操作都按照与全局真实时间一致的顺序原子执行。

顺序一致性（Sequential consistency）：所有节点上的操作都按照相同的顺序原子执行。

二者的区别是，线性一致性不仅要求所有节点上操作的执行顺序相同，还要与实际时间的顺序相同。由于所有节点上操作的顺序相同，那么自然所有节点上的数据也是一致的。从客户端与一个节点交互的视角，线性一致性和顺序一致性是相同的，用这两种强一致性模型的系统替换单机服务器不会产生任何问题。

2. 弱一致性模型

因果一致性（Causal consistency）：所有节点对具有因果关系的操作的执行顺序达成一致。

最终一致性（Eventual consistency）：在停止操作后，经过一段时间，所有节点的数据最终会达成一致。

以客户端为中心的一致性（Client-centric consistency）：所有节点的数据和操作执行顺序对于单独的客户端呈现出一致的状态。

因果一致性是弱化的顺序一致性，只要求对具有因果关系的操作的执行顺序达成一致。比如对于一个多副本的数据库，不同的节点对于相同数据的写操作应保持一致，否则会导致数据的不一致；而对于不同数据的写操作顺序不要求一致，因为它们之间没有因果关系，不会互相影响。

最终一致性是更加弱化的一致性模型，不保证在任意时刻的一致性，而是在一段时间后达成一致，那么"最终"到底是多久呢？通常，一个使用最终一致性模型的分布式系统需要提供一个时间范围。如比特币系统中，一个上链的交易需要等待 6 个区块生成之后才认为交易得到确认，也就是对该交易达成一致，不会再被篡改（这是因为篡改区块链中数据的难度随着该区块之后的链的长度指数级增长，超过 6 个区块后，我们认为要篡改数据已经不可能实现了）。

在最终一致性模型中，一个客户端在任意时刻访问不同节点上相同数据的副本，可能得到不同的结果。以客户端为中心的一致性模型正是为了解决这个问题，保证所有节点对于单一的客户端呈现一致的状态。

了解了分布式系统中不同的一致性模型，我们对 CAP 原理有了更深的理解，对于一致性和可用性的取舍实际上是根据不同的需求对强一致性模型进行一定程度上的弱化，不同的场景、不同的一致性需求催生了不同的共识算法，而弱一致性模型的种类也有很多，不局限于上述三种模型。区块链作为一个典型的分布式系统，在其发展的过程中自然出现了多种共识算法，后续将介绍。

3.5.2 工作量证明

工作量证明（Proof of Work，PoW）算法的思想最早由 Cynthia Dwork 和 Moni Naor 于 1993 年提出[8]，基本思想是要求用户计算一个计算困难但是验证简单的函数（称为代价函数，Pricing Function）来获取访问共享资源的权限，提高资源访问门槛，以防止资源的滥用。他们设想的主要应用场景是对抗垃圾邮件，由于发送电子邮件的花费非常低，因此垃圾邮件很多。在用户想要发送电子邮件时，需要计算代价函数值才能获取发送电子邮件的权限。

"工作量证明"最早由 Markus Jakobsson 和 Ari Juels 于 1999 年提出[9]，抽象化了已经在一些数据安全系统中应用的类似算法，用工作量来形象地比喻代价函数的计算过程。

上面提到的工作量证明似乎是一种访问控制方案，而不是共识算法，即通过证明自身完成了一定量的"工作"从而获取某种资格。下面介绍区块链是如何使用工作量证明算法来达成共识的。

区块链的共识算法的目的是使得所有节点记录的账本一致。区块链账本中的交易记录在区块中，每个时间周期内生成一个区块，连接在上一个区块的尾部，因此要让区块链中不同节点记录的账本一致，只需让每个时间周期内不同节点记录的区块一致。中本聪提出了使用工作量证明算法实现这一目标。在每个时间周期，系统中的节点通过计算代价函数值竞争独自生成新区块的资格，率先计算成功的节点生成区块并广播，其他节点收到后验证区块的合法性，若验证成功，则在本地的账本中添加该区块，并进入下一轮的竞争计算。

比特币中的代价函数基于散列函数设计。散列函数是一个能把任意长度的串映射到固定长度的串的函数 H，它满足以下特性。

① 抗碰撞：无法在合理的算力下找到 $x \neq y$，使 $H(x)=H(y)$。

② 不可逆：给定 $H(x)$，无法在合理的算力下获得 x 的值。

③ 不存在比穷举更好的方法使得散列值落在特定的范围内，即：给定输入 x 和 y，想要寻找另一个输入 n，使 $H(x\|n) \leqslant y$（"$\|$"表示连接运算），没有比枚举 n 更快的方法。

比特币[1]中工作量证明的代价函数是这样设计的：在要创建的区块头中加入一个整数值 nonce，使该区块头的双重 SHA256 散列值（SHA256(SHA(block_header)），使用双重散列是为了防止长度扩展攻击）小于固定的值（散列值字符串具有不少于一定数目的前导零），若找到，则工作量证明完成。

Paxos、Raft 共识算法都是非拜占庭容错的共识算法，而像比特币这种金融场景下的区块链系统要求的共识算法必须是拜占庭容错的，那么，比特币中的基于工作量证明的共识算法是拜占庭容错的吗？

事实上，业界对这一问题一直存在争议。Juan Garay 于 2015 年对比特币的工作量证明共识算法进行了分析，他认为，该共识算法是一种概率性的拜占庭容错的共识算法。在拜占庭节点（恶意节点）的算力小于 50%时，诚实节点在一个时间周期内对区块达成一致的概率很高。Paxos、Raft 算法都是强一致性算法，而比特币的工作量证明算法是一种最终一致性的共识算法。由于网络的延迟，网络中可能同时存在不同的合法区块，并且被不同的节点认可，此时区块链发生了"分叉"。为了解决分叉问题，比特币系统规定：当一个节点收到不同的区块链副本时，选择承认更长的那个链。

比特币系统还采用了巧妙的激励机制来鼓励节点保持诚实。每个区块中记录的第一笔交易是一笔特殊交易，奖励给该区块的创建者一笔固定数目的奖金和完成其他交易的手续费，这也是比特币中的工作量证明共识过程被称为"挖矿"的原因。只有网络正常运行，这些"矿工"才能获得比特币奖励，任何破坏网络运行的行为都将危害矿工的利益，保持诚实更有利于矿工的利益，因此节点没有作恶的动机。

比特币系统中的工作量证明算法本质上就是通过算力竞争记账权的过程，节点计算满足条件的 nonce 值的唯一目的就是获取记账权从而获得奖励，但这个代价函数本身是没有任何实际意义的，只是对算力和电力资源的浪费，并且每个时间周期内只有一个节点成功获取记账权，其他失败的节点甚至没有任何收益，网络的规模越大，浪费的算力和电力就越多。另外，网络的规模越大，单一节点成功挖矿的概率就越低，一些硬件公司设计了使用具有超高散列计算性能（ASIC）的矿机，组建大规模的矿池，专门用于挖矿获取利润，导致了比特币挖矿的中心化，反而违背了比特币系统去中心化的设计初衷。

仅次于比特币系统的第二大区块链系统以太坊早期同样使用基于工作量证明的共识算法（2022 年已切换成权益证明算法）。不同的是，以太坊中的工作量证明通过随机获取数据的方式来抵抗 ASIC 在挖矿中的优势，但仍然会造成大量的资源浪费。因此，以太坊在项目建立之初就计划未来迁移到基于权益证明的共识机制。

3.5.3　权益证明

狭义上，权益证明（Proof of Stake，PoS）的共识机制[10]是基于对资产所有权的证明来完成共识，节点拥有的该区块链系统中的资产越多，权益就越大，获取创建新区块的资格的概率就越高。权益证明的本质是持有资产越多的节点越希望维持系统正常运行。

广义上，权益证明不仅解释为持有资产的多少，还可以理解为投票权的大小，而投票权的大小不只取决于来源于资产的多少。权益证明一般分为以下两种。

1．基于链的权益证明

与基于工作量证明的共识一样，基于链的权益证明同样通过保证一个时间周期内生成的新区块的一致性来使得整个账本达成一致。通过特定的算法，伪随机地选择一个节点，获得创建新区块的资格，这与基于工作量证明的共识类似，区别是不再通过需要消耗电力资源的挖矿来竞争记账权，而是通过股权竞争。下面以点点币（PPCoin）为例，介绍一种基于链的权益证明的共识机制。

币龄指的是账户持有数字货币的面值和持有时间的乘积，这个概念在比特币中被提出，但是并没有有价值的应用。点点币的设计者使用币龄实现了一种基于工作量证明和基于链的权益证明的混合共识机制。每个时间周期内，节点可以通过花费自身持有的币龄来降低所需计算的难度，花费的币龄越多，计算的难度就越低，成为记账节点的概率也就越大。记账节点创建的区块中的第一笔交易为特殊交易，为记账节点的奖励交易，将花费的币龄中的资产数值返回给该节点，而持有时间清零。注意，节点虽然在竞争记账权时锁定了一定量的资产，但最终只花费了币龄，持有的资产没有改变，币龄事实上是股权的一种表示。相比于直接用持有的资产数值作为股权，使用币龄的优势在于每次竞争成功后币龄清零，该节点需要一定的时间来重新获得币龄，防止持有大量资产的节点持续成为记账节点，从而控制整个区块链。

2．拜占庭容错风格的权益证明

拜占庭容错风格的权益证明不再选择唯一的节点作为区块的创建者，而是通过拜占庭容错算法，对不同节点提议的新区块投票，决定哪个区块作为合法的新区块。拜占庭容错风格的权益证明分离了区块提议和创建的过程，而在基于链的权益证明和工作量证明的共识机制中，这两个过程都是由唯一的记账节点完成的。

下面以瑞波币（Ripple）为例来介绍拜占庭容错风格的权益证明的共识机制。瑞波币的共识算法分离了区块提议和创建的过程，共识算法分为多轮，工作流程如下[12]。

① 每个节点维护一个可信任节点名单（Unique Node List），并收集网络中的交易（包含新的交易和此前未处理的交易），组成交易候选集合。

② 节点将自己的交易候选集合作为提案发送给可信任节点名单中的验证节点。

③ 验证节点收到提案后，如果不是自身可信任节点名单中的节点，就直接忽略该提案；否则对比提案中的交易集合和自身的交易候选集合，两个集合中的共同交易获得一票。

④ 当一个交易获得一定比例的票时（如50%），该交易进入下一轮。

⑤ 最后一轮中，当一笔交易获得超过80%的票，则将该交易添加到账本中。

上述共识算法是一种拜占庭容错的共识算法，当拜占庭节点的数目 $f<(n-1)/5$（n 为系统中的所有节点数量）时，算法可以维持共识的正确性。

与基于工作量证明的共识机制相比，基于权益证明的共识机制的优势是对系统硬件要求不高，不仅降低了节点参与共识的成本，也降低了算力、电力资源的浪费。此外，基于权益证明的共识机制无须复杂的计算来挖矿，因此共识的效率更高，系统的性能更强。

基于权益证明的共识机制也存在一些问题，如无利害关系（Nothing at Stake）。这个问题是指节点在遇到区块链的两个分叉时，同时承认这两个分叉，在两个分叉上都试图创建区块。之后无论哪一个分叉被公认为主链，该节点都可以获得奖励。这种行为会干扰区块链共识的形成。基于工作量证明的共识机制不会有这种问题，因为同时在两个区块链分叉上进行大量的计算成本太高，分散算力可能导致在两个分叉上都无法成为记账节点。因此为了解决这个问题，在基于权益证明的共识机制中可以引入惩罚机制，对那些在不同的区块链分叉上都下注的节点进行惩罚。

3.5.4　委托权益证明

委托权益证明（Delegated Proof of Stake，DPoS）共识的过程类似权益证明的共识机制，但参与共识的节点不同。在委托权益证明的共识机制中，每次共识由固定数目的受托节点完成，这些节点由所有节点选举产生。区块的提议、验证、创建过程都由这些受托节点完成，其他节点不参与共识过程。相比于基于权益证明的共识机制，基于委托权益证明的共识机制减少了参与共识的节点数目，因此降低了共识算法运行的成本，增加了区块链网络的性能。基于委托权益证明的共识机制更多以 DPoS+BFT 的形式实现，即通过委托权益证明算法选出参与共识的节点，这些节点之间使用拜占庭容错算法来达成共识。这种区块链系统有 Bitshares、EOS 等。

在 EOS 系统中，区块链参与者通过投票的方式选出 21 个参与共识的超级节点，这 21 个节点使用拜占庭容错算法达成共识，轮流出块，出块需要 14 个超级节点确认，也就是 2/3 的节点确认，因此，EOS 区块链系统对不超过总数 1/3 的超级节点可以容错。

委托权益证明也有明显的缺点：少数超级节点才能参与共识导致系统的中心化，随着系统的运行，普通节点可能越来越难以成为超级节点，区块链系统最终可能被少数人控制。

3.5.5　其他共识算法

Lamport 提出的解决拜占庭将军问题的口头协议算法是一种递归算法，需要运行 $m+1$ 轮，复杂度太高，在实际的场景中实用性不强。PBFT（Practical Byzantine Fault Tolerance，使用拜占庭容错）算法[7]是 Miguel Castro 和 Barbara Liskov 于 1999 年提出的，解决了原始的拜占庭容错算法效率不高的问题。

PBFT 算法假设网络是异步通信的，节点发送消息可能失败、延迟、重复、乱序，但使用数字签名确保消息无法被篡改，对于消息 m，$<m>\sigma_p$ 表示经过节点 p 签名的消息，$D(m)$ 表示消息 m 的摘要。PBFT 算法将系统中的节点分为主节点（Primary）和备份节点（Backup）。与 Lamport 在拜占庭将军问题中提出的不可能结果一样，PBFT 算法假设系统中拜占庭节点的数目 f 小于总节点数目 n 的 1/3，即 $n \geqslant 3f+1$。与 Raft 算法相似，PBFT 算法将时间分为任意长度的视图（view），每个视图内只存在唯一的主节点，主节点的编号 $p=v \bmod |R|$（v 为视图号，R 为节点集合）。当主节点故障或备份节点怀疑主节点是拜占庭节点时，发起视图切换过程以进入下一个视图。当客户端向主节点发送操作请求，为了保证节点间数据的一致性，非拜占庭节点之间需要对操作的顺序达成一致，因此该共识算法的目的是完成非

拜占庭节点间操作执行顺序的共识，并向客户端返回正确的结果。

PBFT 算法将主节点的广播过程分为 3 个阶段：预备阶段（pre-prepare）、准备阶段（prepare）、提交阶段（commit），具体流程如下。

① 客户端向主节点发送操作请求。

② 主节点收到请求后，为该操作赋予一个编号 n，并向所有备份节点发送预准备消息：$<<PRE-PREPAAE, v, n, d>\sigma_p, m>$。其中，$v$ 为当前视图号，n 为该请求的序号，d 为客户端的消息 m 的签名。

③ 备份节点 i 收到来自主节点的预准备消息，验证主节点签名、消息 m 的签名、视图号 v 是否正确；检查是否接收过具有相同的编号 n，但签名 d 不同的消息；检查消息序号 n 是否位于限制区间$[h, H]$内。若所有检验都正确，则副节点 i 接收该预准备消息，将该消息加入日志，并进入准备阶段，向其他所有节点发送准备消息：$<PREPARE, v, n, d, i>\sigma_i$。

④ 节点 i 收到准备消息，验证签名、视图号、消息序号，若所有验证正确，则接收该准备消息，并将该消息加入日志。若节点 i 收到 $2f$ 个来自不同节点的与预备消息匹配的准备消息（节点通过检查视图号 v、消息序号 n、消息签名 d 验证准备消息和预备消息是否匹配），则进入提交阶段，节点 i 向其他所有节点发送提交消息$<COMMIT, v, n, d(m), i>\sigma_i$。

⑤ 若节点 i 收到 $2m+1$ 个来自不同节点（包括自身）的与预备消息匹配的提交消息，则执行该客户端请求，并将该结果发送给客户端。

⑥ 当客户端收到 $f+1$ 个来自不同节点的相同返回结果后，就认为该结果是正确的。

PBFT 算法的执行流程如图 3-8 所示，其中 C 为客户端，节点 0 为主节点，节点 1、节点 2 为非拜占庭节点，节点 3 为拜占庭节点。

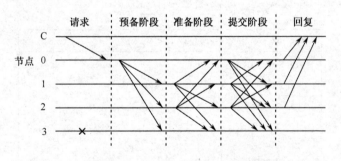

图 3-8　PBFT 算法的执行流程

PBFT 算法要求客户端收到 $f+1$ 个一致的返回结果才认为结果正确，由于拜占庭节点的最大数目为 f，因此，$f+1$ 个返回结果中至少有一个来自非拜占庭节点，从而确保结果 的正确性。若客户端没有收到 $f+1$ 个相同的返回结果（通过设置超时判断），则客户端重新向所有节点发送该操作请求，当备份节点收到来自客户端的请求，会将该请求转发给主节点，并设置超时判断，若超时后仍没有收到来自主节点的预备消息，则认为当前主节点为拜占庭节点，并进入视图切换阶段。PBFT 算法的每个视图的主节点是固定的，主节点编号 $p=v$ mod $|R|$，当节点 p 收到 $2f+1$（包括自身）个视图切换消息，结束选举，进入下一个视图。

为了减少节点的存储开销，PBFT 算法还提供了垃圾回收机制，定期删除已经完成共识的日志条目。将节点正在共识的最大消息序号称为检查点（Checkpoint），将已经完成共识的最大消息序号称为稳定检查点（Stable Checkpoint），系统中的节点会定期同步稳定检查点，每个节点向其他节点发送自身的稳定检查点信息。当节点收到 $2m+1$ 个关于消息序号 n 的稳定检查点消息时，该节点删除该稳定检查点之前的消息日志（包括预准备消息、准备消息、提交消息和检查点消息）。现在我们可以解释节点收到预备消息时，为什么要验证消息序号 n 是否在区间[h, H]中，这里的 h 就是当前节点的稳定检查点，$H=h+k$，其中 k 需要设置得足够大，以保证系统中能够同时处理足够多的请求。h 和 H 分别称为低水位、高水位，高低水位的作用是维持系统中不同节点处理请求的速度基本一致，状态基本同步。

在 Hyperledger Fabric 项目中，PBFT 算法是共识算法的一个选项，可以完成 Orderer 节点的共识排序服务。

Silvio Micali 于 2017 年提出了 Algorand[13]区块链系统，其中使用 Byzantine Agreement（BA*）共识算法。BA*是一种拜占庭容错的共识算法，需要系统中 2/3 的节点是诚实节点。相比于使用基于工作量证明的共识机制的比特币系统，使用 BA*共识算法的 Algorand 区块链系统性能提升了 125 倍。

在介绍 BA*算法之前，我们先来介绍可验证随机函数（Verifiable Random Functions，VRF）。可验证随机函数是零知识证明的一种应用，持有私钥的人可以根据一定的输入生成随机数并证明随机数生成的正确性。Algorand 利用可验证随机函数实现了抽签算法 Sortition，如图 3-9 所示。其中，sk 为节点私钥，seed 为每次共识公开随机选择的种子，τ 为期望入选的节点数目，role 为要选择的角色，w 为用户的权重，W 为所有节点的总权重（在 Algorand 系统中，权重为用户持有的代币数目）。

---

procedure Sortition(sk, seed, τ, role, w, W)

$\langle hash, \pi \rangle \leftarrow VRF_{sk}(seed\|role)$

$p \leftarrow \dfrac{\tau}{W}$

$j \leftarrow 0$

while $\dfrac{hash}{2^{hashlen}} \notin \left[\displaystyle\sum_{k=0}^{j} B(k;w,p), \sum_{k=0}^{j+1} B(k;w,p) \right)$ **do**

$\quad \lfloor$ j++

return $\langle hash, \pi, j \rangle$

图 3-9　抽签算法

BA*共识算法在共识的每步中使用抽签算法随机地选择节点作为共识的参与者，每个参与节点只与参与的共识过程有关，无法影响后续的共识过程，攻击者也无法事先知道每一个共识步骤的参与者节点，因此保证了安全性。

BA*共识算法的过程分为以下两个步骤。

① Reduction：将系统的共识问题转化为对于某区块或者空块的共识问题，类似基于工作量证明的共识机制中将系统账本的共识问题转化为每个时间周期内生成的区块共识问题。

② Binary BA*：针对第①步中选择的区块达成共识。

在 Reduction 步骤中，每个节点使用抽签算法验证自身是否为该轮共识中区块的提出者，若是，则收集网络中的交易信息，生成新的区块并向其他节点广播。在 Binary BA* 步骤中，用户再次使用抽签算法判断自身是否为投票者，若是，则对 Reduction 中得到的区块进行投票，重复投票过程直到对某个区块或空块达成共识，并将区块持久化到区块链中。

BA*共识算法通过使用可验证随机函数实现的抽签算法为每个共识步骤随机的算出参与者，在保证安全性的基础上减少了参与共识的节点的数目，从而提升了系统的性能。此外，为了防止攻击者大量生成区块链节点，从而提高成为共识参与者的概率，Algorand 的抽签算法结合了节点的权重，节点持有的资产越多，成为共识参与者的概率越大，这事实上也是权益证明的思想。

Chenxing Li 等于 2018 年提出了 Conflux[14]共识机制。该共识机制沿用了比特币系统中基于工作量证明的共识机制，并进行了性能优化，吞吐量提升到每秒 6400 笔。

Conflux 共识机制对比特币系统中基于工作量证明的共识机制的优化主要为减少区块链分叉，从而减少算力的浪费。Conflux 借鉴了 Yonatan Sompolinsky 和 Aviv Zohar 于 2015 年提出的一种方案：GHOST（The Greedy Heaviest-Observed Sub-Tree）。GHOST 的思路很简单：当区块链产生分叉时，不再选择最长链，而是选择子节点最多的分支。这种机制可以应对自私挖矿攻击，使得攻击者秘密维护区块链的其他分支，从而使完成攻击的成本大大提高，因此减少了区块链分叉的出现。

在 Conflux 共识机制中，区块链不再仅组织成为一条单独的链，而是组织为一个有向无环图（DAG）。在一条单独的链中，区块之间有严格的先后关系，因此，不同区块上的交易之间也有严格的先后关系，而同一区块上交易的先后关系也在生成区块时确定，从而区块链中的交易顺序也是确定的。

为了在有向无环图中确定交易的先后顺序，Conflux 提出了两种边来确定区块之间的顺序。

① 父边（Parent Edge）：类似比特币系统中的边，节点在创建区块时选择区块链分支中的最后一个节点为父节点，父边即父节点指向当前区块的边。

② 引用边（Reference Edge）：除父边之外的边，表示非父子关系区块的先后顺序。如图 3-10 所示，区块 E 和区块 D 之间存在一条由 E 指向 D 的引用边，表示区块 D 在区块 E 之前。

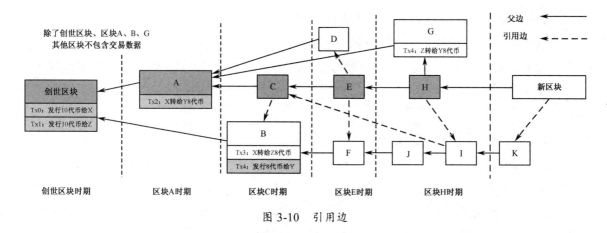

图 3-10　引用边

当区块链出现分叉时，Conflux 使用 GHOST 算法选择主链。在图 3-9 中，区块 A 和区块 B 都是创世块的子区块，即便区块 B 具有最长链，但由于区块 A 的子节点更多，因此选择区块 A 的分支为主链。与比特币系统不同的是，Conflux 并不抛弃主链之外的区块，而是通过引用边将这些区块加入区块链，形成一个有向无环图。为了细化主链之外的区块的顺序排列，Conflux 引入了时段（Epoch）机制。主链上的每个节点决定一个时段，主链之外的区块所属时段由以下规则判定：在该区块之后，产生的第一个通过引用边指向自身主链上的区块决定。对于图 3-10，在区块 D 之后，主链上的第一个指向区块 D 的区块为区块 E，因此区块 D 属于时段 E。有了时段机制之后，Conflux 中区块的排序可以概括为：不同时段区块的顺序由时段顺序决定，同一时段中的区块由拓扑排序决定，如果两个区块的拓扑排序一样，就由它们的哈希 ID 排序。

Conflux 共识机制使得一个时段内可以由不同节点创建多个区块，相比于比特币系统中一个时间间隔内只有唯一的节点可以创建区块，减少了算力的浪费，提升了性能。但在一个时段内允许多个节点创建区块，可能导致交易冲突，交易冲突有以下两种情况：① 交易的代币地址相同；② 同一笔交易。

交易冲突可能导致"双花"攻击，这是区块链系统无法容忍的。发生交易冲突时，Conflux 承认第一次出现的有意义的交易，顺序在后的冲突交易都会被丢弃。

Conflux 通过将竞争主链失败的节点创建的区块也引入区块链，降低了区块链系统中算力的浪费，从而提升了区块链处理交易的性能。

Ittay Eyal 等于 2016 年提出了 Bitcoin-NG[15]（Next Generation）协议，目的是显著提高比特币的吞吐率和可扩展性。Bitcoin-NG 通过将比特币的操作分为两部分来实现性能的提高：领导选举（leader election）和交易序列化（transaction serialization）。在比特币系统中，选举记账节点时，基于工作量证明的共识机制需要长时间的计算，此时比特币系统无法处理交易。但在 Bitcoin-NG 中，记账节点的选举是前瞻性的，并保证可以持续处理交易。

Bitcoin-NG 将时间分为时段（Epoch），每个时段选出一个记账节点。Bitcoin-NG 将区块分为两种：关键块（Keyblock）和微块（Microblock）。关键块用于选举记账节点，通过基于工作量证明的共识机制实现，因此，关键块与比特币中的区块一样，包括随机整数串nonce，以满足区块的哈希值小于目标值。不同的是，Bitcoin-NG 中的关键块需要包含创建者的公钥。当某个节点通过计算得到一个工作量证明，从而创建一个关键块后，该节点就成为当前时段的记账节点，记账节点可以按照设定好的速度独自创建微块来持久化系统中的交易，直到其他节点在自己创建的微块上通过挖矿创建新的关键块并成为新的记账节点。微块的创建并不需要使用基于工作量证明的共识机制，而是由记账节点单独完成，因此，微块中不含整数串 nonce，但需包括当前记账节点的数字签名，这样其他节点就可以用关键块中的公钥验证微块是否由当前记账节点创建。

由于微块不需要通过挖矿产生，当前记账节点可以轻松地生成微块，因此，恶意的记账节点可以向不同的节点发送不同的微块来实现双花攻击，导致微块分叉。为了防止这种情况发生，Bitcoin-NG 引入了"毒药交易"（Poison Transaction），如果当前记账节点观察到之前记账节点的恶意行为，那么当前记账节点可以把之前有过恶意行为的记账节点创建的关键块作为欺诈证明（Proof of Fraud）打包到自己的区块中并公开，这样恶意记账节点获得的报酬就会被收回，同时会为"举报"该恶意节点的记账节点发放奖励。

与比特币相同，Bitcoin-NG 也有激励机制，同样通过向成功创建关键块的节点发放固定数目的奖励来完成代币的发行。但在交易手续费奖励上，二者有所不同，比特币系统中的交易手续费全部奖励给区块创建者，而 Bitcoin-NG 仅向当前记账节点奖励其记录的交易手续费的 40%，剩余的 60% 奖励给下一个记账节点。下面通过安全性分析来解释为什么给当前记账节点的手续费奖励的比例为 40%。

为了获取更多的收入，恶意节点会通过两种方式来发起攻击：自私挖矿和在旧块上挖矿。假设当前节点算力占全网总算力的比例为 α，当前记账节点获取的交易手续费奖励比例为 r_{leader}。

自私挖矿是指当前记账节点创建一个微块之后并不公布，而是自己秘密地在该微块上进行工作量证明的计算来创建下一个关键块，从而获得 100% 的交易手续费奖励。为了激励当前记账节点诚实地按照规则运行，有下面的不等式：

$$\overbrace{\alpha \times 100\%}^{\text{自私挖矿成功获得100\%奖励}} + \overbrace{(1-\alpha) \times \alpha \times (100\% - r_{\text{leader}})}^{\text{自私挖矿失败，在下一个微块上挖矿成功获得奖励的期望}} < r_{\text{leader}}$$

不等式左边分为两部分，分别为自私挖矿成功（α 为成功的概率）从而获得 100% 的手续费奖励的期望；自私挖矿失败，但是在下一个记账节点创建的微块上继续挖矿成功（$(1-\alpha)*\alpha$ 为成功的概率）获得的手续费奖励期望。不等式右边为诚实地执行当前记账节点获取的手续费奖励期望，只需要让不等式的左边小于右边，即可以使得当前节点进行自私挖矿失去意义，因为无法获得更多的收入。计算可得：$r_{\text{leader}} < 43\%$，因此将 r_{leader} 设置为 40% 满足要求。

在旧块上挖矿是指节点在收到来自当前记账节点的微块后，不切换到该微块上挖矿，而是继续在之前的微块上计算；在成功计算并创建新的关键块之后，再将忽视的微块上的交易记录到自己的微块中。因此有如下不等式。

$$\underset{\text{在旧的微块上继续挖矿}}{r_{\text{leader}}} + \underset{\text{在下一个关键块上挖矿}}{\alpha(100\% - r_{\text{leader}})} < \underset{\text{在当前最新微块上挖矿}}{100\% - r_{\text{leader}}}$$

不等式左边分为两部分：在旧的微块上继续挖矿成功获得的交易手续费奖励和成功创建下一个关键块获得的当前时段的手续费奖励。不等式右边为切换到当前最新的微块上挖矿并成功创建新的关键块获得的手续费奖励。只需要让不等式左边小于右边，即可使节点在旧的微块上挖矿失去意义。计算可得：$r_{\text{leader}} < 43\%$；因此将 r_{leader} 设置为 40% 满足要求。

当区块链发生分叉时，Bitcoin-NG 与比特币的策略相同：选择权重更大的那个分支，在比特币系统中是选择更长的链。在 Bitcoin-NG 中，分支的权重仅由分支上的关键块提供，这是因为只有关键块是通过基于工作量证明的共识机制产生的。Bitcoin-NG 通过将区块分为两种，使得其他节点在挖矿时，当前记账节点仍能通过独自创建微块来处理交易，从而提升系统处理交易的性能。

Jiaping Wang 和 Hao Wang 于 2019 年提出了 Monoxide[16]区块链系统，旨在解决传统区块链系统（如比特币）性能低下、难以扩展的问题。Monoxide 提高区块链可扩展性的思路是将区块链系统分片，每个区域内部仍和传统区块链系统相同，通过工作量证明达成共识和处理交易。但将区块链系统分片会带来两个问题：跨区域的交易如何处理？区块链分片导致单个区域的总体算力下降，如何应对可能发生的 51% 攻击？

Monoxide 通过引入新的交易类型 Relay Transaction 来解决跨区域交易的问题。当区域 A 中的节点向区域 B 中的节点发起交易时，先在区域 A 中发起 Relay Transaction，表示从区域 A 中的账本扣款，区域 A 会先缓存该交易，经过确认（如经过若干新的区块生成）后，再在区域 B 中发起 Inbound Relay Transaction 交易，改写区域 B 中的账本，同样经过若干区块确认后，才认为该跨区域交易得到确认。

为了解决区块链分片带来的算力稀释问题，Monoxide 提出了"连弩挖矿"机制（Chu-ko-nu Ming）。连弩挖矿是指节点不仅计算自身所在区域的工作量证明，还可以计算其他区域的工作量证明，经过同样的计算就可以在多个区域挖矿，并获得多个区域的挖矿奖励。为了获得更多的奖励，节点会趋于在所有的区域挖矿。这种机制将每个区域内部的总体算力放大到与整个区块链系统相同，从而避免攻击者的算力超过区域总体算力的 50%。连弩挖矿的原理如图 3-11 所示。

Monoxide 区块链系统通过分片的思想提高区块链的可扩展性，使用的共识算法仍是工作量证明，但通过连弩挖矿的机制放大了单个区域内的总体算力，保证了基于工作量证明的共识机制的安全性。与比特币相比，Monoxide 处理交易的吞吐量至少提高了 1000 倍。

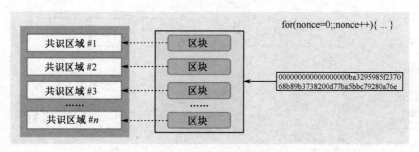

图 3-11 连弩挖矿的原理

3.6 共识安全威胁

作为区块链 1.0，比特币提供了一种去中心化、去信任化的安全可靠的金融货币体系；作为区块链 2.0，以太坊通过智能合约提供了可信的执行环境，为各种去中心化应用提供了运行平台。但区块链是完全安全可靠的吗？答案是否定的。自区块链诞生起，就有各种各样的安全攻击被发明出来，本节介绍区块链的几种攻击形式。

3.6.1 双花攻击

"双花攻击"（Double Spend Attack，双重消费攻击）即同一笔资金通过某种方式被花费了两次。中心化货币系统依靠中央监管机构（如银行）来避免双花攻击；但在去中心化的区块链系统中，通过对区块链数据的篡改，可以实现双花攻击。有以下几种攻击方式可以实现双花攻击：51%攻击、芬妮攻击、种族攻击、Vector76 攻击。

1．51%攻击

51%攻击是实现双花攻击最为经典的方式。在基于工作量证明的共识机制中，由于网络延迟的存在，系统中可能同时存在多个区块链分叉，而当一个节点收到两个不同的区块链分叉时，会选择承认较长的那个分叉，51%攻击正是基于此而设计，拥有大于全网算力50%算力的攻击者可以通过构造一个更长的区块链分叉来逆转交易，实现双花。我们用一个比特币系统中的例子来描述如何用 51%攻击实现双花。

如图 3-12 所示，攻击者 A 拥有全网算力的 51%，他向卖家 B 发起一个转账交易 T1，支付一个比特币以购买货物，该交易被写入区块 2，经过 6 个区块的确认后，卖家 B 认为交易已经得到确认，并向攻击者 A 发送了货物。攻击者 A 在收到货物后，立刻发起针对同一个比特币的转账交易 T2，将该比特币支付给自己。攻击者 A 将交易 T2 打包在区块中，通过自己拥有的 51%的算力不断挖矿，构造出一个比网络中存在的最长区块链分叉更长的区块链分支，其他节点发现区块链分叉后将会承认该更长的分支，攻击者 A 相当于未完成支付就获得了货物。

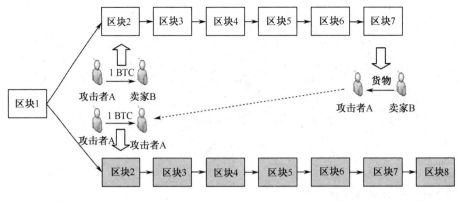

图 3-12　51%攻击

发起 51%攻击并不是严格地需要 50%以上的算力，由于其他节点的算力也是分散的，以及分布式系统中网络延迟等偶然因素，在比特币系统中，当一个节点的算力能连续挖矿成功大于 6 次的概率足够高时，51%攻击就可能实现。

51%攻击理论上是不可避免的，但现实中可以通过一定的机制防止其发生。使用 51%攻击时，由于要构造出一个更长的区块链分叉，因此需要计算要篡改的交易所在区块及其之后所有区块的工作量证明，随着该区块之后区块链长度的增加，计算的难度指数级增长。因此，比特币中引入 6 个区块的确认机制，即上链的交易之后又生成了 6 个区块后，才认为交易得到确认，要篡改这笔交易需要极大的算力，在现实场景中很难实现。

2．芬尼攻击

芬尼攻击是针对愿意接受未确认交易的商家的攻击方式，即攻击者挖到一个区块，其中包含一笔 A 转给 B 的交易，其中 A 和 B 都是攻击者自己的地址。攻击者先不广播这个区块，而是先找到一个愿意接受未确认交易的商家并发起对同一笔 token（通证）的交易：A 转给 C，来购买物品，在付款之后，攻击者向网络中广播之前隐藏的区块，由于该区块中包含 A 转给 B 的交易，因此攻击者实现了一次双花。

3．种族攻击

种族攻击与芬尼攻击较为类似，攻击者同样发起两笔对同一笔 token 的交易，A 转给地址 B 和 A 转给商家的地址 C，该商家也为愿意接受未确认交易的商家。与芬尼攻击不同的是，种族攻击的攻击者并不隐藏转给自身地址的交易，而是同时广播这两笔交易，但对转给自身地址的交易支付较高的手续费，因此，该交易会优先被网络中的挖矿节点处理，而转给商家的交易将不会被执行。攻击者通过连接与商家较近的节点进行操作，从而使得商家优先收到最终不被执行的交易。

4．Vector76 攻击

Vector76 攻击是芬尼攻击和种族攻击的结合，又称为"一次确认攻击"，即交易即便有了一次确认，仍然可以进行回滚，针对的是仅经过一次确认就支付的电子钱包。攻击者控制两个节点，其中一个节点连接电子钱包，另一个节点连接多个运行良好的区块链节点。与种族攻击类似，攻击者同时生成两笔对同一个 token 的交易：一笔转给攻击者在电子钱包中的地址，称为交易 T1；另一笔发给攻击者自身的钱包地址，称为交易 T2，其中交易 T1 的手续费远大于交易 T2 的手续费。攻击者挖到区块后，并没有立即广播，而是在连接电子钱包的节点上发送 T1，在另一个控制的节点上发送 T2。由于连接钱包的节点所连接的区块链节点数目少于另一个被节点，因此 T2 更可能被区块链网络认为是有效的。在 T2 被认为有效后，攻击者广播之前隐藏的区块，其中包含 T1，由于电子钱包仅接受一次确认就支付，因此该电子钱包会立马将 token 支付给攻击者的钱包账户，攻击者立马卖掉 token，获得资产。由于攻击者之前在连接了更多区块链节点的节点上发送了 T2，因此 T2 所在的区块链分支大概率会更长，于是包含 T1 的区块链分支会被丢弃，即 T1 被回滚，但此时由于攻击者已经卖掉了 token，且 T2 将该 token 又转给了攻击者自身的地址，因此攻击者实现了"双花"。

3.6.2 自私挖矿攻击

自私挖矿是指节点通过延迟区块的广播从而获得挖矿的优势，攻击者在找到创建当前区块的工作量证明后，并不立刻广播当前区块，而是在当前区块的基础上进行下一个区块的计算，从而保持对其他节点的"领先优势"。当其他节点广播创建的区块时，攻击者可以广播自己维护的更长的区块链分支，使其他节点的工作失去价值。

自私挖矿的目的是尽可能多地获得挖矿的奖励，这种攻击方式虽然不像 51%攻击一样篡改区块链的历史数据，但会使区块链频繁出现分叉，导致一部分算力浪费在被淘汰的分支上，增加了交易的确认时间，降低了区块链的性能。

为了防范自私挖矿攻击，可以修改区块链的共识机制，如 Conflux 和 GHOST 共识机制。当区块链出现分叉时，不再遵循最长链原则，而是采用最多子节点的分叉，这样即便由于诚实节点的算力分散而使得攻击者获得了最长链，但由于诚实节点创建的区块更多（虽然这些节点最终可能不会被持久化到区块链中，但是仍对区块链分支的选择产生了影响），攻击不能成功。

3.6.3 币龄累计攻击

币龄累计攻击是使用基于权益证明的共识机制的区块链系统中的一种攻击形式。由于币龄为持有的数字货币的面值与持有时间的乘积，攻击者可以长期持有代币，从而实现无须持有大量代币也可以获得足够多的币龄，之后利用持有的大量币龄实现出块或者其他恶意操作。

为了防范币龄累计攻击，区块链可以限制用户持有代币的最大时间，从而限制持有的最大币龄。当用户持有的币龄达到最大限制时，可以通过一定的奖励措施，清空用户持有代币的时间，从而清空币龄。

3.6.4　长程攻击

长程攻击是基于权益证明的共识机制中的一种攻击形式，是指攻击者创建了一条从区块链创世区块开始的长区块链分支，并替换了当前的区块链主链。由于使用基于工作量证明的共识机制的区块链系统消耗了大量的算力，这种攻击很难实现。但在使用基于权益证明的共识机制的区块链中创建区块的代价很低，攻击者可以通过贿赂当前主链上区块的创建者（获取那些已经退出区块链的区块创建者的私钥，从而重新创建之前的区块）等方式快速生成一条从创世区块开始的区块链分支，从而替换当前主链，获得利益。

为了防范长程攻击，可以引入检查点机制，指区块链每隔一段时间生成一个节点认证的检查点区块，在检查点之前的区块链将不可被篡改（这里的不可被篡改是指在规则上限制该区块之前的区块链不可被篡改，而不是像基于工作量证明的共识机制中通过使用最长链原则将篡改区块链的难度增加到几乎不可能实现的程度）。

本章小结

2022 年 10 月 16 日，中国共产党第二十次全国代表大会隆重开幕，大会报告再次"强化国家战略科技力量"，提出"坚决打赢关键核心技术攻坚战"，令区块链等国家战略科技再次走入大众眼中。报告还指出，"以新安全格局保障新发展格局"，安全在发展中的作用愈发重要。据统计，大会报告简版中，"安全"出现了 50 次，"发展"出现了 108 次，首次出现"以新安全格局保障新发展格局"。

本章主要讲述分布式系统中的核心问题——共识问题。首先介绍了几种传统分布式系统中的共识算法与协议：非拜占庭容错的 Paxos 算法、Raft 算法，以及解决拜占庭将军问题的口头协议算法。其次，总结抽象了分布式系统中的一致性问题，介绍了共识算法的四个要求：一致性、完整性、终止性、有效性，并介绍了几种一致性模型，然后介绍了区块链的几种共识机制：PoW、PoS、DPoS 等。最后，介绍了区块链的共识安全威胁，以及几种针对不同区块链系统的安全攻击形式。通过本章的学习，读者可以对传统分布式系统中的一致性问题和共识算法有清楚的认识，在此基础上，对于区块链这个特殊的分布式系统及区块链中的共识机制会有更深刻的理解。

习 题 3

1．本章介绍的 Paxos 算法是 Basic-Paxos 算法，请查阅资料理解 Multi-Paxos 算法。

2. 模仿 3.1.1 节中的例子，画出当 $n=7$，$m=2$ 时口头协议算法运行的示意图。

3. 查阅资料，学习并总结一种本章没有提到的区块链共识算法的工作流程。

4. 比较比特币、以太坊等主流区块链的共识机制，它们各自有什么特点？

参考文献

[1] Nakamoto S. Bitcoin: A peer-to-peer electronic cash system[R]. Manubot, 2019.

[2] Lamport L, Shostak R, Pease M. The Byzantine generals problem[M]//Concurrency: the Works of Leslie Lamport. 2019: 203-226.

[3] Gilbert S, Lynch N. Perspectives on the CAP Theorem[J]. Computer, 2012, 45(2): 30-36.

[4] Fischer M J, Lynch N A, Paterson M S. Impossibility of distributed consensus with one faulty process[J]. Journal of the ACM (JACM), 1985, 32(2): 374-382.

[5] Pease M, Shostak R, Lamport L. Reaching agreement in the presence of faults[J]. Journal of the ACM (JACM), 1980, 27(2): 228-234.

[6] Lamport L. Paxos made simple[J]. ACM Sigact News, 2001, 32(4): 18-25.

[7] Castro M, Liskov B. Practical byzantine fault tolerance[C]//OSDI. 1999, 99(1999): 173-186.

[8] Mail C J. Pricing via Processing[C]//Advances in Cryptology—CRYPTO'92: 12th Annual International Cryptology Conference, Santa Barbara, California, USA, August 16-20, 1992. Proceedings. Springer, 1993, 740: 139.

[9] Jakobsson M, Juels A. Proofs of Work and bread pudding protocols[M]. Secure information networks. Boston, MA: Springer, 1999.

[10] King S, Nadal S. Ppcoin : Peer-to-peer crypto-currency with proof-of-stake[J]. Self-Published Paper, 2012, 19: 1.

[11] Ongaro D, Ousterhout J. In search of an understandable consensus algorithm[C]//2014 {USENIX} Annual Technical Conference ({USENIX}{ATC} 14). 2014: 305-319.

[12] Schwartz D, Youngs N, Britto A. The ripple protocol consensus algorithm[J]. Ripple Labs Inc White Paper, 2014, 5(8): 151.

[13] Gilad Y, Hemo R, Micali S, et al. Algorand: Scaling byzantine agreements for crypto-currencies[C]//Proceedings of the 26th Symposium on Operating Systems Principles. 2017: 51-68.

第4章 区块链安全和隐私

  区块链作为一种分布式的数据管理解决方案,通过嵌入加密和共识机制重塑了信任的定义,从而在无须任何第三方参与的情况下提供了认证性、匿名性和完整性。区块链是用户共同参与数据的计算、存储、真实性验证和可靠数据库维护的技术解决方案,从加密货币开始,在资产、信贷和通信领域不断发展。

  区块链被提出后,作为可公开访问和可验证的数据库在在线金融交易领域被广泛使用。比特币[1]由于具有分布和匿名的性质,可利用脚本语言实现复杂的金融工具,促进了全球快速和廉价交易的发展,已被证明在金融和电子商务领域具有高度破坏性。

  随着全球对区块链关注的持续增长,与区块链相关的研究正在全面展开。从应用来看,区块链仍处于探索阶段,从技术的完善到应用的深入,还有一个漫长的发展过程。尽管区块链引发了技术多方面的变革,但只有区块链安全和隐私研究方面的突出问题得到解决,区块链技术才能发挥其潜力。为此,本章从区块链安全需求、安全威胁、安全风险、安全挑战四方面分析区块链的安全和隐私问题。

4.1 区块链安全需求

  数据安全是云计算大数据应用背景下的关键问题。数据安全和数据全生命周期紧密关联,在采集生产、存储流转及使用过程方面均面临一系列的安全问题[2]。区块链是一个开放式的、不受单一组织控制的分布式"账本",融合了P2P网络、密码学、共识机制、智能合约等技术,实现了去中心化交易过程中节点间信息可靠传递、交易账户安全、节点间信息传递不可被篡改等功能。区块链的本质是一个去中心化的数据库,需要存储包括交易、用户信息、智能合约代码和执行中间状态等海量数据[3]。在运行过程中,区块链采用分布式算法记录数据信息,数据信息由所有的参与者共同记录。这些信息会被存储在所有节点中,而不是像传统数据库一样,仅仅存储在唯一的中心化机构中。区块链数据安全的核心目标是保护数据的机密性(Confidentiality)、完整性(Integrity)和可用性(Availability)[4]。这"三性要求"又称为信息安全的"三大基本原则",简称"CIA三元组"。本章将采用CIA信息安全三元组来介绍和分析区块链的数据安全。

1. 机密性

数据的机密性是指网络信息不会被泄露给非授权的用户、实体或过程,即信息只能供授权用户使用[5]。机密性要求区块链设置相应的认证规则、访问控制和审计机制。认证规则规定了每个节点加入区块链的方式和有效的身份识别方式，是实现访问控制的基础；访问控制规定了访问区块链的技术方法和每个用户的访问权限；审计机制是指区块链能够提供有效的安全事件监测、追踪、分析、追责等一整套监管方案。

区块链通过非对称加密、单向散列、数字签名等一系列密码算法，在一定程度上保证了区块链的匿名性。传统区块链网络（如比特币网络）为弱匿名性保护，为了支持全网验证存在账户和交易被追踪的可能性。例如，2014年卢森堡大学的研究报告指出，比特币的全功能节点通过过滤和监控交易信息可以全面掌握特定账户的全量交易信息，甚至找出比特币交易发起者的真实 IP，研究人员将该方法在测试网络进行了成功验证。通过区块链与安全多方计算（Secure Multi-Party Computation，SMPC）、零知识证明（zero-Knowledge）等技术的结合，可实现在弱信任的分布式网络中，多参与方在保证各自所持有信息隐私性的同时，利用这些信息进行合作计算。此外，区块链的智能合约可以对访问权限、密钥管理等安全防护提供细粒度控制，并且具有抗抵赖、防篡改等特性，可以对信息安全防护和审计提供技术支撑。

2．完整性

数据的完整性指区块链中的任何数据不能被未经授权的用户以不可察觉的方式实施伪造、修改、删除等非法操作[6]。区块链的完整性具体指用户发布交易信息的不可篡改、不可伪造性；矿工挖矿成功生成区块获得全网共识后不可篡改、不可伪造；智能合约的状态变量、中间结果和最终输出不可篡改、不可伪造；区块链系统的一切行为不可抵赖，如攻击者无法抵赖自己的双花攻击行为。在数据层，完整性往往需要数字签名、哈希函数等密码组件支持；在共识层，完整性的实现则依赖共识安全。

数据完整性通过数据散列值运算、数字签名等方法来保证；系统完整性通过安全配置管理、变更控制等方法来保证。区块链通过链式结构、密码算法和共识机制等方法的综合运用来保证交易数据的全网可验证特性，而保证数据可验证的目的正是确保数据的完整性。

3．可用性

数据的可用性是指数据可以在任何时间被有权限的用户访问和使用。可用性受到系统错误、基础设施恶意攻击和系统负载的影响，通常以正常运行时间的百分比来衡量，如何能在合理的时间内响应用户的请求是可用性的一个重要指标。

区块链中的可用性包括 4 方面：① 可用性要求区块链具备在遭受攻击时仍能继续提供可靠服务的能力，需要通过支持容错的共识机制和抗分布式入侵等技术实现；② 可用性要求当区块链受到攻击导致部分功能受损的情况下，具备短时间内修复和重构的能力，需要依赖网络的可信重构等技术实现；③ 可用性要求区块链可以提供无差别服务，即使是

新加入网络的节点依旧可以通过有效方式获取正确的区块链数据,保证新节点的数据安全;
④ 可用性亦指用户的访问数据请求可以在有限时间内得到区块链网络响应,进一步可引申出可扩展性的含义。可扩展性是指区块链具有高吞吐量、低响应时延,即使在网络节点规模庞大或者通信量激增的情况下,仍能提供稳定的服务。

可用性主要通过信息冗余存储、异地灾备、状态回滚、故障切换等技术方法实现。区块链是一个去中心化的点对点网络,由许多分布式节点和计算机服务器组成,多点数据存储和高冗余性保证了区块链网络的高容错性和高容灾性,确保了信息的高可用性。

4.2　区块链安全威胁

区块链安全威胁涉及系统的方方面面,从架构角度出发,涉及计算、网络、存储等。其中,计算的安全威胁主要包括合约和共识的安全威胁;存储的安全威胁包括用户匿名性、密钥安全威胁,以及数据安全存储和隐私保护;网络的安全威胁包括区块链的内外部攻击和威胁,内部威胁主要体现在来自节点/用户的攻击,外部攻击威胁主要体现在链外相关功能的安全攻击。

4.2.1　匿名性和隐私性

传统的银行系统通过限制相关实体和受信任的第三方访问交易信息实现用户的隐私保护。而在比特币中,区块链会向连接到网络的任何用户显示所有的交易数据,用户可以接收和发送交易,而不需透露自己的身份。比特币地址没有链接到一个人,而是链接到一个"假名"(用户公钥)。然而,这个假名可以通过其他方式与该人建立联系[7],攻击者能够从第一笔交易开始找到与该假名关联的所有交易。通过打破比特币交易处理链中的信息流,可以在一定程度上实现隐私性。比特币通过公钥来实现匿名,也就是说,用户可以看到有人在向他人发送一笔交易,但没有将交易链接到任何人的具体信息。为了提高用户的隐私性,建议为每笔交易使用一个新的密钥对,以防止它们被链接到特定的用户。然而,在多输入交易中仍然有可能被链接,这表明它们的输入属于同一所有者。此外,如果显示了密钥的所有者,那么链接可能存在泄露属于同一用户的其他交易的风险。比特币中的隐私保护来自匿名地址(公钥或哈希值),但是容易被不同的技术[8]破坏,包括比特币地址重用、"污染"分析和通过区块链分析方法跟踪支付、IP 地址监控节点、网络传输等[9]。

隐私性在比特币的初始设计中并没有被定义为一个固有的属性,但与系统安全性密切相关。因此,近年来,一系列学术研究[11, 12]揭示了当前的比特币协议的各种隐私漏洞,继而出现了大量隐私增强技术[12-17],旨在遵守比特币基本设计原则的情况下加强隐私性和匿名性。本节将讨论这些先进的协议,介绍这些协议如何提高区块链的隐私和匿名性。根据区块链（加密货币）实现隐私的方法不同，这些协议可以大致分为三大类：P2P混合协议、分布式混合网络协议和扩展的比特币协议。

1．P2P混合协议

混合器使用混合协议来混淆对交易的跟踪。在混合过程中，客户资产被分划为较小的部分，与其他客户的交易随机混合，然后输出到新的货币地址，这有助于打破用户和他所参与的其他交易之间的关联关系。混合协议用于增强系统中交易的匿名性和不可链接性。在点对点（P2P）混合协议[18-20]中，一组比特币用户同时广播消息，以创建一系列的交易，而不需要依赖任何可信第三方。P2P混合协议的主要特点是通过改变其货币的所有权来确保参与者集合内的发送者的匿名性，目的是防止控制网络的一部分的攻击者或一些参与的用户将事务与其相应的发送方进行关联。P2P混合协议的匿名程度取决于匿名集合中的用户数量。

2．分布式混合网络协议

有学者[14]提出，MixCoin（混合币）用于实现比特币和此类加密货币的匿名支付。在MixCoin中，用户使用标准大小的交易与第三方混合币共享一些货币，并从混合币中返回与其他用户提交的相同数量的货币。因此，它提供了来自外部交易的强匿名性。MixCoin使用一种基于声誉的密码审计技术来防止混合池中的其他用户盗窃和破坏协议。然而，MixCoin可能窃取用户的货币，或对用户的匿名性构成威胁，因为混合池可能知道用户和输出之间的内部映射。为了在MixCoin中提供内部的不可链接性（防止混合学习输入—输出链接），有学者提出了盲币[21]，通过使用盲签名创建用户输入和密码盲输出来扩展混合币协议。为了实现这种内部的不可链接性，盲币需要两个额外的交易来发布和赎回盲化的代币，而从混合池中进行盗窃的威胁仍然存在。

又有学者提出了TumbleBit[22]，其思想是设计一个单向不链接的支付中心，允许对等节点通过一个名为Tumbler的不信任的中介进行快速匿名支付。与原始的e-Cash协议[23]类似，TumbleBit通过确保无法将发送人的交易链接到接收人，在混合中实现了匿名性，而且是可扩展的。

3．扩展的比特币协议

有学者提出了ZeroCoin[24]，这是一种对比特币的扩展加密货币，通过应用零知识证明提供匿名性，并可以验证加密的交易的正确性。在ZeroCoin中，用户可以通过交换同等价值的ZeroCoin币来消除比特币上的可链接性痕迹。但与分布式混合网络协议中描述的混合方法不同，用户无须将自己的交易交换到一个混合集，但是可以通过零币协议证明他拥有相等价值的比特币来生成零币。例如，Alice可以向他人证明她拥有一个比特币，因此有资格使用任何其他比特币。为此，首先，Alice 产生了一个安全的承诺，即零币，它被记录在区块链中，以便其他人可以验证它。为了使用比特币，Alice 为自己的零币广播一个零知识证明和一笔交易。零知识证明保护 Alice 不会被其他参与者将零币与她联系起来，但参与者可以验证交易和证明的正确性。Alice 的交易不在比特币交易的链接列表中，而是隐藏在 ZeroCoin 币交易中。这样，使用零知识证明就防止了敌手对交易图的分析。尽管零币的属性看起来很有吸引力，但在计算上很复杂，且需要对协议进行修改，从而破坏了原有的区块链结构。然而，它展示了另一种可以保护隐私的方法。目前，ZeroCoin 从强大的密码工具中获得了匿名性和安全性，其代价是增加了交易的计算复杂度和存储复杂度。

文献[13]提出了 ZeroCoin 的扩展货币 ZeroCash（也称为 Zcash）。ZeroCash 利用 zk-SNARKs 的零知识证明框架隐藏交易的额外信息，如交易金额和收件人地址等，从而实现了强大的隐私保证。然而，ZeroCash 依赖于受信任的初始化设置来生成 SNARK 实现所需的秘密参数，使得它需要修改现有的区块链协议且大大增加了交易的计算复杂度。最近，有学者提出了支持机密交易（Confidential Transaction，CT）的 MimbleWimble[25]。在 MimbleWimble 中，交易可以以非交互的方式聚合甚至跨块聚合，从而大大提高了底层区块链的可伸缩性。然而，这种聚合并不能确保对执行聚合的各方的输入/输出不被链接。此外，由于缺乏脚本支持，MimbleWimble 不支持创建智能合约。

综上所述，本节讨论了比特币的隐私性和匿名性问题。比特币的账户与比特币地址绑定，所以比特币是伪匿名的。随着比特币的迅速普及，用户对隐私和匿名保护的需求也在增加，因此，区块链系统必须确保用户在隐私性和匿名性方面获得令人满意的水平。

4.2.2　密钥安全威胁

在区块链中无法有效解决用户私钥管理的问题。现有的区块链应用程序通常使用私钥来确认用户的身份并完成支付交易。当使用区块链时，用户的私钥被视为身份和安全凭证，与传统的公钥加密不同，区块链用户负责他们自己的私钥，这意味着私钥是由用户而不是第三方生成和处理的，如果用户丢失了私钥，就不可能访问区块链上的数字资产。因此信息不能被伪造的前提条件是私钥的安全存储。例如，在比特币区块链中创建冷钱包时，用户必须导入其私钥。Hartwig 等[26]在 ECDSA（椭圆曲线数字签名算法）方案中发现了一个漏洞，由于用户在签名过程中没有产生足够的随机性，攻击者可以利用这个漏洞恢复用户的私钥。私钥一旦丢失，将无法恢复。如果私钥被罪犯窃取，用户的区块链账户将面临被他人篡改的风险。由于区块链不依赖于任何第三方信任机构，如果用户的私钥被盗，就很难跟踪犯罪行为和恢复修改后的区块链信息。

4.2.3 数据安全威胁

1．算法未知漏洞

密码算法的广泛应用可能引入未知的后门或漏洞。区块链广泛采用了加密算法，如 ECC 和 RSA 等。在算法本身或实现过程中可能出现后门和安全漏洞，导致对区块链应用程序和整个系统造成损害。

2．量子计算威胁

区块链技术主要依赖于这样一个事实，即由于计算能力的限制，单一一方不可能利用现有的计算条件解决一个公认的数学难题。然而，随着量子计算[27]的进步和潜在的巨大计算能力，困难问题可能会在合理的时间内变得足够容易破解。这将威胁整个区块链系统，使其非常脆弱。

3．大多数攻击和自私挖矿威胁

在区块链中，在应用共识机制验证链中的一个区块之后，交易通常被认为是不可变的。尽管如此，当攻击者控制区块链中 50%以上的矿工时，还是可以进行大多数攻击。在这种情况下，将区块写入链的整个过程可以被劫持，并可能引入潜在的错误块。此外，控制超过 50%的计算能力甚至使攻击者能够通过分叉和提供修改或伪造的历史[28]来修改区块链中的几乎所有交易。与大多数攻击相比，拥有总算力不到 50%的攻击者仍然是相当危险的。特别是一种被称为自私挖矿[29]及其扩展的策略[30]使攻击成为可能。在自私挖矿中，攻击者将矿工所开采的区块放在一个私人分支中，而不是广播这个区块。私人分支只有在比公共链更长时才向公众公开。一旦披露这个私人分支，较长的私人链将取代目前的公共链。为了收获更大回报，理性的矿工可能倾向于加入自私的采矿池，从而增加自私的矿工的计算能力和开采更长链的能力。

4.2.4 共识安全威胁

作为区块链的核心模块之一，共识机制通过解决分布式系统的一致性问题，实现了区块链的去中心化特性。具体来说，共识机制一方面实现了记账/出块节点的选取，另一方面解决了链上每个区块内交易排序的问题。由于每个节点维护的区块数据是实时同步的，同时每个节点执行交易的顺序也是相同的，因此每个节点的状态更新最终也是一致的。将同一笔交易在不同节点上分别执行，实现区块链的去中心化，并保证了执行结果的一致性。显然，一旦区块链共识机制受到安全威胁，其所服务的区块链系统的稳定性将被破坏，轻则导致区块链出现分叉造成双花等攻击，重则导致区块链系统不可用，进而破坏整个区块链生态。

区块链可选的共识算法众多，根据共识形态大体可以分为竞争类共识和协同类共识[31]。竞争类共识主要是指所有节点通过难度计算或权重占比等方式来获得记账权，典型的代表有 PoW 和 PoS 等；协同类共识则主要通过票选或预设等方式让某些节点成为代表并且让其获得记账权，而其他节点进行辅助验证，典型代表有 DPoS、PBFT 和 RAFT 等。目前，竞争类共识和协同类共识发展相对成熟，但是与之对应的攻击方式也在相继演变。共识攻击的首要目标是获取经济利益，其次才是破坏系统。由于共识攻击类型众多，这里仅讨论几类经典的攻击方式。

1. 分叉型攻击

区块链遵循最长链即为主链的设计理念，所以针对上述策略的攻击手段同时适用于竞争类共识和协同类共识。需要说明的是，虽然针对某类共识攻击的原理大体相似，但是具体的攻击手段往往与共识制定的策略和具体流程息息相关。微分叉是区块链的常态，主要是由共识算法和网络延时造成的，分叉型攻击主要包括 51%攻击、双花攻击、重放攻击和自私挖矿等，长程攻击和短距离攻击不做讨论。

51%攻击，又称分叉攻击[33]，由于网络传播延时和资源不对称等因素，区块链的设计理念允许出现链分叉并且默认采用最长链为主链的原则。因此，攻击者可以通过控制或者掌握区块链网络内一定量的资源，在某历史区块的基础上持续产生区块，以构造新的最长链来顶替原先主链，从而推翻了原先主链上已确认过的交易，而这些交易的背后往往与法定货币有关，会造成相关交易方的资金流失，这就形成了 51%攻击。其中，攻击者在 PoW 中的攻击手段是控制 51%算力资源，而在 PoS 中的攻击手段是掌握一定百分比[34]的数字资产。攻击者通过 51%攻击进行主链分叉替换，不仅可以获取大量的区块挖矿奖励，也可以通过回滚交易来实现双花等二次攻击。

双花攻击就是将一笔资金花费多次。该攻击往往建立在 51%攻击之上，否则很难成功，这是因为比特币的 UTXO 可采用等待 6 个区块确认，以太坊的账户模型则采用 nonce 计数等方式分别进行双花攻击防范。双花攻击的原理同 51%攻击的原理类似，恶意用户提前构造花费同一笔资产的两笔交易，并且将这两笔交易同时广播到区块链网络中。正常情况下，两笔交易仅能成功一笔，但是在某笔交易成功后，恶意用户利用自己掌握的一定量资源发动 51%攻击，将该笔交易进行回滚，打包另一笔交易到新产生的最长链的区块中，从而实现了双花攻击。双花攻击的实现形式还有芬尼攻击和种族攻击等。

重放攻击，又称回放攻击[35]，一般发生在区块链进行主动分叉或者被动攻击分叉前后，由于分叉前后的两条区块链共用相同的地址规格、密钥对和交易结构等，因此分叉后的区块链 B1 和区块链 B2 区别不大，这就导致了用户在区块链 B1 上发布的交易 T1 在区块链 B2 上同样合法有效，从而实现了交易在区块链 B2 上的重放攻击，导致区块链 B2 上的 T1 相关用户造成资金损失。

自私挖矿攻击是一种投机的挖矿算法，主要指恶意节点在最长链上进行挖矿，一旦挖到区块后，恶意节点并不立即广播出去，而是自己隐藏区块并在此基础上持续挖矿，构成一个分叉链，当自身维护的秘密分叉链更长时，对外公布自己的分叉链，从而使其成为新的主链。一般，算力占比超过 1/3[36]的自私矿工可以通过自私挖矿算法来提高收益。

以 PoW 的 51%算力攻击和双花攻击为例，如图 4-1 所示，假定 Alice 通过租用矿机设备掌握了某区块链 51%的算力，为了自身经济利益，Alice 可通过以下步骤进行攻击。

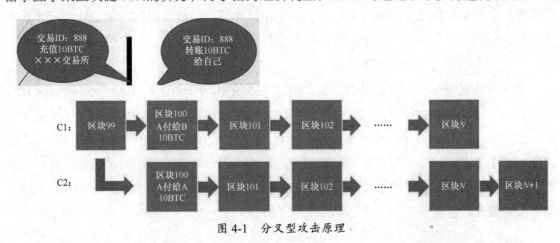

图 4-1 分叉型攻击原理

① Alice 将自己在该链上所拥有的加密货币转给交易所进行挂单售卖，假定转账交易为 T1，当前区块号为 1000。

② Alice 利用 T1 产生另一笔交易 T2，二者不同之处在于，T1 的收款方为交易所，T2 的收款方为 Alice 新建的账户。

③ 共识节点进行交易验证执行，两笔交易仅能成功一笔，由于 T1 先被广播，因此暂定 T1 成功、T2 失败，此时双花攻击尝试失败。

④ 交易所卖出相关加密货币，Alice 获得相关法币后进行账户提现。

⑤ Alice 利用自己的 51%算力，在区块号为 999 的基础上重新进行后续挖矿，但是不打包 T1 交易，而打包 T2 的交易。

⑥ 最终，Alice 产生了足够长的链替换原主链，51%攻击成功，导致原主链上交易进行回滚，T1 交易失效，T2 交易成功，双花攻击成功。

整个攻击过程，Alice 不但没有损失自己原先拥有的加密货币，而且获取了大量的出块奖励，除去租用矿机设备的费用，Alice 仍能获取可观的经济利益。

但需要注意的是，51%攻击和双花攻击仅作用于节点规模较小的区块链上，在比特币等庞大的区块链网络中往往无法实现上述攻击[37]，因为比特币的全网算力巨大，如果想实现 51%算力攻击必须联合各大矿池或者投入巨大的财力。目前，各大矿池中心化严重，发动 51%攻击很容易被锁定，并且在打造新的最长链时，原有算力在比特币网络中会突然消失，这种异常情况必然也会引起警觉。此外，全球比特币矿机大约有上千万台，再加上电费、场地、维护等费用，51%攻击的实际攻击成本和风险比所能获得的收益要多得多。

2．容错型攻击

容错型攻击主要是针对共识节点数量的容错性展开的。破坏共识过程导致区块链系统瘫痪，在竞争类共识中表现为51%攻击，而在协同类共识中则体现为容错型攻击。实际上，竞争类共识的区块链才是完全去中心化的，而协同类共识往往是通过多中心化的方式来实现性能改进的，这就导致了去中心化性和安全性有所降低。当然，这也符合区块链的不可能三角：去中心化、安全和效率。

协同类共识往往更容易遭受容错型攻击，尤其是类 BFT/PBFT、Raft 等共识。类 BFT共识自身支持 1/3 的容错性，属于拜占庭容错，一旦越过这个上限，共识机制将被破坏；Raft 是故障性容错 CFT，也称为非拜占庭容错，属于中心化较严重的共识。二者相同之处在于，由于上述共识节点都是预先设定的，因此给攻击者带来了攻击的可能。一旦攻击者攻击上述节点数量打破了算法支持的容错性。若 1/3 以上节点被攻击宕机，则共识失效；若主节点被攻击者控制，则攻击者彻底掌握了共识。

以 PBFT 为共识的区块链受限于共识算法本身的设计，存在预设的主节点。主节点负责进行排序，备份节点负责验证。虽然算法本身支持主节点作恶后进行视图切换（View Change）主节点，但是频繁切换主节点将导致共识效率低下，致使该时间段的网络通信量激增。此外，由于主节点是提前指定的，因此攻击者可以采用网络攻击的方式进行指定节点攻击。所以，类 BFT/PBFT、Raft 等共识往往用于许可链中，节点加入区块链需要进行许可认证，并且绝大多数节点处于私网中，并不对外暴露节点的地址和端口，在一定程度上杜绝了外来的网络攻击。

以 DPoS 为共识的 EOS 为例，其共识机制的初衷是通过选举出 21 个共识节点进行共识。实际上，这 21 个节点一直没有被替换过，因此这也给攻击者留有空间。攻击者可以向指定节点发起 P2P 网络攻击，诸如 Sybil 攻击、Eclipse 攻击、DDoS 攻击等，具体攻击原理详见 4.2.7 节。

4.2.5 智能合约安全威胁

智能合约被誉为区块链 2.0，推崇的是"代码即法律"。与传统合约的区别在于，智能合约的参数防篡改，并且支持智能自动和去中心化执行。智能合约带来便利和变革的同时，也带来了新的安全挑战。智能合约的安全威胁来自两类，一类是智能合约代码的安全威胁，另一类是智能合约虚拟机的安全威胁（如表 4-1 所示）。

表 4-1　智能合约安全漏洞类型统计[38]

类　型	数　量	占　比
Call 函数安全	41268	10.83%
条件竞争	13602	3.57%
重入攻击检测	2743	0.72%
权限控制	178925	46.97%
数值溢出	0	0.00%
事务顺序依赖	9488	2.49%
冻结账户绕过	1593	0.42%
逻辑设计缺陷	61798	16.22%
错误使用随机数	33809	10.38%

　　智能合约的本质是通过执行一段运行在区块链网络中的代码来完成开发者所赋予的业务逻辑。其特性是公开透明和不可篡改，其优势在于遵循"代码即法律"准则，代码和参数均不可篡改。然而程序代码可能存在安全漏洞，一旦链上已部署合约代码被发现存在漏洞，则将无法修复，只能付出巨大代价重新部署新合约。近年来，智能合约的代码漏洞激增。根据区块链安全研究中心给出的数据统计[38]，如表 4-1 和图 4-2 所示，2018 年智能合约安全存在 9 大类安全漏洞，涉及越权访问、整数溢出、重入漏洞等多种攻击。

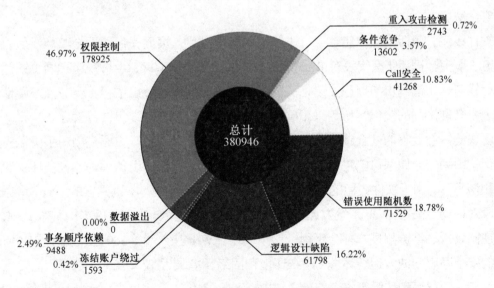

图 4-2　智能合约安全漏洞类型分布[38]

　　此外，智能合约还存在混淆漏洞、拒绝服务漏洞，关键字过时未检查返回值漏洞、短地址/参数漏洞等攻击[36]。作为智能合约的先驱，以太坊采用了图灵完备的编程语言 Solidity 进行合约开发，椰椰安全研究院通过分析整理，汇总了以太坊的 14 种合约漏洞[39]。

　　智能合约代码在区块链上存储的都是字节码，这些字节码最终在每个节点的合约虚拟机内进行解释执行。一旦合约虚拟机隔离执行出现问题，攻击者可能利用合约漏洞使虚拟机陷入无限次循环执行致使节点宕机，或者利用木马攻击虚拟机执行进而完全控制运行虚拟机的节点。被称为区块链 3.0 的 EOS，在主网上线前，曾被 360 公司安全团队发现一系列高危漏洞，攻击者可以构造并发布包含恶意代码的智能合约，如具备破坏和删除文件、发送密码、记录键盘和 DDoS 攻击等特殊功能的后门程序，通过让 EOS 的超级节点执行合约时触发安全漏洞从而导致该节点被控制，然后利用该节点打包恶意合约广播给网络的其他节点，最终控制网络中的全部节点。由于攻击者控制了绝大部分共识节点，可以结合共识分叉型攻击进行获利，甚至可以利用这些节点构建僵尸网络进行网络攻击等。

4.2.6　钱包的安全性威胁

用户一般使用钱包管理自己的地址和私钥。由于私钥是加密货币的唯一凭证，因此，针对区块链钱包的安全威胁主要以窃取私钥为首要攻击目标。区块链钱包根据私钥是否联网可分为软件钱包和硬件钱包。其中，软件钱包也称为数字钱包、热钱包，硬件钱包又被称为冷钱包。由于硬件钱包的私钥不联网，因此安全性相对较高。此外，还有一类钱包属于中心化钱包，一般使用交易所提供的托管服务，包括托管用户私钥，在此不讨论该类钱包的安全威胁。

软件钱包，包括桌面钱包、手机钱包和网页钱包[40]。桌面钱包属于全节点钱包，支持同步链上所有数据，典型代表有 Bitcoin Core、Geth 和 Parity 等；手机钱包和网页钱包属于轻节点钱包，只需同步与自己交易相关的交易数据，但是轻节点依赖于全节点。硬件钱包实际上是软硬协同的钱包，私钥采用硬件存储，通常搭配软件钱包进行管理。

区块链钱包面临的安全威胁可归纳为"丢"和"盗"。"丢"主要是用户丢失私钥而导致加密货币丢失，原因可能是多方面的：没有及时冗余备份、设备丢失或者损坏、遗忘助记词和密码等。由于软件钱包的本质是移动 App 和 Web 系统，所以黑客的"盗"可通过传统手段对移动 App 和 Web 系统发起攻击，包括但不限于操作系统漏洞、木马病毒、软件漏洞、逆向分析、渗透测试、社会工程、钓鱼攻击、Web 注入等。360 区块链安全[41]将软件钱包的安全隐患归纳为运行环境（系统环境和网络环境）、协议交互（签名和查询安全等）、数据存储（助记词和私钥等安全存储）、功能设计（证书认证和弱口令检测等）等。表 4-2 中仅列出了部分钱包安全攻击，相关安全事件请参考相关报告[42]。

表 4-2　钱包安全威胁汇总

攻击类型	攻击对象	攻击原理	相关事件
弱口令攻击	助记词、服务器、弱加密的私钥	暴力破解、字典攻击	黑客利用 Electrum 漏洞连接其服务器，盗取一用户 1400 比特币

攻击类型	攻击对象	攻击原理	相关事件
恶意软件	助记词、私钥	操作截屏或录屏 私钥/助记词不安全生成 监听劫持用户输入 私钥等敏感信息回传	IOTA 钱包损失 230 万美元 比特币钱包 Electrum 用户更新下载恶意软件，损失 2200 万美元
木马攻击	私钥	系统后门程序、系统漏洞 恶意篡改转账地址	CryptoShuffler 特洛伊木马程序
钓鱼攻击	用户名、密码	伪造网站或者交易所 App	假冒 Ledger Chrome 扩展致 140 万 XRP 被盗 数字钱包 Electrum 遭遇"更新钓鱼"盗币行为
逆向分析	硬件钱包	通过芯片引脚进行固件提取，逆向分析	以太坊菠菜游戏 EtherCrash 冷钱包被盗（疑似内部人员所为）

4.2.7　外部和内部攻击威胁

区块链的外部威胁主要聚焦在 P2P 网络攻击和跨链安全，内部攻击威胁主要是区块链自身 Bug（开源漏洞）和恶意节点/用户的恶意行为。其中，P2P 网络攻击包括 BGP 路由广播劫持、DNS 劫持篡改、DDoS、Sybil 攻击、Eclipse 攻击等；恶意行为包括提权越权攻击、粉尘攻击、空块攻击等，如表 4-3 所示。

表 4-3　区块链外部和内部攻击威胁汇总

区块链	攻击类型	攻击对象	攻击原理	攻击影响	相关事件
外部	BGP、DNS 劫持	路由信息	篡改劫持，流量劫持	无法访问	以太坊钱包 Myetherwallet（MEW）遭受 DNS 劫持攻击
	DDoS	访问服务	流量堵塞	无法访问	Bitcoin.org、加密衍生品交易所 Deribit 都曾遭到 DDoS 攻击
	Sybil 攻击	节点身份	身份伪造	降低效率	
	Eclipse 攻击	路由表	污染侵占篡改节点的路由表	割裂网络	
内部	恶意行为	BaaS 矿池	利用漏洞提权越权； 恶意用户高频发布无效交易	获取高级权限，进行其他攻击 阻塞网络，浪费算力	
	粉尘攻击	矿池 匿名地址	利用少量的加密货币发起交易堵塞网络或者确定用户身份	区块链网络拥堵 确认多个匿名地址所属用户的身份	比特币垃圾交易； EOS 账户内存攻击
	空块攻击	交易等待时间	不打包交易，出空块	交易平均确认时间无限期延长	

区块链内 BGP 和 DNS 劫持攻击方式与传统方式相同，因此不再展开讨论。区块链内的 DDoS 攻击有两类，一类是传统的 DDoS 攻击，造成节点流量堵塞；另一种是新型 DDoS 攻击，利用区块链中数以百万计的同时在线用户，在 Overlay 网络（应用层）中将其控制。通过主动向网络节点发送大批量的伪造信息，促使针对这些信息的后续访问都指向受害者，从而达到主动恶意攻击效果。Sybil 攻击利用可以随意创建账户的漏洞，伪造身份加入网

络，在掌握节点身份后进行作恶，如降低区块链网络节点的查找效率；或者在网络中传输非授权文件、破坏文件共享安全、消耗节点间的连接资源等。Eclipse 攻击利用节点随意加入的漏洞，获取邻居节点的路由信息，最终通过侵占篡改节点的路由表，将受害节点隔离在区块链网络之外，基于上述攻击可以进一步实施路由欺骗、存储污染、拒绝服务及 ID 劫持等攻击行为。

现存的区块链系统大都是基于比特币或者以太坊开源代码改造的项目，开源代码势必存在开源漏洞，根据国家互联网应急中心给出的报告数据显示，25 款具有代表性的区块链软件中总计发现高危漏洞 746 个，中危漏洞 3497 个[43]。恶意用户的提权越权攻击一般发生在 BaaS 中，与传统方式相同，具体原因是权限模型系统没有设计完善。粉尘攻击属于去匿名化的攻击方法，主要适用于 UTXO 模型的区块链通过向目标地址发送极少量的加密货币，后期通过追踪这些加密货币来判定多个地址连接到一个所有者，此外，大量粉尘攻击会造成区块链网络堵塞。空块攻击是恶意矿工不打包交易直接挖空块获取奖励，这将导致交易平均等待时间延长。

4.3　区块链系统的安全风险

4.3.1　数据一致性风险

区块链系统的数据一致性是衡量共识机制安全性强弱的重要性质。一致性一般指分布式系统中多个副本对外呈现的数据状态。强一致性要求在任意时刻，所有节点的数据要保持完全一致。而在一定约束条件下实现最终一致性，即总会存在某时刻，让系统达到一致的状态，这一类在某些方面弱化的一致性统称为弱一致性[44]。如何让区块链系统的数据持续稳定地保持一致性是当前需要解决的一个重点问题。传统的 PoW 和部分 PoS 共识算法需要等待后续区块生成后才能判断之前的区块是否被大多数节点认可，因此会出现短暂的分叉，仅实现了弱一致性。其他一些采用 PoW 和 PoS 相结合的共识机制也存在短暂分叉的情况。

为了解决 PoW 和 PoS 系列共识方案存在的弱一致性问题，图灵奖得主 Micali 等提出了 Algorand[45]共识算法，利用密码抽签算法随机选择部分节点参与共识过程，并结合拜占庭容错协议，可以在理想情况下以极高的概率保持一致性。Ouroboros[46]共识算法基于安全多方计算，增强了 PoS 的一致性，但要求节点持续在线，且若存在敌手领导者，也可能造成分叉[47]。在实际的应用场景中，区块链节点数据一致性的效果也会受网络状况的影响。当网络状况较差时延很大时，即使网络中没有恶意节点进行攻击，共识机制也无法使数据保持强一致性。如果在网络中存在攻击者利用网络层节点拓扑结构隔离网络，形成网络分区，那么将容易产生短暂的区块链分叉，破坏一致性。

针对数据一致性的攻击有双花攻击、长程攻击（Long-range Attack）和自私挖矿等。双花攻击是破坏共识机制，导致数据不一致性的典型攻击方式，是区块链应用中需要优先考虑的安全性问题。在比特币网络中，双花攻击的目的是攻击者企图重复花费同一笔比特币。在一般区块链系统中，双花攻击是指攻击者企图在区块链上记录一笔与现有区块链上的交易相违背的非法交易。常用的方法是产生一条更长的区块链分叉，使包含原交易的区块链被大多数矿工丢弃。

长程攻击，也称为历史攻击（History Attack），指攻击者试图从某一高度区块后重新生成后续所有区块，覆盖这一区间区块数据。由于长程攻击要求攻击者的区块生成速度快于其他节点，因此，理论上只有掌握超过 50%权益的攻击者才能发动长程攻击。然而实际上，攻击者可通过控制或贿赂具有权益的节点来发动长程攻击。例如，攻击者自身没有拥有 51%的权益，但可以联合其他节点，取得其他节点的权益，使其能控制的权益达到或超过 51%来发起攻击，并从该时刻重新生成区块。

自私挖矿是针对 PoW 机制的一种攻击。在区块链系统中，节点通过自身的算力获取收益，为了获得更为可靠的收益，多个矿工会联合起来组成采矿池协调挖矿，并按照一定的比例分配挖矿的收益。在自私挖矿攻击中，恶意的采矿池在计算出新的区块之后故意隐藏不发布，并持续在这条隐藏链上挖矿，导致区块链分叉。当由恶意矿池挖掘的隐藏链比诚实节点维护的主链更长时，恶意矿池将该分叉链发布在系统中。由于诚实矿工会选择在更长的区块链进行挖矿，因此该分叉链被认为合法。自私挖矿攻击将导致区块链数据的丢失，是一种严重的安全漏洞。

目前，区块链共识机制的安全性受限于敌手的能力和严格的强安全性假设，且需要依赖良好的网络环境，在实际应用中很难确保数据的一致性[48]。

4.3.2　算法、协议和系统的安全漏洞

算法安全漏洞风险包括加密算法漏洞、哈希算法漏洞、随机数算法漏洞和量子计算抵抗风险等。

1．加密算法漏洞

区块链的安全性依赖于密码学加密算法的强度。许多标准化的椭圆曲线有的理论上有缺陷，有的生成时使用了有安全问题的曲线参数[49]。例如，一些密码专家对 NIST P-256 曲线持怀疑态度。因为曲线参数的推导没有得到很好的解释，存在被操纵的隐患，这样的曲线可能包含恶意的后门。由于 NIST（National Institute of Standards and Technology）之前发布了一个基于椭圆曲线操作的加密安全随机数生成器标准，称为 Dual_EC_DRBG，让这种有意的缺陷具有一定的优先权。这个后门允许知道一组秘密数字的人破解任何只有 32 位

密文[7]的加密信息。

一些区块链系统，如比特币和以太坊，使用了 SECP256k1 曲线。SECP256k1 曲线是一种椭圆曲线，由于其具有良好的代数结构，因此可进行高效计算。鉴于 SECP256k1 的参数允许被彻底搜索，所以被认为不存在后门。然而，正如 Bernstein 和 Lange 在文献[51]中所述，SECP256k1 中存在一些可能导致漏洞的缺陷。其他区块链实现选择了 Curve25519，该曲线选择的参数得到了很好的解释，并且不受其他曲线的限制。在椭圆曲线算法中，ECC 也可能受到其他类型的攻击，如在 ECC 下用于加法和倍点的操作在时间和功耗开销上差异很大，因此可以对椭圆曲线加密算法进行侧信道攻击。

2．哈希算法漏洞

多数区块链上的操作都会使用密码学中的哈希算法。例如，区块之间通过区块头哈希值进行连接，交易地址通常由哈希操作产生。尽管如 RIPEMD160（RACE Integrity Primitives Evaluation Message Digest 160）和 sCrypt 等哈希算法也被区块链系统所使用，但 SHA-256（Secure Hash Algorithm-256）被更广泛地应用于区块链哈希函数的操作中。SHA-256 目前被认为是不可攻破的，然而它容易受到长度扩展攻击（Length Extension Attack）。长度扩展攻击可以在不知道共享密钥的情况下，通过将一些攻击者控制的数据附加到原始消息，来修改签名消息的哈希。Ferguson 和 Schneier 建议使用双 SHA-256 来防止长度扩展攻击[9]。哈希函数也容易受到生日攻击，这是一种概率攻击，通过反复计算来打破哈希函数的抗碰撞性。随着 SHA-1 算法[10]被证明此类攻击在现实世界中有效，因此不应该再被用于任何加密操作。

3．随机数算法漏洞

随机数是密码学的基础元素，对于区块链而言，随机数算法十分重要。上文已提及随机数算法 Dual_EC_DRBG 所导致的安全漏洞。在密码学算法中，如 ECDSA（Elliptic Curve Digital Signature Algorithm）和其他密码算法都依赖于安全的随机数生成器。随机数的品质决定了算法的安全与否，如果公钥是用不合格的随机数生成器生成的，就有可能被敌手恢复私钥。由于区块链大量应用了各种密码学技术，属于算法高度密集的工程，随机数的实现方法各不相同，使用方式各异，极容易导致随机数算法漏洞，发生被攻击事件。

4．量子计算抵抗

量子计算对现有公钥密码带来了颠覆性的影响，也将给密码式算法带来安全风险。2017 年，IBM 宣布成功搭建和测试了两种新机器，进行了量子计算。2020 年 12 月，我国成功构建了 76 个光子的量子计算原型机"九章"，求解数学算法"高斯玻色取样"只需 200 秒，而目前世界最快的超级计算机要用 6 亿年。量子计算一直威胁着传统密码学的安全。未来，量子计算很可能成功破解 ECDSA、DSA（Digital Signature Algorithm）等非对称加密算法。区块链中采用的非对称加密算法可能随着数学、密码学和计算技术的发展而变得越来越脆弱，进而导致算法本身的安全风险。

5．协议安全漏洞

区块链系统在网络层采用去中心化的 P2P 协议进行节点间通信。节点将包含自身 IP 地址的信息发送给相邻节点。P2P 网络为对等网络环境中的节点提供一种分布式、自组织的连接模式，由于缺少身份认证等网络安全管理机制，安全性较差的节点容易受到攻击，进而威胁到整个网络的安全。P2P 网络采用了不同于 C/S 中心化网络的工作模式，无法保证所有节点使用防火墙、入侵检测等技术手段进行有针对性的防护，网络中的节点易遭受攻击。目前，可预见的基于网络的攻击方式有很多，如日蚀攻击、窃听攻击、BGP 劫持攻击，甚至实施分布式拒绝服务攻击（Distributed Denial of Service，DDoS）。基于网络协议漏洞的常见攻击及其影响如表 4-4 所示。

表 4-4 常见的基于网络协议漏洞的攻击

类　型	影　　响
日蚀攻击	攻击者垄断受害者的交易连接，使受害者与系统中其他节点隔离
窃听攻击	将比特币地址转换成公网 IP 地址，在某些情况下可追查到用户的家庭地址
BGP 劫持攻击	通过拦截区块链的网络流量，延迟网络信息的有效传递或区块同步速度
DDoS 攻击	分布式的多个服务器发起攻击，使对方的系统拒绝服务或者因信息过载而崩溃

在 P2P 网络中，信息安全的另一个主要威胁是恶意节点可以随意接入网络，监听网络层的通信数据，甚至尝试对正常节点发起攻击。以比特币网络为例，能够被获得的信息包括如下几点。

① 节点信息：包含节点网络地址、节点之间的拓扑关系等信息。

通过部署探针节点，攻击者可以搜集比特币网络中节点的 IP 地址。基于 IP 地址可以分析出网络规模、节点所在国家的分布情况、节点的在线规律等，可以为进一步分析提供素材。

通过采用主动获取和被动监听的方式，探针节点可以搜集节点之间的拓扑关系。比特币网络中节点的拓扑关系主要是指节点的邻近节点信息。基于节点拓扑关系，攻击者可以分析网络层信息的传播路径，追踪信息的始发节点。

② 通信信息：节点间网络传输信息包含节点间通信的数据内容及通信流量情况。比特币网络层传播的数据没有加密，攻击者可以直接读取网络中传播的交易信息的内容，如发送地址和接收地址等。将发送地址和信息的始发节点相关联，就能够获得匿名地址背后的真实身份信息。

Bitnodes[54]通过部署大量节点，探测全球范围内的比特币节点信息。

协议安全在共识层表现为共识协议的安全。

首先，共识协议本身可能存在安全问题。由于不同共识协议容错能力不同，PoW 存在 51%算力攻击，PoS 存在 51%权益攻击，而 DPoS 和 DAG 存在着中心化风险。现代密码体制的安全性评估依赖计算复杂性理论，使用可证明安全理论将密码方案的安全性归约到某个公开的数学困难问题上，如椭圆曲线上的离散对数问题等。然而，采用 PoW 和 PoS 的共识机制的安全性假设并不依赖计算困难问题，而是依赖所有诚实节点所拥有的算力或者权益占多数这类看似合理的假设。这些安全性假设在实际应用中很容易被打破。

表 4-5 给出了常见共识算法及安全边界。区块链的安全性靠共识机制支撑，当前最流行且应用最广泛的是基于算力的 PoW 共识机制，主流公有链平台比特币等依赖于分布在世界各地的"矿工"持续不断地"挖矿"来维持系统正常运转。但由于挖矿的激励机制造成全球算力的大量集中。从概率上，算力超强就代表能够获得越多的货币奖励，算力低的矿工将因为得不到激励而逐渐被淘汰出局，最后将导致整个区块链平台的维护只由少数具有超强算力的矿池节点来提供支撑，这违背了区块链技术分布式、去中心化的设计初衷。以比特币为例，2021 年 5 月全球前四大矿池 AntPool（占 19.32%）、F2Pool（占 15.91%）、Poolin（占 12.5%）、Binance（占 10.8%）的算力总和占到全球算力的 58.53%。理论上，如果能够控制整个网络的算力 51%以上，就能够通过算力优势来对区块链上数据进行篡改，甚至有针对性地实施 DoS 攻击，阻止交易的验证和记录，破坏共识机制的有效性，从而对区块链所建立的信任体系进行颠覆。而不基于算力的 PoS、DPoS 等共识机制的安全性还未得到理论上的有效证明，PBFT 等强一致性算法又存在算法复杂度高、去中心化程度低等不足。值得注意的是，以太坊已于 2022 年 9 月 15 日从 PoW 共识算法迁移到 PoS 共识算法。因此，要将区块链应用于信息安全领域，安全的共识机制的研究是面临的重大挑战之一。

表 4-5　常见共识算法及安全边界

共识算法	安全性
PoW 共识机制	<51%算力
PoS 共识机制	<51%权益
PBFT 和 SBFT 共识机制	<33.33%共识节点
FBFT 共识机制	<20%共识节点

6．系统安全漏洞

如图 4-3 所示，根据 2020 年区块链安全态势感知报告[55]，国家区块链漏洞平台 2020 年全年收录漏洞 373 条。其中高危漏洞 86 个，占比 23%；中危漏洞 273 个，占比 73%；低危漏洞 14 个，占比 4%。这些漏洞包括：双生树漏洞，攻击者可以利用此漏洞在不影响区块哈希的前提下，篡改部分区块数据；Sinoc 公链拒绝服务漏洞，攻击者可以利用此漏洞发起拒绝服务攻击；Bitool 文件上传漏洞，攻击者可以通过上传恶意木马对服务器进行攻击。

此外，还有诸多其他类型漏洞对区块链安全造成严重影响。

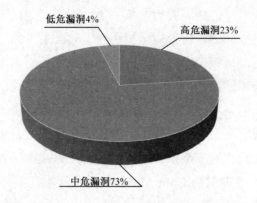

图 4-3 2020 年区块链系统不同等级安全漏洞占比

大多数系统安全漏洞是由于未对用户的输入做充分验证导致的。一旦攻击者构造恶意输入，可能造成任意命令执行、任意文件读取等严重安全问题。"代码质量问题"类漏洞也出现较多，产生的主要原因是开发人员安全意识不足，代码编写不够规范，此类漏洞会导致内存溢出、资源耗尽等安全隐患，严重情况下会导致系统运行异常甚至系统崩溃。由于区块链软件往往直接运行于金融领域等重要系统中，一旦系统崩溃将带来不能容忍的巨大损失。"安全特性"类漏洞也占据了一定份额，主要涵盖身份认证、权限管理、密码管理等方面的问题，攻击者可利用该类漏洞实现越权访问、窃取隐私信息等。

与高危级别的漏洞分布情况相比，代码质量类问题所占比例大幅提升。这类问题虽然不会导致直接的严重安全漏洞，但仍然存在着明显的安全隐患，一旦被利用，也可能导致程序崩溃等严重风险。此外，各类开源的区块链项目还存在相当数量的 API 使用不当问题。例如不安全地使用字符串处理函数、忽略特定 API 的返回值等。未按照约定使用 API，可能导致程序运行发生意想不到的异常问题，从而影响程序逻辑正确性或者系统稳定性。

4.3.3 区块链资产的盗用和遗失

因代码开源、区块链自身技术漏洞等原因，区块链很容易遭受恶意攻击。各大交易平台因交易所被攻击、智能合约漏洞等导致虚拟货币被盗的安全事故时有发生。2014 年，世界最大比特币交易所运营商 Mt.Gox 宣布其交易平台的 85 万比特币被盗，并随后宣布破产。这引发了大众对区块链安全的担忧。2018 年 1 月 26 日，日本东京虚拟货币交易所运营商 Coincheck 网站遭黑客攻击，因虚拟货币被盗损失价值近 580 亿日元，创下了当时数字资产被盗的最高纪录。2020 年 9 月 26 日，库币热钱包发生盗窃事件，本次事件共造成约 1.5 亿美元虚拟资产损失，事件发生的主要原因是由于钱包私钥被泄露。此类事件不胜枚举，区块链技术仍处于发展阶段，存在诸多安全缺陷，有可能对区块链资产造成安全威胁，是需要面对的重大风险。

区块链资产除了被盗风险，还需要防范数字资产的遗失。在去中心化的比特币交易机制中，核心就是通过非对称加密，将公钥和私钥分别分配给付款人和接收比特币的人。正因为如此，系统才能够在没有中央机构的情况下处理大笔交易。由于每次交易都通过使用公钥和私钥实现从一个钱包到另一个钱包进行身份验证，而私钥只掌握在用户自己手中，如果没有私钥，谁也无法访问用户的比特币。随着实体经济逐步向数字经济转型升级，大量由个人或企业创造的数字资产开始在网络中流通，方便数据分享的同时也产生出了很多棘手的问题。如用户密钥丢失等安全事件时有发生，严重侵扰了人们的正常工作和生活。

据区块链数据分析服务提供商 Coin Metrics 2019 年发布的报告，至少 150 万比特币因为种种原因，让持有者对自己的地址失去了控制权，地址中的比特币永久丢失了。2018年 12 月，加拿大最大的数字货币交易平台 Quadriga CX 的创始人 Gerald Cotton 突然过世，其交易平台上的大部分虚拟货币为免受黑客攻击或其他原因被盗窃而储藏在"冷钱包"（cold wallet）中，Gerald Cotton 是唯一能够进入冷钱包的人，密钥只有他本人知晓，他是唯一一个可以访问平台数字货币的私钥拥有者。结果导致 26500 比特币、43 万以太币等虚拟货币无法被取出。该平台于 2019 年 4 月 11 日由 Nova Scotia 最高法院发布了终止和破产分配令[56]。数字资产的管理与传统银行系统存在较大差异，如果用户丢失了银行账户的密码或口令，他们可以去银行使用真实身份恢复对银行账户中资金的控制。而在区块链中，如果丢失了私钥，那么他们将永远无法访问其数字资产。特别地，一旦他人获得用户的私钥，他们可以将用户资产全部偷走并无法被追回。因此，区块链中数字资产安全的重点在于保护私钥不被窃取或丢失。

4.4 区块链系统的安全挑战

区块链作为分布式数据存储、点对点传输、共识机制、密码算法等技术的集成，近年来成为许多国际组织及国家政府的研究热点，其应用已延伸到数字资产交易、征信服务及供应链溯源等领域，但同时面临着更严峻的安全威胁、风险和挑战。下面从数据安全和用户隐私保护、智能合约的安全执行和区块链应用的审计与监督三方面来介绍目前区块链系统面临的安全挑战。

4.4.1 数据安全和用户隐私保护

1. 数据安全

数据正迅速成为全球最宝贵的资源之一。这意味着你的数据，尤其是你的敏感信息，成为了网络罪犯的主要目标。也许，你的数据并不像你所想的那样受到了保护。数据安全出现问题，可能造成数据拥有者的财产损失。区块链技术出现后，为社会提供了新的方式实现的信用背书。好比纸币上的防伪科技让伪造纸币变得困难，区块链技术保证了上链数据的篡改变得更加困难，这让信用记录有可能脱离中心化系统自治、自动、自发地进行。但是区块链系统仍面临着量子计算威胁、安全性假设不可靠和密钥易丢失等数据安全性问题挑战。

区块链数据层中的交易和区块实体都涉及公钥加密、数字签名、哈希函数等密码学方法。为了满足更高的隐私保护需求，一些区块链方案还需要环签名、零知识证明等隐私保护技术。这些密码学组件的安全性直接影响到区块链数据层的安全性。短期来看，数学理论、密码学解析和计算技术的发展不会对一些已经形成标准的密码算法构成威胁。但是随着量子计算的兴起，现有的密码算法将面临安全性降低甚至被攻破的危险[57]。尽管现阶段量子计算的研究成果还不能对区块链中的密码算法构成威胁，但是从长远看，区块链的发展势必要引入可以抵抗量子攻击的加密系统。NIST 在后量子密码报告[58]中给出了大规模量子计算机对一些密码算法安全性造成的影响，如表 4-6 所示。

表 4-6　量子计算对密码算法的影响

密码算法	类　型	功　能	安全性影响
AES	对称密码	加密	攻击难度减半
SHA-2，SHA-3	—	哈希函数	攻击难度减半
RSA	公钥密码	加密	攻破
ECDSA，ECDH	公钥密码	签名，密钥交换	攻破
DSA	公钥密码	签名，密钥交换	攻破

现代密码体制的安全性评估依赖计算复杂性理论，使用可证明安全理论将密码方案的安全性归约到某个公开的数学困难问题上。然而，采用 PoW 和 PoS 的共识机制的安全性假设并不依赖计算困难问题，而是依赖所有的诚实节点所拥有的算力或者权益占多数这类看似合理的假设，这些安全性假设在实际应用中容易被打破。以采用 PoW 的比特币为例，根据 BTC.com 2018 年 10 月发布的矿池算力分布，如果排名前四的矿池合谋，形成具有绝对算力优势的超级节点，总算力约占全网算力的 56.5%，直接打破 PoW 的安全性假设。矿池合谋可实施 51%攻击，甚至有针对性地实施 DoS 攻击，阻止交易的验证和记录，破坏共识机制的有效性。

区块链在金融领域的应用往往涉及数字资产交易，直接关系到用户的个人利益，也容易成为贪心攻击者的攻击目标。现代密码体制的安全是基于密钥的安全。然而，区块链应用普遍缺乏有效的密钥管理技术，因使用或存储不当导致的密钥泄露都给比特币用户带来巨大利益损失。例如，为了方便记忆，用户常选用有实际意义的字符串作为密钥，有利于攻击者实施字典攻击（Dictionary attack），采用硬件存储密钥也容易遭受侧信道攻击（Sidechannel Attack）。尤其是在无许可区块链中，没有中心节点参与为密钥管理方案设计增加了难度。

区块链账号仅由持有人地址对应的私钥对其保护，涉及账号的所有交易都要使用该私钥，一旦私钥丢失，则无法重置或找回，用户将永久性失去其账户内的数字资产，这是区块链去中心化机制所带来的弊端[3]，因此亟须设计合理的密钥管理机制。

2. 用户隐私保护

目前，区块链系统缺乏对用户隐私数据有效的保护措施。区块链的账本具有分布式的特点，对于实现不可抵赖的机制至关重要，但是需要多个节点参与账本的存储和验证，因此容易导致人们对账本隐私的担忧[2]。例如，比特币的每笔交易都会公开记录在区块链账本上，任何人都可以查阅。只要通过分析每个地址发生过的交易，就可以发现很多账号之间的关联。区块链的应用尤其是金融行业对隐私保护会更加注重。隐私问题成为区块链应用落地的主要障碍之一。

目前，主流区块链系统，如以太坊、超级账本项目，都是开源的智能合约平台，支持的智能合约普遍是公开的。智能合约常涉及多用户的参与，执行也需要用户提供经济激励，用户的账户信息、交易、智能合约的状态变量等信息都公开于整个网络中，也会造成用户隐私泄露，亟需增加隐私保护机制。然而，引入隐私保护机制必然增加智能合约执行难度，用户也需要付出更多经济激励成本。一些需要高保密性、功能复杂的应用场景给智能合约的设计和编写提出了挑战。密码学技术在实际应用中也具有局限性。零知识证明系统和同态加密方案构造困难、效率低、占用区块链存储空间，不适用小成本、时效性要求高的智能合约，是目前制约智能合约隐私保护发展的主要因素。

大数据分析技术的发展对区块链隐私保护产生了深远影响。区块链以非对称加密为基础的匿名体系不断受到挑战。反匿名攻击从身份的解密转变为行为的聚类分析，不仅包括网络流量的 IP 聚类，还包括交易数据的地址聚类、交易行为的启发式模型学习，因此大数据分析技术的发展使区块链隐私保护思路发生转变。已有 Tor 网络、混币技术、零知识证明、同态加密和各类复杂度更高的非对称加密算法被提出。但是各类方法仍有局限，如 Tor 网络易遭受时间攻击、通信流攻击；中心化混币协议面临中心化问题、后门攻击和单点问题；去中心化混币协议存在恶意渗入和 DoS 攻击的威胁。未来将需要更为高效的方法。

4.4.2　智能合约的安全执行

虽然智能合约在解决现实生活问题方面具有巨大的潜力，但大多数现有的平台和应用程序仍处于开发的初步阶段，智能合约的安全执行还面临一些挑战。智能合约不完善且存在许多漏洞，执行起来仍然具有挑战性。一旦这些漏洞被黑客利用，就会造成虚拟货币的财产外泄，被不法分子盗取。如何保证智能合约的安全是区块链安全面临的一大挑战。

智能合约是合约层的核心，部署在区块链上，是可按照预设合约条款自动执行的计算机程序。智能合约本质上是一段运行在区块链网络中的代码，它界定了使用合约的条件，在满足合约条件下某些机器指令被执行。开源代码大约每 1000 行就含有一个安全漏洞，表现最好的 Linux kermel 2.6 版本的安全漏洞率为每 1000 行代码 0.127 个。安全智能合约的开发对程序员本身是一个挑战。智能合约作为新生事物，熟悉智能合约的开发人不多，受限于程序员的安全意识和代码编写能力，可能在开发时无法意识到自己造成了安全隐患，极有可能给智能合约带来相当大的安全风险，使得智能合约的代码可靠性难以保证。此外，智能合约还是多方业务的交互规则，智能合约的安全不仅要考虑在代码编写时防止整数溢出漏洞、重入漏洞和代码注入漏洞等，还需要进行智能合约协议安全性分析，防止业务逻辑漏洞的出现。

合约层为保障智能合约的安全执行已经采取了一些措施，如应用沙盒环境、测试网络等。沙盒环境是一种新型的恶意代码检测和防治技术，为用户提供了一种相对安全的虚拟运算环境。以太坊虚拟机（Ethereum Virtual Machine，EVM）为智能合约提供沙盒环境。此外，为了保证智能合约的安全性，用户编写智能合约后还需要在测试网络上进行测试。这些措施并不能完全保证智能合约的安全执行，除智能合约创建者在设计业务逻辑时的安全问题以外，智能合约还面临智能合约正确性问题、智能合约代码漏洞、外部数据源调用和形式化验证不完善等技术挑战。

1．智能合约正确性问题

在部署时对智能合同进行修补或版本更新具有挑战性，因此必须验证智能合约在预期的输入领域内的行为。在部署智能合同之前，应解决已确定的不正确性问题。

2．智能合约代码漏洞

智能合约的代码漏洞可能使整个生态系统面临巨大的风险。特别是考虑公共区块链时，修复安全漏洞可能需要替换数百万个节点的代码。从加密货币的角度，这些安全漏洞可能造成巨大经济损失。识别这些漏洞可以节约金钱、时间并保护整个区块链生态系统的安全。

3．外部数据源调用问题

区块链最初的设计是为了在无可信第三方的情况下实现安全支付，只能对区块链上的数据进行操作。区块链和智能合约迫切地需要通过可信技术访问外部数据建立与外部数字世界的连接。预言机作为可信实体成为连接智能合约和 Web API 之间的桥梁，却引入了安全问题。TLSnotary 和 TownCrie 方案[5]利用 HTTPS 协议访问外部数据，是一种提供加密可检查信息的预言机。但是它们不能保证不同节点访问的数据的一致性与真实性，也无法避免数据提供网站恶意变更数据或被攻击引起单点失效问题。

4．形式化验证不完善

目前，实现智能合约的编程语言尚不成熟，暴露出来的安全问题直接危害智能合约的执行和用户的个人数字资产，需要形式化验证和程序分析工具对智能合约代码和执行过程进行分析。虽然已有一些针对智能合约形式化验证的工具出现，但是现有的形式化验证和程序分析工具多是针对已知漏洞的检测和验证。未来的研究将更加关注现有的智能合约的反模式，构造动态检测的程序分析工具。

4.4.3　区块链应用的审计与监管

在金融服务、物联网、基础设施等领域的区块链应用系统实现审计与监管，仍面临诸多挑战。虽然区块链技术受到了社会各界的广泛关注，但在实现"区块链+审计"模式创新的过程中还面临着许多挑战，区块链技术成熟度不能满足"区块链+审计"运营模式的要求，还有更多的功能有待开发。区块链应用系统运作机制复杂，加上区块链去中心化的特点，没有中央控制方和中介方，使得区块链应用的监管也面临很大的挑战。

1．专业化程度问题

审计人员需要在企业管理、商业决策、计算机编程等方面充实自己，成为不会被技术变革淘汰的全能型人才。未来合格的审计从业者不仅要精通审计流程，也要通晓必要的信息技术。与此同时，随着大数据、人工智能等技术的发展，审计工作中大量重复、机械性的工作将被机器所取代。审计从业者跨专业学习能力、持续学习的能力显得尤为重要，这对未来的审计人员提出了较高的要求。"区块链+审计"模式改变了以往的工作习惯，害怕和未知是影响此模式深入推进的原因之一。而且由于区块链技术的开放性和透明性，在审计领域被广泛应用推广时，过去适用的审计方法也有可能不再适用。

2．私密性与监管协调问题

区块链中网点之间数据透明，而且保持用户的匿名性不符合审计行业的要求，所以区块链审计技术发展必然需要创立一种新的共识，在保证企业商业机密对外不泄露的同时，给予事务所足够的权限来查阅相关信息。另外，审计行业在一定程度上维护着国家经济的健康和稳定发展，所以国家必然会有相关的监管要求，这就需要在区块链中设置监管权限，不能让区块链成为逃离监管的法外之地。以去中心化、自我管理、集体维护为特征的区块链淡化了国家、监管概念，冲击着现行制度安排，区块链发展需要在维护隐私性和可监管之间找到平衡。

3．算力问题和存储问题

区块链技术的发展离不开计算机算力，算力类似区块链时代的"新能源"，只有底层能源解决了，区块链技术才可能得以大规模使用。现阶段，区块链的交易速率是一大问题，交易效率的低下限制了区块链技术的大规模落地应用。如何创造出一个效率更高、适用更广的公链是各大区块链从业人员亟待解决的问题。除了处理效率，存储和同步也限制了区块链的进一步发展。这些最基础的问题不解决，区块链在审计领域大规模的使用仍有很长的路要走。其一，智能合约代码是保证智能合约执行正确的重要前提，而智能合约代码是由人手工来编写的，人难免会犯错误。因此，未来的审计工作可能增加一项代码审计，这就需要在审计中更多地借助外部专家的工作。其二，由于审计业务数量和审计数据随着时间的推移不断增多，而区块链技术需要不断地升级来防止区块链的崩溃，但现在的区块链技术承载能力和存储能力有待进一步加强，这也对区块链技术的配置计算能力提出了更高的要求。

4．监管挑战：制度、法律

区块链自带的金融属性极易引发风险。与大数据、人工智能等单纯技术不同，区块链天然具有金融属性，加之行业初期"野蛮"发展、投机氛围浓重，容易被非法利用。2017年全球范围的 ICO 泡沫热潮值得反思。同时，区块链点对点、匿名和跨境特征又加大了风险全球传导的可能和单一国家的监管难度。

区块链挑战传统制度建设，原有监管制度面临重构。比如，传统监管方式无法完全覆盖一些区块链高风险使用场景；国内交易所"出海"导致资金外流；去中心化公链服务提供主体不清晰，监管难以实施；矿场非法建设、违规用电；以及新技术带来的安全和隐私问题。

缺乏对应法律，监管主体权责不清。对区块链资产缺乏明确定性（证券属性、商品属性、货币属性）是各国监管面对的共同课题。目前，我国将比特币等虚拟货币列为特殊商品，但是对于区块链资产的交易流通、发行销售及其他相关行为仍缺乏对应的监管法律，也造成监管主体权责不清。

比特币和以太坊先后出现的暗网交易、勒索病毒、数字资产被盗等安全事件引起了社会各界对区块链平台监管缺失问题的广泛讨论。监管技术的目标是对于非法行为的检测、追踪和追责，从而保证区块链平台的内容安全。然而，区块链数据难以篡改的特性使得区块链上的数据难以通过传统的方式进行修改和删除，增加了有害信息上链的监管难度，对信息管理提出新的挑战。

比特币作为目前最成熟、市场占有率最高的区块链数字货币应用，成为监管技术研究的主要场景[6]。部分研究提出通过政府设立专门的执法机构或者数字货币交易平台等第三方对比特币地址进行追踪，对非法交易进行定位。另一个研究方向是放弃比特币的匿名性以降低实施监管的难度，或者牺牲去中心化特点构造多中心化的替代方案，各中心具有不同的监管权限，共同实现对区块链的监管。这些监管方案或多或少都牺牲了区块链的优势特点，方案的可行性还有待评估。一些第三方企业和科研机构也专注区块链监管技术，为政府执法机关提供比特币网络犯罪监控支持，如美国的 Chaianalysis 公司、加拿大的 BIG（Blockchain Intelligence Group）公司和美国桑迪亚国家实验室等。

现有的技术很难从根本上对比特币上出现的洗钱、黑市交易、勒索等违法犯罪行为进行有效的防范、分析和追责。虽然已经开发出一些比特币去匿名化工具，已有的网络数据分析和监管方案普遍采用"一刀切"的监管技术手段，危害正常使用比特币进行合法交易的诚实用户的隐私。与跨链技术研究现状相似，比特币现有的监管技术不一定适用于其他区块链应用平台，如何实现既保护诚实用户隐私又监控非法用户行为的可控监管技术将长久地成为区块链应用发展需要突破的关键技术。

本章小结

本章采用 CIA 信息安全三元组介绍区块链的数据安全，即机密性（Confidentiality）、完整性（Integrity）和可用性（Availability）。其中，机密性是阻止未经授权的信息披露，也就是保护敏感信息，不让未授权用户获取，通过数据散列值运算、数字签名等方法来保证机密性；完整性是保障信息和系统的准确性和可靠性，并禁止对数据的非授权更改，也就是保护相关系统、数据和网络免受外界干扰和污染，通过数据散列值运算、数字签名等方法来保证完整性；可用性是确保授权用户能够对数据和资源进行按需的、及时的和可靠的访问，也就是消除各种威胁，确保正常运行，且能够快速从崩溃中恢复，通过信息冗余存储、异地灾备、状态回滚、故障切换等技术方法保障可用性。

区块链的安全威胁涉及匿名与隐私、密钥、数据、共识、智能合约、钱包、内外部攻击威胁等方面，其中匿名性和隐私性的安全威胁直接关系区块链的可用性。比特币使用假名维护匿名性的手段可以通过多种技术追溯用户身份信息。为了解决这个问题，学者提出了利用 P2P 混合协议、分布式混合协议和扩展的比特币协议等技术提供匿名性。其中，扩展的比特币协议的典型代表包括 ZeroCoin、ZeroCash 等匿名加密货币，它们使用了零知识证明等先进的密码学技术，极大地提高了区块链的隐私性和匿名性，但是由于零知识证明（如 ZK-SANRK）需要增加复杂的计算，使得区块链的交易时间增加。区块链的公开账本特点使得区块链无法有效地保护私钥。私钥由用户自己产生和存储，是用户在区块链上发起交易的唯一凭证，一旦丢失就无法恢复。此外，区块链面临密码算法未知漏洞、量子计算机攻击及自私挖矿等数据安全威胁。

共识算法存在分叉型攻击、容错型攻击及其他型攻击等安全威胁，攻击手段层出不穷，由于目前单一共识算法或多或少存在一定的问题难以保证业务安全需求，因此业界开始采用混合共识，也称为两阶段共识。第一阶段通过某种方式选取共识节点，第二阶段进行节点共识，避免指定共识节点的同时增加了共识节点的参与规模。

智能合约面临着代码和合约虚拟机漏洞等安全威胁，针对代码漏洞，一般采用合约安全审计服务，合约虚拟机漏洞则需要在设计之初进行规避，同时在虚拟机执行过程中进行安全检测。此外，智能合约大都采用明文存储和执行，业界有选用 TEE 安全隔离运行构造机密合约，同时实现合约安全和隐私，但是 TEE 目前仍存在性能瓶颈和硬件漏洞攻击等。

钱包安全面临的主要是"丢"和"盗"的安全威胁，防丢只能进行冗余备份和设备妥善保管，防盗则需要注意软件安全升级和杜绝个人不良使用习惯。

区块链内部面临恶意行为等安全威胁，需要采用 KYC 和实时监控，检测异常账户/节点行为；区块链外部面临着 P2P 网络安全攻击等威胁，需要进行节点证书认证和许可入网，同时做好网络安全防护，包括软硬件协同、软件层面进行流量控制、硬件方面采用高防服务器等。

区块链因其开放性而存在很多的安全风险。本章通过区块链数据一致性风险，算法、协议和系统的安全漏洞，区块链资产的盗用和遗失三方面讨论了区块链的安全风险。

在数据一致性风险方面，首先介绍了数据强一致性与弱一致的区别，探讨了当前主流公链中 PoW 算法和 PoS 算法数据一致性的问题，及相关学者为解决数据一致性所做的努力，并探讨了会造成数据一致性问题的常见攻击。

在算法、协议和系统的安全漏洞部分，针对有关算法的漏洞，探讨了加密算法漏洞、散列算法漏洞、随机数算法漏洞和量子计算抵抗问题。在协议漏洞部分，首先介绍了 P2P 网络协议存在的信息泄露问题，以及常见的针对网络协议的攻击；在共识协议安全部分，讨论了常见共识算法的安全边界问题。在系统安全漏洞部分，引用国家互联网应急中心最新数据分析区块链平台漏洞情况，并探讨了系统安全漏洞产生的主要原因。

在区块链资产的盗用和遗失部分，主要介绍了近年来在数据资产领域发生的典型大事件，以引起我们对数字资产安全的反思。

区块链在数字货币领域的发展如火如荼，展现出蓬勃生命力的同时，也面临安全、隐私、审计与监管方面的严峻挑战。首先，数据安全面临着量子计算威胁、安全性假设不可靠和密钥易丢失等安全性问题挑战，也面临着账本隐私安全的挑战，大数据分析技术的发展也给区块链隐私保护带来了巨大挑战。其次，由于智能合约不完善，且存在许多漏洞，执行起来仍然是具有挑战性。一旦这些漏洞被黑客利用，就会造成虚拟货币的财产外泄，被不法分子盗取。如何保证智能合约的安全是区块链安全面临的又一大挑战。最后，虽然区块链技术受到了社会各界的广泛关注，但在实现"区块链+审计"模式创新的过程中还面临着许多挑战。区块链应用系统运作机制复杂，加上区块链去中心化的特点，没有中央控制方和中介方，使得区块链应用的监管也面临很大的挑战。

习 题 4

1. CIA 三元组分别指的是什么？

2．区块链为什么要重视数据安全？

3．区块链的机密性、完整性、可用性指的是什么？

4．区块链通过什么措施保证机密性、完整性、可用性？

5．请思考一下，如何破解区块链的机密性？

6．为什么比特币不是匿名货币？

7．如何追溯比特币交易？

8．目前的匿名加密货币主要采取哪些技术保护用户隐私和实现匿名性？

9．ZeroCoin 和 ZeroCash 提供匿名性的方法有何不同？

10．为什么区块链无法解决用户私钥管理问题？

11．区块链数据安全包括哪些方面？

12．共识安全问题，针对共识的其他型攻击，请进一步完善共识安全威胁汇总表。

13．混合共识，如 VRF+PBFT，存在哪些可行的安全攻击方式？

14．智能合约代码和虚拟机分别面临着哪些安全威胁？请完善以下表格。

攻击类型	攻击对象	攻击原理	攻击影响	相关事件
重入攻击	DAO 合约	非法递归调用	大量数字货币被劫持，从中获利	以太坊 DAO 事件

15．DeFi 合约存在哪些安全威胁？有哪些安全事件？如何防御？

16．区块链钱包安全威胁的应对策略有哪些？

17．区块链分别存在哪些内部威胁和外部攻击威胁？如何进行安全防范？

18．什么是数据的强一致性和弱一致性？

19．针对数据一致性的常见攻击有哪些？并对其中之一的攻击原理进行简述。

20．针对网络协议发起的常见攻击有哪些？

21．试简述系统安全漏洞产生的主要原因。

22．讨论如何更好地保护数字资产。

23．简要阐述区块链系统的安全挑战有哪些。

24．查询并分析区块链用户隐私数据遭泄露的事件。

25．区块链智能合约有什么代码漏洞？

26．区块链应用要实现审计与监管的会面临什么挑战？

27．如何看待区块链系统目前面临的安全挑战？

参考文献

[1]　S. Nakamoto．Bitcoin：A peer-to-peer electronic cash system．2009．

[2] 刘明达, 陈左宁, 拾以娟, 等. 区块链在数据安全领域的研究进展[J]. 计算机学报, 2020, 43(1): 1-28.

[3] 钱卫宁, 邵奇峰, 朱燕超, 等. 区块链与可信数据管理: 问题与方法[J]. 软件学报, 2018, 29(1): 150-159.

[4] 孙岩, 雷震, 詹国勇. 基于区块链的军事数据安全研究[J]. 指挥与控制学报, 2018, 4(3): 189-194.

[5] 黄连金, 吴思进, 曹锋, 等. 区块链安全技术指南[M]. 北京: 机械工业出版社, 2018.

[6] 韩璇, 袁勇, 王飞跃. 区块链安全问题: 研究现状与展望[J]. 自动化学报, 2019, 45(1): 206-225.

[7] Ron D, Shamir A. Quantitative Analysis of the Full Bitcoin Transaction Graph[J]. Cryptology ePrint Archive, Report, 2012, 584.

[8] Conti, Mauro, et al.. A Survey on Security and Privacy Issues of Bitcoin[J]. IEEE Communications Surveys and Tutorials, 2018, 20(4): 3416–3452.

[9] Koshy P, Koshy D, McDaniel P. An analysis of anonymity in bitcoin using P2P network traffic[C]//in Financial Cryptography and Data Security: 18th International Conference, FC 2014. Springer Berlin Heidelberg, 2014: 469–485.

[10] Khalilov M C K, Levi A. A survey on anonymity and privacy in bitcoin-like digital cash systems [C]//IEEE Communications Surveys Tutorials. 2018.

[11] Barber S, Boyen X, Shi E, et al. Bitter to better—how to make bitcoin a better currency[C]//Financial Cryptography and DataSecurity: 16th International Conference, FC 2012. Springer Berlin Heidelberg, 2012: 399–414.

[12] Meiklejohn S, Orlandi C. Privacy-enhancing overlays in bitcoin[C]//Financial Cryptography and Data Security: FC 2015 International Workshops, BITCOIN, WAHC, and Wearable, San Juan, Puerto Rico.

[13] Sasson E B, Chiesa A, Garman C, et al. Zerocash: Decentralized anonymous payments from bitcoin[C]//2014 IEEE Symposium on Security and Privacy, May 2014: 459–474.

[14] Bonneau J, Narayanan A, Miller A, et al. Mixcoin: Anonymity for bitcoin with accountable mixes[C]//18th International Conference, FC 2014. Springer Berlin Heidelberg, 2014: 486–504.

[15] Heilman E, Baldimtsi F, Goldberg S. Blindly signed contracts : Anonymous on-blockchain and off-blockchain bitcoin transactions[C]//Financial Cryptography and Data Security: FC 2016 International Workshops, BITCOIN'16. Springer Berlin Heidelberg, 2016: 43–60.

[16] Ruffing T, Moreno-Sanchez P, Kate A. P2P mixing and unlinkable bitcoin transactions[J]. Cryptology ePrint Archive, 2016.

[17] Ziegeldorf J H, Grossmann F, Henze M, et al. Coinparty: Secure multi-party mixing of bitcoins [C]//Proceedings of the 5th ACM Conference on Data and Application Security and Privacy, ser. CODASPY '15. ACM, 2015: 75–86.

[18] Corrigan-Gibbs H, Ford B. Dissent: Accountable anonymous group messaging[C]// Proceedings of the 17th ACM Conference on Computer and Communications Security, ser. CCS'10. ACM, 2010:

340–350.

[19] Ibrahim M H. Securecoin: A robust secure and efficient protocol for anonymous bitcoin ecosystem [J]. I. J. Network Security, 2017, 19: 295–312.

[20] Ruffing T, Moreno-Sanchez P, Kate A. Coinshuffle: Practical decentralized coin mixing for bitcoin[C]// ESORICS 2014: 19th European Symposium on Research in Computer Security. Springer International Publishing, 2014: 345–364.

[21] Valenta L, Rowan B. Blindcoin: Blinded, accountable mixes for bitcoin[J]. Financial Cryptography Workshops, 2015.

[22] Heilman E, Alshenibr L, Baldimtsi F, et al.. Tumblebit: An untrusted bitcoin-compatible anonymous payment hub.

[23] Chaum D. Blind signatures for untraceable payments[C]//Advances in Cryptology: Proceedings of Crypto 82. Springer US, 1983: 199–203.

[24] Miers I, Garman C, Green M, et al.. Zerocoin: Anonymous distributed e-cash from bitcoin[C]//2013 IEEE Symposium on Security and Privacy, May 2013: 397–411.

[25] Jedusor T, Mimblewimble. 2016.

[26] Mayer H. Ecdsa security in bitcoin and ethereum: a research survey, 2016.

[27] Ikeda K. Security and privacy of blockchain and quantum computation[M]. Advances in Computers. Elsevier, 2018.

[28] Simon Barber, Xavier Boyen, Elaine Shi, et al.. Bitter to better — how to make Bitcoin a better currency[M]. In Angelos D. Keromytis, editor, Financial Cryptography and Data Security. Springer Berlin Heidelberg, 2012.

[29] Ittay Eyal, Emin Gün Sirer. Majority is not enough: Bitcoin mining is vulnerable[J]. Financial Cryptography, 2014.

[30] Nayak K, Kumar S, Miller A, et al.. Stubborn mining: Generalizing selfish mining and combining with an eclipse attack[C]//2016 IEEE European Symposium on Security and Privacy (EuroS P), March 2016.

[31] Vaibhav Saini. ConsensusPedia: An Encyclopedia of 30+ Consensus Algorithms [EB/OL].

[32] 中国信通院. 区块链安全白皮书——技术应用篇（2018 年）[EB/OL].

[33] Mirko Schmiedl, Gleb Dudka. Research Report: Is Proof of Stake better than Proof of Work? [EB/OL]. [2019].

[34] 可信区块链推进计划. 区块链安全白皮书（1.0 版）[EB/OL]. [2018].

[35] Ittay Eyal. Blockchain Selfish Mining [EB/OL]. [2020].

[36] 孙国梓, 王纪涛, 谷宇. 区块链技术安全威胁分析[J]. 南京邮电大学学报（自然科学版）, 2019.

[37] 刘宗妹. 区块链的应用：安全威胁与解决策略[J]. 信息安全与通信保密, 2021(1): 32-41.

[38] 区块链安全研究中心. 区块链智能合约安全审计白皮书（2018 年）[EB/OL]. [2018].

[39] 梆梆安全研究院. 区块链安全白皮书[EB/OL]. [2018].

[40] TokenPocket. 区块链钱包从入门到精通[EB/OL]. [2019].

[41] 360 信息安全部. 数字货币钱包安全白皮书[EB/OL]. [2018].

[42] 成都链安．2020 年区块链生态安全态势年度报告[EB/OL]．[2020].

[43] 国家互联网应急中心实验室．开源软件源代码安全漏洞分析报告—区块链专题[EB/OL]．[2016].

[44] 杨保华，陈昌．区块链原理、设计与应用[M]．北京：机械工业出版社，2017.

[45] Gilad Y, Hemo R, Micali S, et al．Algorand: Scaling Byzantine Agreements for Cryptocurrencies[C]// Proceedings of the 26th Symposium on Operating Systems Principles, New York, NY, USA: Association for Computing Machinery, 2017: 51–68.

[46] Kiayias A, Russell A, David B, et al．Ouroboros: A Provably Secure Proof-of-Stake Blockchain Protocol[A]. J. Katz, H. Shacham. Advances in Cryptology – CRYPTO 2017[C]//Cham: Springer International Publishing, 2017.

[47] Wang W, Hoang D T, Hu P, et al．A Survey on Consensus Mechanisms and Mining Strategy Management in Blockchain Networks[J]. IEEE Access, 2019, 7: 22328–22370.

[48] Dasgupta D, Shrein J M, Gupta K D．A survey of blockchain from security perspective[J]. Journal of Banking and Financial Technology, 2019, 3(1): 1–17.

[49] Did NSA Put a Secret Backdoor in New Encryption Standard? - Schneier on Security [EB/OL]．[2007-11-15/2021-05-07].

[50] SafeCurves : Introduction[EB/OL]．[2021-05-08]．

[51] Ferguson N, Schneier B．Practical cryptography[M]．Wiley New York, 2003.

[52] Stevens M, Bursztein E, Karpman P, et al．The first collision for full SHA-1[C]//Annual International Cryptology Conference. Springer, 2017: 570–596.

[53] Global Bitcoin nodes distribution[EB/OL]．[2021-05-08]

[54] 国家区块链漏洞库[EB/OL]．[2021-05-07]

[55] About us | CryptoQuadriga[EB/OL]．[2021-05-08].

[56] Chen L, Jordan S, Liu Y K, et al．Report on post-quantum cryptography [Online]．[2018-10-5].

[57] 刘敖迪，杜学绘，王娜，等．区块链技术及其在信息安全领域的研究进展[J]．软件学报，2018, 29(7): 2092-2115.

[58] Zhang F, Cecchetti E, Croman K, et al．Town crier: An authenticated data feed for smart contracts[C]//Proceedings of the 2016 aCM sIGSAC Conference on Computer and Communications Security. 2016.

[59] Vukolić M．Rethinking permissioned blockchains[C]//Proceedings of the ACM Workshop on Blockchain, Cryptocurrencies and Contracts. 2017.

第5章　隐私保护理论基础

随着存储、网络和计算技术的飞跃发展，大量数据应运而生，对数据隐私的关注也与日俱增。隐私保护是指对人们不希望被外人所了解的信息进行必要的保护，以达到所需的安全标准，主要侧重于实现敏感信息的机密性，同时涉及对信息的可用性和不可否认性等方面的研究。隐私保护涉及的主体范围相当广泛，下至对个人身份信息的隐藏，上至对企业乃至国家机密的保护。

当前，隐私保护的应用实施正在各行业、各领域全面铺开。在医疗、金融和电子商务等领域，隐私保护技术得到了广泛的运用并取得了显著的成效。因此，作为一名安全领域的从业者或是正在学习安全知识的学生，有必要对常用的隐私保护技术及其背后的原理有所掌握。本章对隐私保护理论的基础进行较为详细的描述，包括对称和公钥密码体制、哈希算法、默克尔树、布隆过滤器、椭圆曲线密码学、数字签名、隐私计算和零知识证明等。

5.1　对称和公钥密码体制

5.1.1　基本概念

加解密技术是最基础的隐私保护技术。现代加解密系统包括加解密算法、加密密钥和解密密钥三大组件。为保证算法的高效性和安全性，在商用密码系统中，加/解密算法是固定不变且公开可见的。试想有一个黑盒子，可以根据输入的明文信息实现隐形转换，输出看似随机的密文信息。这个黑盒子就是数据加密算法。数据加密主要是把明文可视信息，通过加密密钥与加密函数，实现隐性转换，而解密是加密的逆运算[1]。密钥是算法中最关键的信息，按照特定算法随机生成，密钥长度越长，算法加密强度越大，算法的安全性归结于密钥的保密性。因此，密钥需要安全保存，甚至通过特殊硬件进行保护。

除了密钥生成步骤，加解密系统还分为加密过程和解密过程（如图5-1所示）。加密过

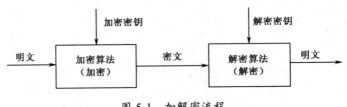

图5-1　加解密流程

程中，加密者将明文和加密密钥输入加密算法，获得密文。解密过程中，解密者将密文和解密密钥输入解密算法，获得明文。

加解密算法是加解密系统的核心组件。根据加解密过程中使用的密钥是否相同，加密算法从设计理念上可以分为对称加密（Symmetric Cryptography，又称公共密钥加密，Common-Key Cryptography）和非对称加密（Asymmetric Cryptography，又称公钥加密，Public-Key Cryptography）两种，适用于不同需求，形成互补。在实际场景中，对称加密和非对称加密往往组合使用，形成混合加密机制。下面以对称加密算法 AES 和公钥加密算法 ElGamal 为例介绍对称加密与非对称加密的区别，如表 5-1 所示。

表 5-1　加解密算法的类型

算法类型	特　点	优　势	缺　陷	代表算法
对称加密	加解密的密钥相同	计算效率高，加密强度高	需要安全信道共享密钥	DES，3DES，AES，IDEA
非对称加密	加解密的密钥不相同	无须提前共享密钥	计算效率低	RSA，ElGamal，椭圆曲线算法

5.1.2　对称加密算法

常见的对称加密算法包括 DES 算法、AES 算法、IDEA 算法和 SM4 算法等。数据加密标准 DES 发布于 1977 年。由于密钥长度只有 56 位，无法满足当今算力的安全需求，美国国家标准与技术研究所（NIST）于 2001 年制定了新电子数据加密规范，也就是现在最广泛使用的对称加密算法之一——高级加密标准（Advanced Encryption Standard，AES）。

AES 算法由包括美国国家安全局（NSA）在内的安全评议组对来自世界各地的 15 种密码算法挑选分析后得到。为了弥补 DES 的不足，AES 的评选分别对算法的安全性、执行成本、运算速度进行了考量，并使用 C 和 Java 语言对上述所有内容的实现进行了广泛的测试，以确保加密和解密过程的速度和可靠性、密钥和算法的运行时间及对各种攻击的抵抗力。最终，比利时密码学家 Vincent Rijmen 和 Joan Daemen 共同开发的 Rijndael 算法脱颖而出，于 2002 年作为美国联邦政府新一代高级加密标准生效，并包含于国际标准化组织（ISO）／国际电工委员会（IEC）制定的 18033-3 标准中。

Rijndael 是一个具有不同密钥和块大小的密码族，NIST 选取了 Rijndael 密码族的 3 个成员作为 AES 标准，每个成员的分组大小均为 128 位，密钥长度则分别为 128 位、192 位和 256 位。AES 基于替代置换网络的设计原则，在软件和硬件的实现都十分高效。

AES 算法的加解密流程如图 5-2 所示。同 DES 算法类似，AES 算法也是多轮结构，其进行的轮数由使用的密钥大小确定。

❖ 当密钥长度为 128 位时，需要 10 轮的变换。
❖ 当密钥长度为 192 位时，需要 12 轮的变换。
❖ 当密钥长度为 256 位时，需要 14 轮的变换。

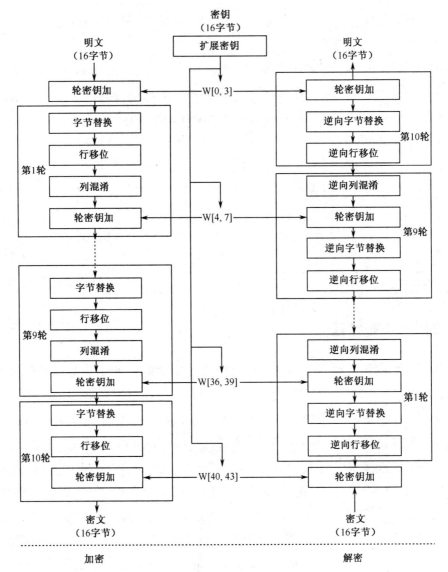

图 5-2　AES 算法加解密流程

在开始加密操作前，算法需要进行密钥扩展和初始轮密钥加两个步骤。

① 密钥拓展（KeyExpansion）：使用 AES 密钥拓展算法从密钥中派生出轮密钥。AES 算法需要为每轮生成一个 128 位的轮密钥块。

② 初始轮密钥加（Initial round key addition）：将状态矩阵的每个字节与轮密钥的每个字节按位异或。

在完成上述步骤后，算法进行若干轮相同操作。除了最后一轮，每轮操作都包含字节代换、行移位、列混淆、轮密钥加四个步骤。

① 字节代换（SubBytes）：一种非线性替换步骤，其中每个字节根据查找表被另一个字节替换。

② 行移位（ShiftRows）：一种换位步骤，其中状态的最后 3 行循环地移动一定数量的步骤。

③ 列混淆（MixColumns）：一种对状态列进行操作的线性混合操作，将每列中的 4 字节组合起来。

④ 轮密钥加（AddRoundKey）：状态矩阵的每个字节使用位异或与轮密钥的每个字节相结合。

最后一轮操作不进行列混淆，只进行字节代换、行移位和轮密钥加。

AES 算法的解密操作与加密操作类似，区别在于解密时进行的是加密的逆步骤，也就是逆向字节代换、逆向行移位、逆向列混淆和逆向轮密钥加。

AES 算法的轮操作以 4 行为单位，每行长度 N_b 由密钥长度决定，每个轮操作都涉及对 $4 \times N_b$ 字节的运算，我们称这 $4 \times N_b$ 的数据结构为状态矩阵，字节 $a_{i,j}$ 是矩阵中第 i 行 j 列的元素。下面以 $N_b = 4$ 为例，详细介绍轮操作中每个步骤的具体细节。

1. 字节代换

在字节代换步骤中，算法使用一个 S 盒将状态矩阵中的每字节 $a_{i,j}$ 替换为 $S(a_{i,j})$。此操作为算法提供了非线性性，以避免基于简单代数性质的攻击。AES 算法的 S 盒基于反函数与可逆仿射变换构造，S 盒的设计基于有限域 $\mathrm{GF}(2^8)$ 上的元素。在执行加密时，每个字节进行仿射变换，变成一个新的元素。在执行解密时，每个字节做逆仿射变换，并求乘法逆元以还原原始数值，如图 5-3 所示。

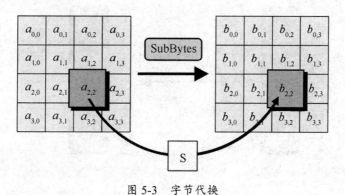

图 5-3　字节代换

2. 行移位

在行移位步骤中，算法以一定的偏移量周期性地移动每行中的字节。其中第 1 行保持不变，第 2 行每个字节左移 1 位。类似地，第 3 行和第 4 行分别偏移 2 位和 3 位。这样，行移位步骤的输出矩阵中的每列都是由来自输入矩阵中每列的字节组成。行移位可以避免列被独立加密，进而避免 AES 退化为 4 个独立的分组密码。逆向行移位的移位方向为右移，移动偏移量与行移位相，如图 5-4 所示。

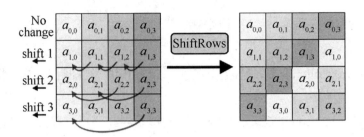

图 5-4　行移位

3．列混淆

在列混淆步骤中，算法使用可逆线性变换组合状态中每列的 4 字节。列混淆函数以状态矩阵每列的 4 字节作为输入，并输出 4 字节作为替换。列混淆操作提供了扩散的作用，每个输入字节都影响所有的输出字节。

$$\begin{bmatrix} b_{0,j} \\ b_{1,j} \\ b_{2,j} \\ b_{3,j} \end{bmatrix} = \begin{bmatrix} 2 & 3 & 1 & 1 \\ 1 & 2 & 3 & 1 \\ 1 & 1 & 2 & 3 \\ 3 & 1 & 1 & 2 \end{bmatrix} \begin{bmatrix} a_{0,j} \\ a_{1,j} \\ a_{2,j} \\ a_{3,j} \end{bmatrix} \quad (0 \leqslant j \leqslant 3)$$

列混淆使用的是定义在 GF(2^8) 上的矩阵乘法。算法将每个字节视为不超过 x^8 的多项式，在进行加法运算时进行异或操作，在进行乘法运算时则是模不可约多项式 $x^8 + x^4 + x^3 + x + 1$，如图 5-5 所示。

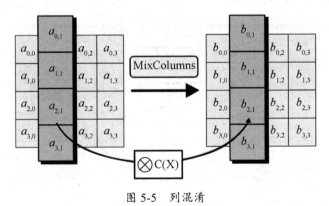

图 5-5　列混淆

4．轮密钥加

在轮密钥加步骤中，算法将子密钥与状态矩阵相结合。每轮的子密钥都是由最开始的密钥拓展算法从主密钥中派生出的。每个子密钥的大小与状态矩阵相同。轮密钥加通过位异或操作将状态的每个字节与子密钥中的相应字节相结合，如图 5-6 所示。逆向轮密钥加与轮密钥加步骤相同。

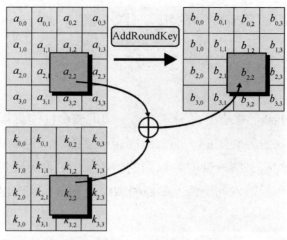

图 5-6　轮密钥加

5.1.3　公钥加密密码算法

公钥密码体制[2]的思想由 Diffie 和 Hellman 于 1976 年首次提出，并得到了广泛运用，发展出了包括 RSA、Elgamal 在内的知名算法。公钥密码技术能够很好地为网络信任体系提供加密和认证机制支持，是解决网络信任中各类网络主体的身份真实性、网络行为的可信性、网络信息内容的完整性、机密性等问题最安全、最有效、最经济、最可靠的手段[3]。

Elgamal 加密算法[4]是最经典的非对称加密算法之一，由 Taher Elgamal 于 1985 年提出，其安全性基于离散对数困难问题。Elgamal 算法的优点是可以使用离散对数生成密钥，与 RSA 加密算法相比，加密速度较慢，生成的密文长度是明文的 2 倍，但是解密速度更快[5]。

Elgamal 加密方案具体流程如下，包含密钥生成、加密和解密。

① 密钥生成：输入安全参数 1^k，生成阶为 p 的循环群 G 及其生成元 g。其次，算法随机选取 $x \xleftarrow{\$} \mathbb{Z}_{p-1}^*$，并计算 $h = g^x$。算法执行者保存 x 作为私钥，公开 (G, g, p, h) 作为公钥。

② 加密：算法以公钥 (G, g, p, h) 和待加密消息 M 作为输入，随机选取 $r \xleftarrow{\$} \mathbb{Z}_{p-1}^*$，并计算 $(g^r, h^r M)$ 作为密文。

③ 解密：算法以私钥 x 和密文 $(g^r, h^r M)$ 作为输入，计算 $(g^r)^x = g^{rx} = h^r$，得到明文 $M = h^r M / h^r$。

Elgamal 算法是一种概率性算法，具有在选择明文攻击下的不可区分性（Indistinguishability Under Chosen-Plaintext Attack，IND-CPA），其安全性可以归结于判定性 Diffie–Hellman 假设（Decisional Diffie–Hellman Assumption，DDH）。在选择明文攻击下，攻击者可以事先任意选择一定数量的明文，让被攻击的加密算法加密，并得到相应的密文。通过反复进行这个过程，攻击者可能获得加密算法的一些信息。在确定性算法（如 RSA 算法）中，明文与密文是一一对应的，如果攻击者收集了足够多的明文—密文对，当其截获某段密文时，就可以通过对比恢复出部分明文信息。Elgamal 作为一种概率性算法，每次加密都

会选取随机数 r ，生成不同的明文，不会出现明文与密文一一对应的情况。

5.2　哈希算法

哈希（或散列，Hash）算法是密码学中用于实现安全性的最常用算法之一，能将任意长度的二进制明文映射为较短的（通常是固定长度的）二进制串（哈希值），同时其抗碰撞性保证了不同的明文很难映射为相同的哈希值。哈希转换是一种压缩映射，输出哈希值的空间通常远小于输入的空间，即便稍微改变输入，输出也会产生很大差异，如图 5-7 所示。

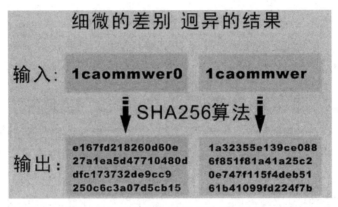

图 5-7　输入的细微差别都会得到完全不同的哈希结果

哈希值在应用中常被称为指纹（Fingerprint）或摘要（Digest）。哈希算法的核心思想也经常被应用到基于内容的编址或命名算法中。

一个优秀的哈希算法通常具备如下功能。

❖ 正向快速：给定明文和哈希算法，在有限时间和有限资源内能计算得到哈希值。

❖ 逆向困难：给定哈希值，在有限时间内很难（基本不可能）逆推出明文。

❖ 输入敏感：原始输入信息发生任何改变，新产生的哈希值都应该出现很大不同。

❖ 冲突避免（Collision Resisitance）：很难找到两段内容不同的明文，使得它们的哈希值一致（发生碰撞）。

冲突避免有时又称为"抗碰撞性"，分为"弱抗碰撞性"和"强抗碰撞性"。如果在给定明文前提下无法找到与之碰撞的其他明文，那么算法具有"弱抗碰撞性"；如果无法找到任意两个发生哈希碰撞的明文，那么称算法具有"强抗碰撞性"。

哈希算法并不是一种加密算法，不能用于对信息的保护，但哈希算法常用在对口令的保存上。以用户使用用户名和密码登录网址的场景为例，如果网站后台直接保存用户的口令明文，不仅会占用大量存储空间，还存在数据库泄露导致用户被撞库的风险，因为大多数用户倾向于在多个网站选用相同或关联的口令。而利用哈希的特性，后台可以只保存口令的哈希值，每次登录仅比对哈希值是否一致，如一致，则说明输入的口令正确。即便数据库泄露了，也无法从哈希值还原回口令，只有进行穷举测试。

经过多年的发展，哈希函数已经具有非常多的种类和实现，有的类型强调实现简单快速，有的类型注重减小哈希结果的碰撞率，有的关注算法复杂度以实现较高的安全性。知名的哈希函数包括 MD5、SHA 系列等。

MD5 散列算法曾经被广泛使用，现在仍然是最广为人知的哈希算法之一。但是，尽管最初被设计为用于密码算法功能，但它不再被认为用于密码目的是安全的，因为存在一定缺陷，特别是在普通计算机上可能快速产生碰撞。另外，当 MD5 被用来直接哈希密码时，可以通过字典表法和彩虹表法来破解。

SHA 算法是美国国家安全局设计的一种加密哈希函数族，包括 SHA-0、SHA-1、SHA-2 和 SHA-3。SHA-0（发布于 1993 年）公布后不久，由于结构缺陷，迅速被 SHA-1 替代。SHA-1（1995）产生 160 位（20 字节）哈希值，在 2010 被破解。目前而言，SHA-2 更安全。SHA-2 包含了几个重要的更改，有 6 个哈希函数：SHA-224、SHA-256、SHA-384、SHA-512、SHA-512/224、SHA-512/256。然而，SHA-2 与它的前身（SHA-1）共享相同的结构和数学操作，很可能在不久的将来受到威胁。未来的一个新选择是 SHA-3。由 Guido Bertoni、Joan Daemen、Michaël Peters 和 Gilles Van Assche 设计的 SHA-3（安全哈希算法 3），他们的算法 Keccak 在 2009 年赢得了 NIST 竞赛，并被正式采用为 SHA 算法。NIST 于 2015 年 8 月 5 日发布。SHA-3 的要求之一是对可能危及 SHA-2 的潜在攻击具有弹性。SHA-3 使用海绵结构（sponge construction）比 SHA-2 快 25%～80%。SHA-3 的作者提出了一些额外的功能，如认证加密系统和树哈希方案，但没有标准化。尽管如此，SHA 算法还是目前最安全的哈希算法。

几类哈希函数的对比如表 5-2 所示。

表 5-2 哈希函数的对比

算　法		输出散列长度	中继散列长度	资料区块长度	最大输入消息长度	循环次数	使用的运算符	碰撞攻击	性能示例
MD5		128 位	128 位		无限	64	AND, OR, ROT, XOR ADD(MOD 2^{32})	≤18（发现碰撞）	335Mbps
SHA-0		160 位	160 位			80		<34（发现碰撞）	/
SHA-1		160 位	160 位	512 位		80		<63（发现碰撞）	192Mbps
SHA-2	SHA-242	224 位	256 位		$2^{64}-1$	64	AND, OR, ROT, XOR, SHR ADD(MOD 2^{32})	112	139Mbps
	SHA-256	256 位						128	
	SHA-384	384 位	512 位	1024 位		80		192	154Mbps
	SHA-512	512 位						256	
	SHA-512/224	224 位						112	
	SHA-512/256	256 位						128	

	算　法	输出散列长度	中继散列长度	资料区块长度	最大输入消息长度	循环次数	使用的运算符	碰撞攻击	性能示例
SHA-3	SHA3-224	224 位	1600 位	1152 位	无限	24	AND, XOR ROT, NOT	112	/
	SHA3-256	256 位		1088 位				128	
	SHA3-384	384 位		832 位				192	
	SHA3-512	512 位		576 位				256	
	SHAKA128	d(arbitrary)		1344 位				min(d/2, 128)	
	SHAKA256	d(arbitrary)		1088 位				min(d/2, 256)	

5.3　默克尔树

默克尔（Merkle）树[6]是一种典型的二叉树结构，由一个根节点、一组中间节点和一组叶节点组成，如图 5-8 所示。

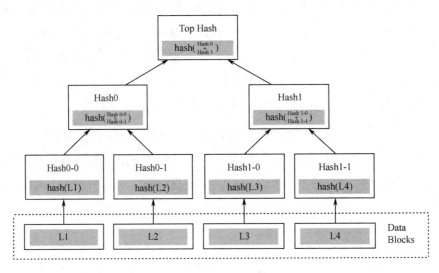

图 5-8　Merkle 树

默克尔树的主要特点如下：① 最下面的叶子节点包含存储数据或其哈希值；② 非叶子节点（包括中间节点和根节点）都是它的两个孩子节点内容的哈希值。

除了二叉树表示，默克尔树也可以推广到多叉树的情形，此时非叶子节点的内容为它所有孩子节点内容的哈希值。

默克尔树逐层记录哈希值的特点，具有独特的性质。在默克尔树中，底层数据的任何变动都会传递到其父节点，一层层沿着路径一直到树根。这意味着树根的值实际上代表了对底层所有数据的"数字摘要"。

在计算机领域，默克尔树大多用来进行完整性验证处理。在处理完整性验证的应用场景中，特别是在分布式环境下进行这样的验证时，默克尔树可以大幅减少数据的传输量和计算的复杂度。

利用一个节点出发到达默克尔树的根所经过的路径上存储的哈希值，可以构造一个默克尔证明，验证范围可以是单个哈希值这样的少量数据，也可以是能扩至无限规模的大量数据。

5.4 布隆过滤器

布隆过滤器（Bloom Filter）[7]于 1970 年由 Burton Howard Bloom 提出。布隆过滤器是一种基于哈希运算的高效查找结构，不仅可以提升查询效率，也可以节省大量的内存空间，是一种既紧凑又巧妙的概率型数据结构[8]。布隆过滤器被大量应用于网络和安全领域，如信息检索（BigTable 和 HBase）、垃圾邮件规则、注册管理等。

布隆过滤器的数据结构如图 5-9 所示，过滤器中存储着数据对应的哈希值，可以快速检索数据是否属于一个集合，而不用直接与数据匹配。初始状态时，布隆过滤器是一个 m 位的数组，每一位的值都为 0。

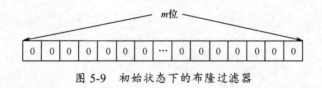

图 5-9 初始状态下的布隆过滤器

图 5-10 展示了元素在布隆过滤器中的哈希映射，对于集合 $\{x_1, x_2, \cdots, x_n\}$ 中的任意元素 x_i，使用 k 个相互独立的哈希函数 $(h_1, h_2, \cdots, h_k)$ 将 x_i 映射到 m 位的布隆过滤器中，被映射到的位置记为 1，否则为 0。同一位置若被多次映射为 1，则只有一次起作用。当判断元素是否属于集合时，首先将元素进行 k 次哈希映射，若映射到布隆过滤器中的对应位置都是 1，则说明元素在集合内，否则不在集合内。

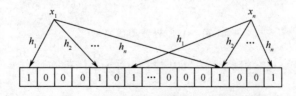

图 5-10 元素在布隆过滤器中的哈希映射

虽然布隆过滤器在空间效率和查询时间方面都远超一般的算法，但存在一定的误识别率（False Positive），即布隆过滤器检测某元素存在于某集合中，但实际上该元素并不在集合中；对于没有识别错误（False Negative）的情形，即如果某元素确实存在集合中，那么布隆过滤器不会漏报该元素。

5.5 椭圆曲线密码学

5.5.1 椭圆曲线算法定义

椭圆曲线密码学（Elliptic Curve Cryptography，ECC）[9]是一种基于椭圆曲线上离散对数问题的非对称密码学。比起乘法群 $(Z/ZN)^*$ 和基于有限域 $GF(q)$（$q = p^n$）的离散对数困难问题，基于椭圆曲线的离散对数困难问题更加难以解决，导致椭圆曲线密码学具有更高的安全性。此外，椭圆曲线密码算法的密钥长度更短，对计算机的带宽和存储要求更小。所有用户可以选择同一基域上的不同的椭圆曲线，使用同样的操作完成域运算。

下面介绍有限域上的椭圆曲线。设 p 是一个大素数，在有限域 F_p 上的椭圆曲线 $y^2 = x^3 + ax + b$ 由一个基于同余式 $y^2 = x^3 + ax + b \bmod p$ 的解集 $(x, y) \in F_p \times F_p$ 和一个称为无穷远点的特定点 O 组成。曲线的系数 a 和 b 都是有限域 F_p 上的元素，且满足约束 $4a^3 + 27b^2 \neq 0 \bmod p$。图 5-11 为参数 $a = 0$、$b = -1$ 和 $a = 1$、$b = 1$ 的椭圆曲线。

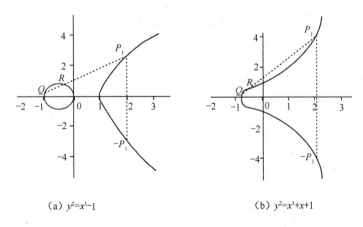

（a）$y^2 = x^3 - 1$ （b）$y^2 = x^3 + x + 1$

图 5-11　椭圆曲线实例

椭圆曲线上的加法运算定义如下：如果其上的 3 个点位于同一直线上，那么它们的和为 0。

进一步，可如下定义椭圆曲线上的加法律（加法法则）。

❖ O 为加法单位元，即对椭圆曲线上任一点 P，有 $P + O = P$。

❖ 设 $P_1 = (x, y)$ 是椭圆曲线上的一点，它的加法逆元定义为 $P_2 = -P_1 = (x, -y)$。因为 P_1、

P_2 的连线延长到无穷远时，得到椭圆曲线上的另一点 O，即椭圆曲线上的三点 P_1、
P_2、O 共线，所以 $P_1 + P_2 + O = 0$，$P_1 + P_2 = 0$，即 $P_2 = -P_1$。

❖ 由 $O + O = 0$ 可得 $O = -O$。

❖ 设 Q 和 R 是椭圆曲线上 x 坐标不同的两点，$Q+R$ 的定义如下：画一条通过 Q、R 的
直线与椭圆曲线交于 P_1（这个交点是唯一的，除非所做的直线是 Q 点或 R 点的切
线）。由 $Q + R + P_1 = O$，得 $Q + R = -P_1$。

❖ 设 $P = (x_1, y_1)$，$Q = (x_2, y_2)$，$P \neq -Q$，则 $P + Q = (x_3, y_3)$ 由以下规则确定。

$$\begin{cases} x_3 \equiv \lambda^2 - x_1 - x_2 \pmod{p} \\ y_3 \equiv \lambda(x_1 - x_3) - y_1 \pmod{p} \end{cases}$$

其中

$$\lambda = \begin{cases} \dfrac{y_2 - y_1}{x_2 - x_1}, & P \neq Q \\[2mm] \dfrac{3x_1^2 + a}{2y_1}, & P = Q \end{cases}$$

5.5.2 基于椭圆曲线的 Elgamal 加密

基于椭圆曲线的加密算法与其他基于离散对数问题的加密算法构造方式类似，这里以
Elgamal 加密算法为例，展示基于椭圆曲线的加密和解密构造。

1．密钥生成

设输入安全参数 1^k，选取合适的参数 a, b, p，建立椭圆曲线 $E_p(a, b)$，并选取椭圆曲线
上的点 G 作为生成元。随机选取 $K \xleftarrow{\$} \mathbb{Z}_{p-1}^*$ 作为私钥，计算椭圆曲线上的点 $H = KG$，公开
$(E_p(a, b), G, H)$ 作为公钥。

2．加密

以公钥 $(E_p(a, b), G, H)$ 和待加密消息 M 作为输入，随机选取 $r \xleftarrow{\$} \mathbb{Z}_{p-1}^*$，并计算椭圆曲
线的两个点 $C_1 = M + rH$ 和 $C_2 = rG$，得到密文 (C_1, C_2)。

3．解密

以私钥 K 和密文 (C_1, C_2) 作为输入，计算 $C_1 - KC_2 = M + rKG - KrG = M$，恢复明文 M。

5.6 数字签名

5.6.1 数字签名概述

数字签名（Digital Signature）是一种用于验证消息、数据的完整性和不可否认性的安全技术。与手写签名或加盖印章类似，数字签名是一种以数字方式呈现的电子指纹，以编码消息的形式将签名者与消息、数据安全地关联起来。数字签名多采用非对称密码技术实现。签名者为自己生成一对公私钥对，私钥由自身秘密保存，用于对消息进行签名。公钥则被签名者公开，用于签名的验证。只要签名者的私钥没有泄露，任何能够使用签名者公钥验证的数字签名都可以看作签名者对消息签署的合法签名。

在数字签名的实用化中，一个重要的挑战是如何确保验证者拿到的公钥是签名者公开的，而不是冒充的或者伪造的。为了解决这个问题，数字签名方案通常会与公钥基础设施（Public Key Infrastructure，PKI）结合使用（如图 5-12 所示）。签名者在生成公私钥对后，需要向中立的证书机构（Certificate Authority）注册。证书机构在验证签名者的真实身份后，会使用自己的签名私钥对签名者的公钥和签名者的相关信息签名，生成一个数字证书（Digital Certificate）。签名的验证者只需了解证书机构的公钥，就可以验证证书机构签署的数字证书，进而安全地获取签名者的公钥。

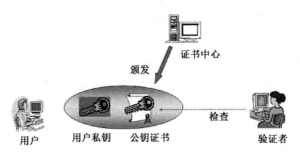

图 5-12　公钥基础设施

5.6.2 Elgamal 签名

Elgamal 签名[10]由 Taher Elgamal 于 1985 年提出，其安全性基于有限域上离散对数计算的困难性。Elgamal 签名算法使用由公钥和私钥组成的密钥对。私钥用于生成消息的数字签名，并且这种签名可以通过使用签名者相应的公钥来验证。

ElGamal 签名方案由下列 4 个步骤组成。

1. 系统设置

选取足够大的素数 p 和群 $\mathbb{Z}_p^*$ 的一个生成元 α，并将 (α, p) 作为系统的公开参数。

2．密钥生成

每个签名者选取私钥 $x \xleftarrow{\$} \mathbb{Z}_{p-1}^*$，计算公钥 $y = \alpha^x$。

3．签名

对于任何满足 $1 \leqslant m \leqslant p-1$ 的消息 m，签名者选取 $k \xleftarrow{\$} \mathbb{Z}_{p-1}^*$（并保证 k 和 $p-1$ 互素），计算 $r \equiv \alpha^k \bmod p$，$s \equiv (m - xr)k^{-1} \bmod p - 1$，将 (r, s) 作为签名。

4．验证

得到一组 (m, r, s) 后，验证者检查等式 $\alpha^m \equiv y^r r^s \bmod p$ 是否成立。若成立，则 (r, s) 是对 m 合法的签名。

但是，原始的 Elgamal 签名方案存在伪造攻击。攻击者可以选取 $e \xleftarrow{\$} \mathbb{Z}_{p-1}^*$，计算 $r \equiv \alpha^e y \bmod p$ 和 $s \equiv -r \bmod p - 1$，并将 (r, s) 作为消息 $m = es \bmod p - 1$ 的签名。对于 (m, r, s)，由于 $\alpha^m \equiv \alpha^{es} \equiv (y^{-1}r)^s \equiv y^r r^s \bmod p$，验证通过。因此，在实际应用中被更为广泛使用的是 Elgamal 签名方案的变种 DSA（Digital Signature Algorithm）签名算法[11]及其椭圆曲线版本 ECDSA（Elliptic Curve Digital Signature Algorithm）。

5.6.3　群签名

群签名（Group Signatures）是一种特殊的数字签名，最早由 Chaum 和 Heyst 于 1991 年提出[12]。群签名将用户分为不同的群组，允许组中的成员代表群组对消息进行签名。群签名具有一定的匿名性，签名不会透露签名者的具体身份，只会显示签名者所在的群组，消息的验证者只能用群公钥验证签名，而无法找出哪个群成员签署了消息，也不能确定两个签名是否由同一成员签署。为了实现可追踪性，群组中还存在一个群管理员。当发生纠纷时，群管理员可以从签名中恢复签名者的身份。

群签名的特性使其可以用于许多匿名场景。例如，在与组织签署数字合同时，客户只需知道该组织的公钥即可验证签名。组织可以利用群签名向外界隐藏内部组织结构和职责分配。当合同出现纰漏时，组织可以用管理员密钥找出签署特定文件的员工。在涉及多方合作的组织或机构（如环保组织）中，组织中的成员可以组织的名义对外发表联合声明。银行间可以利用群签名发行电子货币，同时隐藏发行货币的银行身份。

如图 5-13 所示，群签名方案通常包含系统设置、加入群组、签名、验证、还原。

① 系统设置：输入安全参数，生成一对密钥

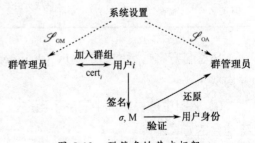

图 5-13　群签名的基本框架

对。群管理员将群公钥 K_{gp} 公开，并秘密保管群私钥 K_{gs}。

② 加入群组：用户向群管理员验证身份后，群管理员以群私钥 K_{gs} 和用户信息作为算法输入，为用户生成私钥 K_{us}。

③ 签名：用户以自己的私钥 K_{us} 和消息 m 作为算法输入，得到对消息的一个群签名 s。

④ 验证：验证者以消息 m、签名 s 和群公钥 K_{gp} 作为算法输入，得到签名验证结果。

⑤ 还原：群管理员以群私钥 K_{gs} 和签名 s 为输入，得到签名 s 的签名者信息。

5.6.4 环签名

环签名（Ring Signatures）[13]同样是一种带有匿名性质的数字签名，如图 5-14 所示。

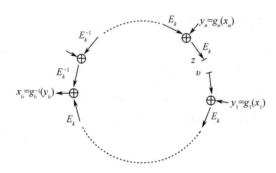

图 5-14 环签名的环状结构

与群签名相比，环签名取消了群组的设置，因此不再需要一个可信的群管理员来执行系统初始化、用户加入和用户身份还原等步骤，每个用户可以自行生成签名密钥，自由地选择包括自身在内的一组用户作为签名者，不需要进行群组设置、加入群组、退出群组、删除群组等复杂的操作，如表 5-3 所示。环签名提供了比群签名更强的匿名性，由于缺少群管理员，除非签名者公开自己的身份，没有任何实体可以从签名中恢复签名者的身份。

表 5-3 环签名与群签名的对比

算法类型	群组设置	群管理员	群成员来源	匿名性	去匿名化
群签名	需要	需要一个可信的群管理员	群成员向管理员申请入群	对群管理员以外的用户匿名	群管理员可以去匿名化
环签名	不需要	无须可信第三方	环成员由签名者任意选取，无须审核也无须征得对方同意	对所有用户匿名	除非签名者自己公开身份，否则无法去匿名化

环签名方案通常由密钥生成（key-gen）、环签名（ring-sign）和环验证（ring-sign）步骤构成。

① 密钥生成：系统中的每个用户 i 各自生成公私钥对 (P_i, S_i)，公钥可以通过与 PKI 系统结合的方式公开。

② 环签名：在环签名中，签名者需要选取 $n-1$ 个其他用户和自己构成一个环，验证者

从这个环中推测出签名者身份的概率只有 $1/n$。签名者首先输入消息 m，然后选取包含自己在内的 n 个用户作为环成员，输入其公钥 $(P_1, P_2, \cdots, P_n)$，最后输入自己在这 n 个成员中的序号 i 和自己的私钥 S_i，得到一个环签名 s。

③ 环验证：算法以消息 m 和签名 s 为输入，输出签名的验证结果。

除了上述基本架构，环签名还有许多变种。

1．门限环签名（Threshold Ring Signature）

由 Bresson 于 2002 年提出[14]。在 (n, t) 门限环签名方案中，一个有 n 个环成员的合法的环签名需要至少 t 个环成员参与签名。

2．可链接环签名（Linkable Ring Signature）

由 Liu 于 2005 年提出[15]，在不揭露用户身份的前提下，判断同一个用户是否生成了两个不同的签名，并将这两个签名链接起来。在电子货币或匿名投票等场景中，可链接环签名可以有效地阻止用户的双花操作或一票多投等问题。

3．可否认环签名（Deniable Ring Signature）

支持指定验证者功能，签署的信息只能由签名者指定的验证者进行验证。消息的指定验证者可以确认消息是由环中的成员签署的，但是无法向任何第三方实体证明这个事实，任何第三方都无法验证该签名。

4．代理环签名（Proxy Ring Signature）

结合了代理签名和环签名的优点，用户可以将签名功能委托给代理签名者。代理签名者不仅能代表用户进行签名，也能利用环签名的优点隐藏签名者的身份。

由于无须可信实体的特性，环签名也被用于门罗币[16]的匿名功能实现。在门罗币中，签名者和非签名者组成一个环，签名者使用由支付方钱包生成的一次性密钥签名，非签名者则作为诱饵由区块链过去的交易中选取（如图 5-15 所示）。

图 5-15　保证门罗币匿名的三大技术

其结果是支付数字货币的真实签名者与区块链中过去交易的签名者以一种无法区分的

方式混合在一起，对于外部观察者来说，这个环中的每个实体都可能是真实的签名者。

门罗币通过环签名保证了发送者的匿名性，还结合了机密交易（Confidential Transactions）和隐身地址（Stealth Addresses）技术。机密交易是为了保证交易数额的隐私而引入的，采用同态加密和范围证明技术，将账户余额和交易数额使用同态加密算法进行加密，同时使用范围零知识证明防止超额消费。隐身地址则保证了接收者的匿名性，将接收者的公钥与随机数结合，从而模糊了接收者的地址。只有真正的接收者才可以扫描区块链信息进而确认转账的结果。

5.6.5　多重签名

多重签名（Multisignature）是另一种用于隐私保护的签名技术，允许多个用户对同一消息或数据进行签名，常用于比特币[17]的电子钱包。在通常情况下，区块链中的电子货币存储在标准的单密钥地址中，任何拥有相应私钥的用户都可以使用钱包并随意转让，而无须得到他人的授权。

但是对于涉及加密货币的企业和机构来讲，单密钥地址不是最佳选择。试想，如果资产存储在单个标准地址中，该地址具有单个对应的私钥，那么其私钥必须委托给某特定员工保管。一旦该员工的硬件出现故障，私钥丢失或损坏，资产将无法追回。这对于企业来讲是很大的安全隐患。为了防止密钥丢失或损坏，企业可以简单地将同一个私钥委托给多个员工保管，这显然会带来更大的安全隐患，大大增加了密钥泄露的可能性。

多重签名钱包为上述两个问题提供了一种可靠的解决方案。与单签名钱包不同，存储在多重签名地址上的资金只有在提供多个签名（或者说多个用户使用了多个私钥）的情况下才能转移。例如，Alice、Bob 和 Charlie 共同拥有一个设置了多重签名的加密钱包，钱包需要三人中的任意两人签名才能使用（如图 5-16 所示）。为了使用钱包，Alice 可以对交易进行签名，然后将交易发给 Bob。若 Bob 也同意这笔交易，则也对其签名。同样的操作也可以由 Alice 和 Charlie 或 Bob 和 Charlie 协作完成。

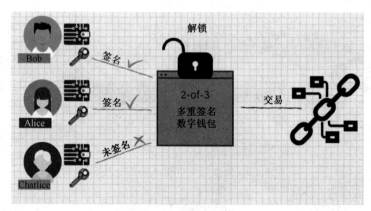

图 5-16　多重签名

由此可见，多重签名能够将同一笔数字货币的所有权同时分配给不同实体，只要满足其中一项使用条件，就能使用加密钱包。交易所、基金会等金融机构可以利用多重签名钱包来冷冻金融资产，以分散金融风险。信托或遗产资金也能存储在多重签名钱包中，等待合适的时机取出。即便是个人使用，多重签名钱包也可以作为多因素认证方式。Alice 可以分别将 3 个密钥存储在平板电脑、手机和台式机上，即便其中任意一个密钥损坏或丢失，Alice 也能正常使用钱包内的资金，同时不用担心被黑客取走。

5.7　隐私计算

5.7.1　隐私计算概述

隐私的定义在不同国家、宗教、文化和法律背景下差别很大。经济合作与发展组织（OECD）对隐私的定义为："任何与已知个人或可识别的个人相关的信息。"美国注册会计师协会（AICPA）和加拿大特许会计师协会（CICA）在公认隐私原则（GAPP）标准中定义隐私为"个人或机构关于收集、使用、保留、披露和处置个人信息的权利和义务"。在隐私计算中的隐私可界定为：隐私是指个体的敏感信息，群体或组织的敏感信息可以表示为个体的公共敏感信息。因此，信息可以分为公开信息、秘密信息、隐私信息。对组织而言，信息包括公开信息和秘密信息；对个人而言，信息则包括公开信息和隐私信息[18]。

研究隐私问题的密码学和信息安全技术称为"隐私计算"技术。2016 年，李凤华等[19]提出了"隐私计算"的学术定义："隐私计算是一种面向隐私信息生命周期的计算理论和方法，它在处理网络中视频、音频、图像、图形、文字、数值和行为信息流等隐私数据时，可以对隐私信息进行描述（describing）、测量（measuring）、计算（evaluating）和融合（integrating）操作，从而形成一套符号化、公式化且具有量化评价标准的隐私计算理论、算法及应用技术，支持多系统融合的隐私信息保护。"

隐私计算从字面上还理解为，保护数据本身不对外泄露的前提下实现数据分析计算的一类信息技术[20]。从技术应用角度，隐私计算主要分为密码学和可信硬件两大领域。在密码学领域中，隐私计算是指借助以安全多方计算、同态加密、零知识证明等为代表的现代密码学和信息安全技术；在可信硬件领域中，隐私计算目前主要指可信执行环境（TEE），核心思想是构建一个硬件安全区域，数据仅在该安全区域内进行计算。此外，还衍生出共享学习、联邦学习、知识联邦、联邦智能等一系列"联邦学习类"技术。这类技术以实现机器学习、数据建模、数据预测分析等具体场景为目标，通过对上述技术加以改进融合，并在算法层面进行调整优化而实现[21]。

5.7.2　安全多方计算

安全多方计算（SMPC/MPC）是一种跨多方分发计算的加密协议，可以使数据科学家和分析人员在不暴露数据的情况下，对分布式数据进行合规、安全、私有的计算，同时确保其中没有任何一方可以看到其他方的数据[22]。安全多方计算起源于 1982 年图灵奖得主姚期智教授提出的百万富翁问题，迄今在学术界已经研究了 30 多年，有较强的理论基础。近年来，随着云计算、移动计算和物联网等新兴技术的日益普及，安全多方计算领域的各类新方法新工具快速涌现，安全模型逐步清晰完整，性能持续优化，在实践中使用方面取得了巨大进展。

广义的安全多方计算结构包含构建模块（Building Block）、通用的安全多方计算（generic SMPC）、云辅助安全多方计算（Cloud-Assisted SMPC）和面向应用的安全多方计算[23]。

① 构建模块。安全多方计算的常见构建模块有不经意传输、秘密共享、混淆电路、同态加密、零知识证明等。这些构件模块为 SMPC 的理论和实践奠定了基础。

② 通用的安全多方计算。一个目标计算任务可以看作一个算术或布尔电路（可以分解成一系列算术门或逻辑门的组合），在特定的安全模型下，对电路进行不同组合实现不同的安全计算协议。通常，应用到底层的构建模块包括秘密共享、同态加密、不经意传输和混淆电路。近年来，研究人员专注于在各种安全模型下提高此类协议的效率，为了平衡效率和安全性，同时提出了一些低安全级别的新模型。

③ 云辅助安全多方计算。通过利用云服务器上的可用资源来提高协议效率，从而显著减少了计算和通信开销。

④ 面向应用的安全多方计算。包括在私有集和操作、隐私保护机器学习、隐私保护的数据挖掘和安全基因组计算等领域的研究。

在安全多方计算中，安全模型定义了敌方的能力。协议的安全性只有在特定的安全模型下讨论时才有意义。当且仅当一个协议在相应的安全模型下能够抵抗任何性攻击，该协议才被认为是安全的。根据敌方的行为，安全模型可以分为以下类型[23]。

1．半诚实模型（Semi-Honest Security）

在半诚实模型中，参与方必须正确地执行协议，敌方可以获得有关每个参与方的内部状态的全面信息（包括所有的输入和从计算的中间结果中推导的额外信息），并将试图利用这些信息来获得需要保护的隐私信息。例如，有几个组织希望在某任务上进行协作，他们不能存在作弊行为，因为作弊会导致他们名誉损失或负面压力。然而，他们都希望获得尽可能多的其他参与者的隐私信息，以获得竞争优势。

2．恶意模型（Malicious Security）

在恶意攻击模型中，参与者可以根据攻击者的指令任意偏离协议规范，即在恶意模型中参与者可能不会诚实地运行协议，甚至进行破坏。针对恶意敌方而设计的安全协议可以保证任何敌手攻击都是失败的。然而，为了实现这种级别的安全，必须在协议的效率方面付出沉重的代价。恶意模型是在竞争对手之间执行联合计算任务的首选模型。

3．理想模型（Real-Ideal Paradigm）

在理想模型中，每个参与方都是可信的，每个参与者诚实地执行协议，并不会试图恶意破坏协议的执行，或者利用额外信息解读其他参与方的隐私信息。在现实世界中，理性模型是不存在的，在多数情况下是半诚实模型和恶意模型。

5.7.3　同态加密

对同态加密（Homomorphic Encryption，HE）的研究最早可以追溯到 20 世纪 70 年代。同态加密允许第三方（如云、服务提供商）对加密数据执行某些可计算的任务，同时保留加密数据的功能特征和格式[25]。通俗解释为，同态加密是一种加密形式，允许对密文进行特定类型的计算，并生成加密结果；在解密时，该结果与对明文执行的操作的结果匹配，即同态加密具有同态性。

假设一个加密系统的加密函数为 $E(\cdot)$，解密函数为 $D(\cdot)$，$\odot, \oplus$ 分别代表明文空间和密文空间上的代数运算或算术运算。加密方案的同态性定义为：给定任意的两个明文 m_1 和 m_2，若一个加密系统的加密函数与解密函数满足代数关系 $m_1 \odot m_2 = D(E(m_1) \oplus E(m_2))$（或 $E(m_1 \odot m_2) = E(m_1) \oplus E(m_2)$），则称该加密系统具有同态性。当 $\odot$ 代表加法时，称该加密为加同态加密；当 $\odot$ 代表乘法时，称该加密为乘同态加密。

同态加密思想从提出迄今，在具体实现方案方面，经历了 3 个重要时期[25]（如图 5-18 所示）：1978—1999 年是部分同态加密的繁荣发展时期；1996—2009 年是部分同态加密与浅同态加密的交织发展时期，也是浅同态加密方案的繁荣发展时期；2009 年以后是全同态加密的繁荣发展时期。下面以时间为主线，按照同态加密方案的类型介绍同态加密[26]。

目前，同态加密方案可分成 3 种：部分同态加密（Partially Homomorphic Encryption，PHE）、浅同态加密（Somewhat Homomorphic Encryption，SWHE）和全同态加密（Fully Homomorphic Encryption，FHE）。

1．部分同态加密

只允许一种不受次数限制的操作类型（不限制使用次数）。一般部分同态加密可分为乘法同态加密方案、加法同态加密方案、异或同态加密方案。RSA 加密是最早应用的公钥加密算法框架，也是一种部分同态加密算法，对乘法有同态的性质。部分同态加密的研究成果出现比较早，原理简单、易实现，计算开销小，但仅支持一种运算。

2．浅同态加密

浅同态加密允许有限次数的某些类型的操作，如有限次的加运算和乘运算。浅同态加密作为设计全同态加密方案的过程中出现的"副产品"，其发展为全同态的研究奠定了基础。浅同态加密的研究主要分为两个阶段。第一阶段是在 2009 年 Gentry 提出第一个框架前，比较著名的例子有 BGN 算法、姚氏混淆电路等；第二阶段在全同态加密框架后，主要针对部分同态加密效率低的问题。LHE 的优点是同时支持加法和乘法，并且因为出现时间比 PHE 晚，所以技术更加成熟，一般效率比全同态加密要高很多，和 PHE 效率接近或高于 PHE，但是其支持的计算次数有限。

3．全同态加密

全同态加密允许无限次的操作次数。2009 年，Gentry[26]设计了首个全同态加密方案。从使用的技术上，全同态加密包括以下：基于理想格的全同态加密、基于 LWE/RLWE 的全同态加密等。全同态加密虽然支持的算子多并且运算次数没有限制，但效率很低，目前还无法支撑大规模的计算。

5.8　零知识证明

5.8.1　零知识证明概述

零知识证明（Zero-Knowledge Proof）是一类被广泛使用的密码协议。证明者希望说服验证者相信某个事实是正确的，但是用来证明此事的直接证据包含了某些敏感细节，无法直接共享给验证者。为了解决这个问题，证明者需要创建一种间接证明方式，并使验证者相信，如果间接证明是正确的，直接证明也会成立，如果在间接证明中没有泄露不应泄露的细节，那么该证明是一个零知识证明。

以著名的"阿里巴巴洞穴"[27]为例（如图 5-17 所示）。Alice 和 Bob 发现了某个藏有宝藏的秘密洞穴，洞穴的形状像一个圆环，入口在一侧，一扇魔法门挡住了另一侧，只有知道咒语的人才能打开门。Alice 希望向 Bob 证明她知道打开魔法门的咒语，但是不想告诉 Bob 打开门的咒语是什么，于是他们制订了如下证明协议：首先，Bob 站在洞穴的外部，Alice 从 A 和 B 两条道路中选一条进去。接着，Bob 来到岔路口，告诉 Alice 从哪条路出来。因为 Alice 拥有开门的咒语，即便她是从 A 口进入洞穴，也能打开门从 B 口出来。Alice 和 Bob 反复重复这个过程，如果 Alice 以很大的概率从 Bob 要求的洞口出来，那么 Bob 相信 Alice 持有开门的咒语。

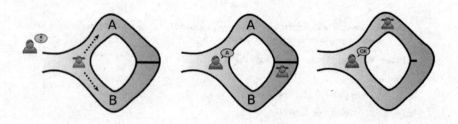

图 5-17 "阿里巴巴洞穴"问题

5.8.2 交互式零知识证明

零知识的知识证明（Zero-Knowledge Proof of Knowledge）是一种交互式证明系统，与一般的知识证明相比，证明者不仅要说服验证者相信事情的正确性，也需要使其相信自己拥有某样知识。5.8.1 节中，Alice 向 Bob 证明自己持有开门的咒语的过程就是一种零知识证明。为了进行零知识证明，证明者与验证者之间要执行一系列交互式证明协议。一个零知识的交互式证明协议需要同时满足完备性（Completeness）、正确性（Soundness）和零知识性（Zero-knowledge）。完备性和正确性是交互式证明协议的基本要求，零知识性则保证了证明不会泄露任何额外的知识。

令 $L \in NP$ 为证明系统的语言集合，W 为证据集合，$R = \{(x,w) : x \in L, w \in W\}$ 为关系集合。如果证明者 P 要向验证者 V 证明，P 手中持有某个证据 w，该证据与某个公开陈述 x 之间满足关系 $(x,w) \in R$，那么 P 与 V 之间可以运行证明协议 $ZKP\{(w) : (x,w) \in R\}$。当且仅当上述协议满足下列性质[28]时，我们称该协议为交互式零知识证明协议。

① 完备性（Completeness）：只要证明者 P 持有满足 $(x,w) \in R$ 的证据 w，验证者 V 就应以不可忽略的概率接受 P 的证明。

② 正确性（Soundness）：对于任何不持有合法证据 w 的证明者 P，验证者 V 都应以不可忽略的概率拒绝该证明。

③ 零知识性（Zero-knowledge）：验证者 V 除了得知 P 拥有知识，无法获得更多信息，要求零知识证明协议拥有一个多项式时间模拟器 S，对于任意 $x \in L$ 和辅助输入 $y \in \{0,1\}^*$，$\{P(x), V(x,y)\}$ 和 $\{S(x,y)\}$ 在分布上是不可区分的。

值得注意的是，零知识证明的正确性要求任何有着任意算力的虚假证明者都无法生成合法的证明。但是在某些协议中，正确性仅要求有着多项式算力的虚假证明者无法生成合法的证明。后者又称为零知识论证（Zero-Knowledge Argument）。

Schnorr 协议[29]是最常见的一种零知识证明协议，主要用于对离散对数的证明。下面简单介绍 3 个使用 Schnorr 协议进行零知识证明的实例[30]。

【例 5-1】 令 G 为阶为素数 p 的群，g 为群的生成元，h 为群上的一个元素。P 欲以零知识的方式向 V 证明其知道 x 满足 $g^x = h$（如图 5-18 所示）。

Protocol Π_{dlog}

Common Input: the description of a prime-order group $\mathcal{G}$ of (exponentially large) order p with a generator g, and a group element h.

Prover Witness: A value $x \in \mathbb{Z}_p$ such that $g^x = h$.

Protocol:

1. P: pick $r \xleftarrow{\$} \mathbb{Z}_p$, send $\rho \leftarrow g^r$.
2. V: pick $e \xleftarrow{\$} \mathbb{Z}_p$, send e.
3. P: send $d \leftarrow e \cdot x + r \mod p$.

Verification: $\mathcal{V}$ accepts iff $g^d = h^e \rho$.

图 5-18 例 5-1 的形式化表示

① P 随机选取 $r \xleftarrow{\$} \mathbb{Z}_p$，计算 $a = g^r$，将 a 发送给 V。

② V 选取挑战 $e \xleftarrow{\$} \mathbb{Z}_p$，将 e 发送给 P。

③ P 计算 $z = r + ex \mod q$，发送 z 给 V。V 验证等式 $g^z = ah^e \mod p$。若等式成立，则 V 接受 P 的证明。

【例 5-2】 令 G 为阶为素数 p 的群，g_0 和 g_1 为群的生成元，h_0 和 h_1 为群上的两个元素。P 欲以零知识的方式向 V 证明其知道 x 满足 $g_0^x = h_0 \wedge g_1^x = h_1$。

① P 随机选取 $r \xleftarrow{\$} \mathbb{Z}_p$，计算 $a_0 = g_0^r$，$a_1 = g_1^r$，将 a_0 和 a_1 发送给 V。

② V 选取挑战 $e \xleftarrow{\$} \mathbb{Z}_p$，将 e 发送给 P。

③ P 计算 $z = r + ex \mod q$，发送 z 给 V。V 验证等式 $g_0^z = a_0 h_0^e \mod p$ 和 $g_1^z = a_1 h_1^e \mod p$ 是否同时成立。若等式成立，则 V 接受 P 的证明。

【例 5-3】 令 G 为阶为素数 p 的群，g_0 和 g_1 为群的生成元，h_0 和 h_1 为群上的两个元素。P 欲以零知识的方式向 V 证明其知道 x 满足 $g_0^x = h_0 \vee g_1^x = h_1$。

① 设 P 知道 x 满足 $g_b^x = h_b$，$b \in \{0,1\}$，则 P 先随机选取 $r \xleftarrow{\$} \mathbb{Z}_p$，计算 $a_b = g_b^r$，再选取 $e_{1-b}, z_{1-b} \xleftarrow{\$} \mathbb{Z}_p$，计算 $a_{1-b} = g_{1-b}^{z_{1-b}} h^{-e_{1-b}}$，将 a_b 和 a_{1-b} 发送给 V。

② V 选取挑战 $e \xleftarrow{\$} \mathbb{Z}_p$，将 e 发送给 P。

③ P 计算 $e_b = e \oplus e_{1-b}$，$z_b = r + e_b x \mod q$，并发送 $(e_b, z_b, e_{1-b}, z_{1-b})$ 给 V。V 验证等式 $e = e_0 \oplus e_1$，$g_0^z = a_0 h_0^{e_0} \mod p$ 和 $g_1^z = a_1 h_1^{e_1} \mod p$ 是否同时成立。若等式成立，则 V 接受 P 的证明。

5.8.3 非交互式零知识证明

对于例 5-1～例 5-3，证明协议都是交互式的，在每个证明中 V 都要向 P 发送一个挑战 e。这样的交互式过程存在两个问题：首先，交互的过程需要 V 为每个证明者都发送一个挑战，这在高并发的场景中是很大的通信开销；其次，这样的证明无法取信于第三者，因为挑战 e 可能是 P 和 V 事先串通好的。如果 P 在承诺前就能得知挑战的值，他就能在不知道秘密的前提下运行模拟器，进而生成一个合法的零知识证明。

Fiat-Shamir 启发式（Fiat-Shamir heuristic）[31]是一种将交互式证明转换为非交互式证明的方法，于 1986 年由 Amos Fiat 和 Adi Shamir 提出，并于 1996 年被 Pointcheval 和 Stern 证明在随机寓言机（random oracle）模型下的选择明文攻击安全性[32]。根据 Fiat-Shamir 启发式，我们可以使用如下方法将的例 5-1 转化为非交互式零知识证明协议。

【例 5-4】令 G 为阶为素数 p 的群，g 为群的生成元，h 为群上的一个元素，$H(\cdot)$ 为抗碰撞哈希函数。P 欲向 V 证明其知道有 x 满足 $g^x = h$，同时不泄露 x 的信息。

① P 随机选取 $r \xleftarrow{\$} \mathbb{Z}_p$，计算 $a = g^r$，$e = H(g, h, a)$，$z = r + ex \bmod q$，将 (a, e, z) 发送给 V。

② V 验证等式 $e = H(g, h, a)$ 和 $g^z = ah^e \bmod p$。如果等式成立，则 V 接受 P 的证明。

ZK-SNARK[33]是一个简洁的非交互式零知识论证协议，由 Bitansky 于 2012 年提出。ZK-SNARK 的安全性基于公共参考字符串（Common Reference String，CRS）模型，公共参考字符串在可信设置阶段生成，主要用于非交互式证明的实现，如图 5-19 所示。ZK-SNARK 将要证明的陈述编码为等价的多项式，验证者可以随机选取多项式上的点，并利用同态承诺来验证证明。这种多项式证明的方式不仅能减小证明的工作量，还可以显著减少验证所需的时间。由于具有简洁性，ZK-SNARK 也被应用于 Zcash[34]等区块链中。

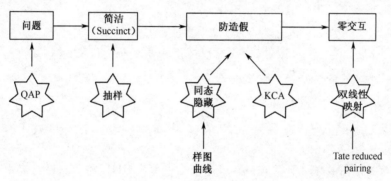

图 5-19　ZK-SNARK 架构

本章小结

信息安全是计算机科学领域不可或缺的重要部分，在数据科学的巨大进步为我们带来翻天覆地变化的同时，隐私保护技术也需要同步发展，以满足越来越高的安全需求。隐私保护技术大量利用了现代密码学的已有成果，包括对称和公钥密码体制、哈希算法、默克尔树、布隆过滤器、椭圆曲线密码学、数字签名、隐私计算和零知识证明等。

本章主要总结了密码学与安全领域中的一些核心问题和经典算法。读者可以初步掌握密码安全的基础理论，了解隐私保护的思想和理念，这在后续章节的阅读中将起到重要的作用。

习 题 5

1. 公钥密码体制与对称密码体制相比有什么优点和缺点？

2. 查询 DES 算法的资料，描述 AES 算法和 DES 算法的主要区别。

3. 在 AES 算法中，S 盒的变换是线性变换吗？为什么？

4. 是什么保证了 AES 的加密算法和解密算法具有相同的结构？

5. Elgamal 加密算法基于什么困难问题？基于什么假设？

6. 试析 5.1.3 节和 5.5.2 节给出的两个加密算法的区别。

7. 简述哈希（散列）函数的特点。

8. 布隆过滤器支持数据删除吗，为什么？

9. 简述默克尔树的特点。

10. 试列出椭圆曲线 $E_{17}(2,3)$ 上的所有点。

11. 已知点 $G = (7,12)$ 在椭圆曲线 $E_{23}(1,1)$ 上，试求点 $2G$ 和 $3G$。

12. 令 $p = 13, \alpha=3, x = 5, m = 7$，试计算 Elgamal 签名算法的公钥和签名。

13. 利用对上题给的出参数，在不适用 x 的前提下，构造一个合法的签名。

14. 简述群签名和环签名的区别。

15. Elgamal 加密算法是一种同态加密算法吗？为什么？

16. 使用 5.8.2 节的方法，证明 $PoK\{(x,y): h_1 = g_1^x g_2^y \wedge h_2 = g_1^y g_2^x\}$。

17. 试将上题的证明过程修改为非交互式过程。

参考文献

[1] 郑秋泽. 数据加密技术在计算机网络信息安全中的应用[J]. 科技创新与应用, 2021, 11(20): 152-154.

[2] Diffie W, Hellman. New Directions in Cryptography[J]. IEEE Transactions on Information Theory, 1976.

[3] 何良生. 密码是构建网络信任体系的基石[J]. 中国信息安全, 2021(05): 58-60.

[4] Taher Elgamal. A Public-Key Cryptosystem and a Signature Scheme Based on Discrete Logarithms (PDF)[J]. IEEE Transactions on Information Theory, 1985, 31 (4).

[5] Putera Utama Siahaan A, Elviwani E, Oktaviana B. Comparative Analysis of RSA and ElGamal Cryptographic Public-key Algorithms[C]//Proceedings of the Joint Workshop KO2PI and the 1st International Conference on Advance & Scientific Innovation. 2018: 163-172.

[5] Bloom B H. Space/time trade-offs in hash coding with allowable errors[J]. Communications of the ACM, 1970, 13(7): 422-426.

[6] 李卓宇；夏必胜，马乐荣. 布隆过滤器算法误判率的分析与应用[J]. 延安大学学报（自然科学版），2021, 40(01): 68-71, 77.

[7] Koblitz N. Elliptic curve cryptosystems[J]. Mathematics of computation, 1987, 48(177): 203-209.

[8] Taher Elgamal. A Public-Key Cryptosystem and a Signature Scheme Based on Discrete Logarithms(PDF)[J]. IEEE Transactions on Information Theory, 1985, 31 (4): 469–472. CiteSeerX 10.1.1.476.4791. doi:10.1109/TIT.1985.1057074. (conference version appeared in CRYPTO'84, pp. 10–18)

[9] Nyberg K, Rueppel R A. Message Recovery for Signature Schemes Based on the Discrete Logarithm Problem[J]. Designs, Codes and Cryptography. 1996, 7(1–2): 61–81. doi:10.1007/BF00125076. S2CID 123533321.

[10] Chaum D, van Heyst E. Group Signatures[C]//Advances in Cryptology: EUROCRYPTO' 1991.

[11] Rivest R L, Shamir A, Tauman Y. How to leak a secret. Boyd C, ed. In: Proceedings of ASIACRYPT'01[M]. Lecture Notes in Computer Science, Berlin: Springer-Verlag, 2001, 2248: 552–565.

[12] Liu, Joseph K, Wong, et al. Linkable ring signatures: Security models and new schemes[J]. ICCSA. Lecture Notes in Computer Science, 2005, 614–623. doi: 10.1007/11424826_65. ISBN 978-3-540-25861-2.

[13] Liu J K, Wong D S. Linkable ring signatures: Security models and new schemes[C]// International Conference on Computational Science and Its Applications. Springer, Berlin, Heidelberg, 2005: 614-623.

[14] Bitcoin : A Peer-to-Peer Electronic Cash System.

[15] Li F, Hui L I, Yan J I A, et al. Privacy computing: concept, connotation and its research trend[J]. Journal on Communications, 2016, 37(4): 1.

[16] Fenghua Li, Hui Li, Ben Niu, et al. Privacy Computing: Concept, Computing Framework, and Future Development Trends[J]. Engineering, 2019, 5(6): 1179-1192.

[17] Zhao C, Zhao S, Zhao M, et al. Secure Multi-Party Computation: Theory, Practice and Applications[J]. Information Sciences, 2019, 476: 357-372.

[18] 柴迪. 阈值同态加密在隐私计算中的应用[J]. 信息通信技术与政策，2021, 47(07): 82-86.

[19] Acar A, Aksu H, Uluagac A S, et al. A survey on homomorphic encryption schemes: Theory and implementation[J]. ACM Computing Surveys (CSUR), 2018, 51(4): 1-35.

[20] Quisquater, Jean-Jacques, Guillou, et al. How to Explain Zero-Knowledge Protocols to Your Children (PDF) [C]//Advances in Cryptology–CRYPTO '89: Proceedings. Lecture Notes in Computer Science, 1990, 435: 628–631. doi: 10.1007/0-387-34805-0_60.

[21] Goldreich O, Oren Y. Definitions and properties of zero-knowledge proof systems[J]. Journal of Cryptology, 1994, 7(1): 1-32.

[22] Schnorr C P. Efficient identification and signatures for smart cards, in G Brassard, ed. Advances in Cryptology–Crypto '89, 239–252, Springer-Verlag, Lecture Notes in Computer Science, 1990: 435.

[23] Damgård I. On Σ-protocols[J]. Lecture Notes, University of Aarhus, Department for Computer Science, 2002.

[24] Fiat, Amos, Shamir, et al. How to Prove Yourself: Practical Solutions to Identification and Signature Problems[C]//Advances in Cryptology — CRYPTO' 86. Lecture Notes in Computer Science. Springer Berlin Heidelberg, 1987, 263: 186–194. doi: 10.1007/3-540-47721-7_12.

[25] Pointcheval, David, Stern, et al.. Security Proofs for Signature Schemes[C]//Advances in Cryptology-EUROCRYPT '96. Lecture Notes in Computer Science. Springer Berlin Heidelberg, 1996, 1070: 387–398. doi: 10.1007/3-540-68339-9_33. ISBN 978-3-540-61186-8.

[26] Bitansky, Nir, Canetti, et al. From extractable collision resistance to succinct non-interactive arguments of knowledge, and back again[C]//Proceedings of the 3rd Innovations in Theoretical Computer Science Conference on-ITCS '12. ACM. 2012, 326–349. doi:10.1145/ 2090236. 2090263. ISBN 9781450311151. S2CID 2576177.

第 6 章　智能合约安全

区块链从最初单一的数字代币应用到目前融入各领域，智能合约不可或缺。本章将对智能合约安全进行讨论，首先介绍智能合约的概念、发展历史及编程语言，然后讨论智能合约的优点、风险和安全漏洞，最后讨论智能合约的安全加固。

6.1　智能合约简介

6.1.1　智能合约的概念

智能合约早在 1994 年由跨领域法律学者 Nick Szabo 提出[1]："一个智能合约是一套以数字形式定义的承诺，包括合约参与方可以在上面执行这些承诺的协议。"但在当时由于缺乏可靠执行智能合约的环境，而被当作一种理论设计，直到以太坊区块链为其提供了用武之地。在法律范畴上，智能合约是否是一个真正意义上的合约还有待研究确认，但是在计算机科学领域，智能合约是指一种计算机协议，这类协议一旦制定和部署就能实现自我执行（self-executing）和自我验证（self-verifying），不再需要人为干预。以用户的信息登记系统为例，系统通过智能合约，可以完全抛开需要人为维护的中心化数据管理方式，用户可以通过预先定义好的合约实现信息登记、修改、注销等功能。

智能合约系统依据事件描述信息中包含的触发条件自动执行。当满足触发条件时，智能合约自动发出预设的数据资源和触发条件所对应的合约事件。系统核心在于智能合约以事务（transaction）和事件（event）的方式经过合约模块的处理，其模型如图 6-1 所示。

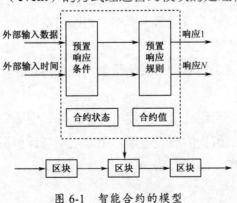

图 6-1　智能合约的模型

智能合约的架构如图 6-2 所示，主要分为数据层、传输层、智能合约主体、验证层、执行层和应用层。

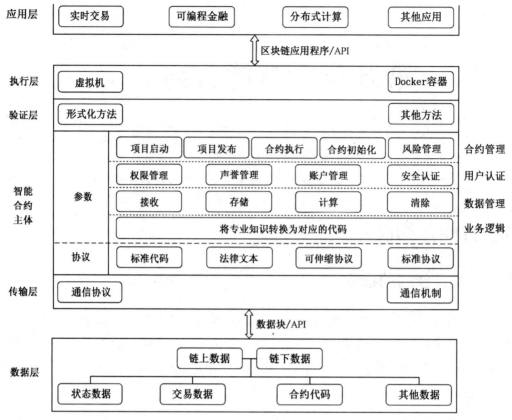

图 6-2 智能合约的基本架构（待讨论，传输层和验证层、执行层的矿工）

数据层主要负责存储区块链上的数据，并通过 API 与传输层交互，进而将相关数据传输至智能合约主体。

传输层主要封装了用于与区块链进行通信的协议与相关机制。

智能合约主体包括协议和参数两大部分，协议是标准机构发布的合法文本程序化描述，即一个完全实例化的模板；而参数是合约的关键部分，主要包括合约管理、用户认证、数据管理和业务逻辑，直接反映业务逻辑、影响合约的自动执行，因此智能合约主体为基于标准化的应用提供了复杂的协议架构。

验证层主要包含验证算法，分为形式化验证方法和其他验证方法，用于保证合约代码及文本的合法性。

执行层内封装了与智能合约的运行环境相关的软件，用于保障合约的正常运行。

应用层是基于智能合约架构的高级应用，主要用于与计算机进行交互，进而实现实时交易、分布式计算和可编程金融等应用。

6.1.2　智能合约历史

其实最早的智能合约在公元 1 世纪就已经问世，当时古希腊人制造了自动出售圣水的装置，通过投入货币、选择商品来触发装置内部的合约。随后在 20 世纪 70 年代，美国和日本开始流行街头的自动售货机，这是一种比较完善的智能合约，自动售货机会根据触发的条件释放相应的物品。

发展至今，智能合约已经有了一个完整的体系。区块链出现后，因为去中心化、数据不可篡改、可追踪性等特点，开发者构想把智能合约嵌入区块链，以避免合约条件被恶意篡改。同时，智能合约也让区块链拥有了图灵完备性。

1994 年，乔治华盛顿大学的法学教授 Nick Szabo 第一次提出了"智能合约"的概念并有如下叙述：

"智能合约是一个由计算机处理的、可执行合约条款的交易协议。其总体目标是能够满足普通的合约条件，如支付、抵押、保密甚至强制执行，并最小化恶意或意外事件发生的可能性，以及最小化对信任中介的需求。智能合约要达到的相关经济目标包括：降低合约欺诈所造成的损失，降低仲裁和强制执行所产生的成本及其他交易成本等。"

由于当时对于相关算法技术的研究尚未成熟，同时缺少必要的可信执行环境，智能合约只停留在理论层面，并没办法进行具体实际产业的应用。直至比特币的诞生，比特币底层的区块链技术本着去中心化和不可篡改的特性，可以给智能合约提供可信环境，其中以太坊第一个察觉出区块链和智能合约的契合性，并一直致力于将以太坊打造成最佳的智能合约平台。

6.1.3　智能合约编程语言

当前智能合约编程开发语言主要有类似 JavaScript 语言的 Solidity 语言[2]、类 Python 的 Serpent 语言[3]和受 Lisp 启发的 LLL[4]等。其中，Solidity 语言由于门槛低、较容易上手，成为现在较主流的开发语言。

1．Solidity 语言

Solidity 语言是一种以太坊智能合约高级编程静态类型语言，支持继承、库和复杂的用户定义类型，运行在以太坊虚拟机（EVM）之上，主要概念如图 6-3 所示。Solidity 语言用于以编译方式生成以太坊虚拟机的代码，用于开发投票、众筹、封闭拍卖、多重签名钱包等智能合约。

Solidity 语言的特点如下。

① 以太坊底层是基于账户而非 UTXO 的，所以 Solidity 语言提供一个特殊的 Address 类型，用于定位用户账号、智能合约、智能合约的代码（智能合约本身也是一个账户）。

② Solidity 语言内嵌框架是支持支付的并提供了一些关键字，如 payable，可以直接支持支付，应用简单。

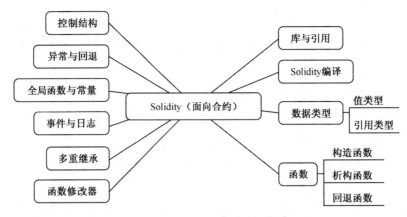

图 6-3　Solidity 语言的主要概念

③ 数据存储是使用网络上的区块链，数据的每个状态都可以永久存储，所以 Solidity 语言在开发时需要确定变量是使用内存还是区块链。

④ Solidity 运行环境是去中心化的网络，特别强调智能合约或函数执行的调用方式。因为原来一个简单的函数调用变为了网络上的节点代码执行，完全是分布式编程。

⑤ 一旦出现异常，用 Solidity 语言开发的智能合约的所有执行都将被回退，这主要是保证以太坊智能合约执行的原子性，以避免中间状态出现的数据不一致。

【例 6-1】　简单的智能合约如图 6-4 所示。外层是 contract 关键字，关键字名为 HelloWorld。contract 结构内部是合约的内容。本例中，合约内容为通过读取参数输入的新值，并将之累加至变量中，返回发送人的地址和最终的累计值。智能合约的最简结构包含合约名、关键字和合约体。

```
1  pragma solidity ^0.4.0
2
3  contract HelloWorld {
4      uint  balance;
5      function update(uint amount) returns(address, uint) {
6          balance += amount;
7          return (msg.sender, balance);
8      }
9  }
```

图 6-4　智能合约 Solidity 实例

2．Serpent 语言

Serpent 语言是一种与 Python 类似的用来编写以太坊智能合约的高级编程语言，在兼顾底层语言效率和良好编程风格的同时尽可能追求简洁，还加入了一些针对合约编程的特性。Serpent 语言的编译器由 C++语言实现，因此在客户端上表现出良好的可包装性。Serpent 与 Python 的主要区别如下。

① Python 中的数字类型没有大小限制，Serpent 的数字类型则会出现 2^{256} 溢出。

② Serpent 没有 first-class 函数的概念。虽然智能合约中可以定义函数，也可以调用这些函数，但是在两次函数调用之间的变量（除了持久变量）会丢失。

③ 在 Serpent 中可以使用 extern 语句来调用其他智能合约中定义的函数。

④ Serpent 没有 Decimal 类型。

⑤ Serpent 有一个称为"持久变量"（persistent storage variables）的概念。

【例 6-2】 Serpent 智能合约示例如图 6-5 所示。这是一个非常简单的只有两行代码的合约，定义了一个函数返回参数的双倍值。Serpent 智能合约通过函数向其他合约或者交易提供"接口"（interface），定义的函数既可以被交易直接调用，也可以被其他智能合约调用。

```
1   def double(x):
2       return (x * 2);
```

图 6-5　Serpent 智能合约示例

3．LLL

LLL（LISP Like Language，类 LISP 语言）是一种 LISP 风格的底层编程语言，虽然以太坊官方并没有将它作为主要需要支持的语言，但它仍旧持续进行更新，且与 Solidity 语言在同一个资源库，在此不作过多描述。

6.1.4　智能合约优点和风险

就像任何其他新的系统协议一样，智能合约并不完美，智能合约有优点，也有缺陷。智能合约有以下优点。

（1）去中心化

在一个区块链网络中一般不存在一个中心机构来监督合约的执行，而是由该网络中绝大部分的用户来判断合约是否按规定执行，这种大多数人监督的方式一般是由 PoW 或 PoS 技术实现的。

（2）降低人为干预风险

在智能合约部署后，合约的所有内容都无法修改，任何一方都不能干预合约的执行；换句话说，任何合约方都不能为了自己的利益恶意毁约，即使发生毁约事件，事件的责任人也会受到相应的处罚。这种处罚是在合约制定之初就已经决定好的，在合约生效后无法更改。

（3）成本较低

由于无人为干预，因此一旦智能合约制定部署完成，其合约履行、裁决、强制执行等环节就无须额外的人力资源，从而可以节约人力成本。这对于传统行业可能造成冲击，但可以促进转型。

（4）准确执行

因为智能合约的条款及执行过程都是提前制定好的，并且一旦部署完成后，其他人无法干预，所以所有执行结果都是准确无误的，再加上密码学和区块链技术的支持，使得智能合约的准确性更能得到保证。

即使智能合约有许多优点，但由于智能合约尚未发展完备，因此智能合约的应用也面临着潜在的各类风险。

（1）代码瑕疵

第一，由于智能合约通过代码进行制定，因此在从合约方对交易内容条款进行代码解释时，并不能够保证所有条款能以代码形式100%还原；第二，代码形式的智能合约可能难以应对现实交易的复杂性，各方的权利和义务往往难以确定并且容易产生变更，而智能合约一经制定无法对合约进行修改，因此不适用于关系性合约；第三，满足合约各方所有想法的代码成本可能较为昂贵，智能合约奉行简约原则，因此会有所出入。

（2）代码漏洞

开源软件必然存在漏洞。一方面，在智能合约制定时，如果开发者没有认真审核代码，一旦发布后因其无法修改的特性，使得发现错误后也无法修补；另一方面，与传统合约文本不同，智能合约文本是公开透明的，换句话说，这给黑客研究代码漏洞提供了条件。2016年6月17日就发生了以太坊历史上最大的代码漏洞——The DAO 事件[5]。黑客在操作手法完全符合代码逻辑的情况下，将价值5000万美元的以太币转移到私人账户上。此后，学者们开始关注虚拟世界与现实世界之间的规则。

（3）交易方丧失"毁约权"

传统合约的原则是合同自治，随着合约的进行，合约各方可以在基本意志上修改或违反合同内容使其更符合双方需求。然而与之相反，智能合约在制定后无法进行修改，只能按照起初拟定的合约条款进行后面一系列的操作。智能合约本着平等主义原则，不区分交易各方身份，并采取假名机制，因此无法植入"弱者保护"的人文理念，在一定程度上无法保障消费者权益。

6.2 智能合约的安全漏洞

本节主要介绍智能合约的一些安全漏洞。智能合约目前尚处于初级阶段，相信未来会有其他安全问题被不断发现，因此，跟踪智能合约的信息，以评定智能合约在新环境下的安全，成为当前合约安全加固的一大需求。

要应对区块链智能合约的安全漏洞问题，需要普遍考虑设计相应的智能合约协商更新机制，降低漏洞修复的成本。但当前面对现实能做的几乎唯一可行的、切实有效的努力是，在智能合约上线前，对其进行全面深入的代码安全审计，尽可能消除漏洞，降低安全风险。

6.2.1　整数溢出漏洞

汽车的里程表上显示的里程数范围是一个 0～9999 的数值，当里程数值超过 9999 时，再增加则会重新归零，其实这就是生活中的整型溢出。以太坊虚拟机同样对整数使用了限定大小的数据类型，这意味着整数变量仅能表示一个固定范围内的数值。如果在 Solidity 中没有谨慎地检查用户输入或者计算的结果，那么容易导致溢出漏洞，也就是变量的实际数值超出其数据类型的有效范围。

例如，当对一个 uint8 类型的、值为 0 的变量进行减 1 操作时，计算结果等于 255（如图 6-6 所示），称为下溢（underflow），因为把小于 uint8 数值范围最小值的数字赋值到这个类型的变量时，结果会被绕回处理，从而获得一个 uint8 能表示的最大数值。同样，uint8 类型的、值为 0 的变量加上 257 会得到 1，这是因为给一个变量增加了大于其数据类型的数值范围的数值，称为上溢（overflow）。在以太坊虚拟机中，整数被指定为固定大小的数据类型，而且是无符号的，这意味着在以太坊虚拟机中一个整型变量只能有一定范围的数字表示，不能超过这个范围。

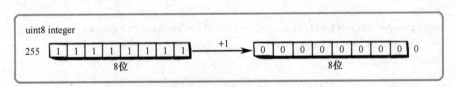

图 6-6　uint8 integer 溢出示例

把固定长度的变量数值理解为周期性变化有利有弊。当给变量增加超过其所能表示的最大数值时，便会重新从 0 开始累加；而当从 0 开始减少其数值时，变量又会从其所能表示的最大数值开始递减。这种数字上的谬误可能允许攻击者"误用代码"来创造一些非预期的逻辑流程，从而导致严重的后果。

2018 年 4 月 22 日中午，BEC（美蜜）遭遇黑客的毁灭性攻击，天量 BEC 从两个地址转出，引发了市场抛售潮。当日，BEC 的价值几乎归零。4 月 25 日，火币 Pro 公告，SMT 项目方反馈当日凌晨发现其交易存在异常问题，经初步排查，SMT 的以太坊智能合约存在漏洞。受此影响，火币 Pro 决定暂停所有币种的充提币业务。截至目前，OKEx 已经暂停使用 ERC-20 token 的取款交易。

漏洞源自智能合约的整数溢出。在出现问题的交易记录中，交易金额和交易手续费用异常庞大。在 SMT 的以太坊合约中，执行转账操作的 proxyTransfer( )函数中，_fee 与 _value 参数（分别代表转账费用和转账金额）可以由攻击者控制，如果二者相加数额为 0，第 206

行的校验机制就不再生效。根据 proxyTransfer( )函数中定义的数据类型，_fee 与_value 参数都为 uint256 类型，如果设置过大，将导致二者相加后整型溢出，转账方实际损失的费用就为 0，并且能够收取巨额资金。

　　智能合约漏洞引起的损失是难以估计的，下面举一个简单的整数溢出漏洞的例子。数字加法、数字乘法会出现上溢的问题，减法会产生下溢的问题，这是写代码时要考虑的常见问题。

　　【例 6-3】 简单的智能合约，如图 6-7 所示。

```
1    pragma solidity ^0.4.16
2
3    contract Token {
4        mapping(address => uint) balances;
5        uint public totalSupply;
6
7        fuction Token(uint _initalSupply) {
8            balances[msg.sender] = totalSupply = _initalSupply;
9        }
10       fuction transfer(address _to, uInt _value) public returns(bool) {
11           require(balances[msg.sender] - _value >= 0 );
12           balances[msg.sender] -= _value;
13           balances[_to] += _value;
14           return true;
15       }
16       fuction balanceOf(address _owner) public constant returns(uint) {
17           return balances[_owner];
18       }
19   }
```

图 6-7　简单的智能合约示例

　　本例包含了 transfer 函数，允许参与者将他们的代币转移到其他地址。问题就出在 transfer 函数中。第 11 行的 require 语句可以通过下溢绕过。假设某用户的余额（balance）为 0，那么用户可以使用任意的非零数值_value 来绕过第 11 行的 require 语句。因为 balances[msg.sender]为 0（类型为 uint256），所以用它减去任何正整数（除了 2^{256}）都会获得一个正整数。这对于第 12 行的处理也是一样的，会使余额变为一个正整数。因此，攻击者可以利用下溢漏洞来获得免费的代币。

　　在开发智能合约时，开发人员如果没有认真检查用户输入的内容，将输入执行计算，导致计算结果数字超出数据类型允许的范围，那么智能合约的输入内容会导致整数溢出漏洞。

　　【例 6-4】 SafeMath 库示例，如图 6-8 所示。

　　为了防止整数溢出，很多项目在智能合约中导入 SafeMath 库，但是开发者粗心大意仍

```
1   pragma solidity ^0.4.25
2
3   library SafeMath {
4       function mul(uint256 a, uint256 b) internal constant returns(uint256) {
5           uint256 c = a * b;
6           assert(a == 0 || c/a == b);
7           return c;
8       }
9       function div(uint256 a, uint256 b) internal constant returns(uint256) {
10          uint256 c = a / b;
11          return c;
12      }
13      function sub(uint256 a, uint256 b) internal constant returns(uint256) {
14          assert(b <= a);
15          return a - b;
16      }
17      function add(uint256 a, uint256 b) internal constant returns(uint256) {
18          uint256 c = a + b;
19          assert(c >= a);
20          return c;
21      }
22  }
```

图 6-8　SafeMath 库使用示例

会导致忘记在部分运算中添加 SafeMath 库，出现溢出漏洞。所以，除了开发者自己要提高安全开发意识，找专业的安全团队对智能合约进行全面审计也是非常必要的。

6.2.2　浮点数和精度安全漏洞

因为 Solidity 中没有带小数的数据类型，所以开发者需要用标准的整数类型来实现同等的功能。这个过程中有些开发者容易掉入陷阱。

Solidity 语言中只有整数除法，而整数除法会损失精度，小于除数的精度都会被舍弃。所以处理以太币时应该使用其最小单位 wei。在 ERC20 智能合约中指定了 decimals 的情况下，同样使用其最小单位来处理具体的数值。另外，在合约的数学运算中，其实不只有溢出的问题，还有与精度密切相关的除法运算和浮点数。浮点数和精度是计算机最基础也是最有争议的话题。

【例 6-5】　精度安全漏洞示例，如图 6-9 所示。

这个简单的代币买卖合约显然存在一些问题。尽管买卖代币的算术计算是正确的，但浮点数的缺失导致程序产生了错误的结果。

例如，在第 7 行购买代币的处理中，如果 msg.value 小于 1 ETH，那么首先进行的除法其结果就将为 0，也将致使最后的计算结果为 0。类似地，当卖出代币时，所有小于 10 的

· 163 ·

```
1    pragma solidity ^0.4.0
2
3    contract FunWithNumbers {
4        uint constant public tokenPerEth = 10;
5        uint constant public weiPerEth = 1e18;
6        mapping(address => uint) public balances;
7        function buyTokens() public payable {
8            uint token = msg.value / weiPerEth * tokenPerEth;
9            balances[msg.sender] += tokens;
10       }
11       function sellTokens(uint tokens) public {
12           require(balances[msg.sender] >= tokens);
13           uint eth = tokens / tokensPerEth;
14           balances[msg.sender] -= tokens;
15           msg.sender.transfer(eth * weiPerEth)
16       }
17   }
```

图 6-9　精度安全漏洞示例

代币数量最终都会得到 0。事实上，Solidity 中的除法计算总是会舍去小于除数的所有精度，所以卖出 29 代币会得到 2 ether。这个合约的问题在于精度总是被舍去取整。ETH 的最小面额也就是以太币基础单位，即 wei。通常情况下，ETH 也被认为是以太币的单位，即 1 ETH = 10^{18}wei。当在带有小数位的 ERC20 代币合约中需要更高精度时，问题将变得难以处理。

那么，如何避免类似问题呢？首先，在智能合约中保持正确的精度非常重要，在处理与资金数额相关的比例和比率时更是如此。开发者应该确保其使用的比例或者比率允许分数中的最大分子。例如，上述例子中使用了比率 tokensPerEth 其实应该使用 weiPerTokens，它将是一个很大的数值。当计算相应的代币数量时，便可以通过用 msg.value/weiPerTokens 得到更精确的结果。

其次，额外值得关注的方法是用正确的顺序来执行具体操作。在上述例子中，计算代币数量是用 msg.value/weiPerEth*tokenPerEth，这里的除法发生在乘法之前（与其他语言不同，Solidity 是严格按照代码书写顺序来执行操作的）。如果先执行乘法再做除法，就可以获得更高的精度，也就是 msg.value*tokenPerEth/weiPerEth。

最后，在给数值类型定义精度时，可以考虑将它们先变换为更高的精度，然后进行算术操作，再把结果变换为所需的精度来输出。

以上三个措施正好对应了精度的设计、精度的运算、精度的表示。因此，智能合约运算中的精度问题其实就是计算机精度问题的延伸。但是由于区块链产业目前的经济属性，精度无疑成为安全的一个重要考量，在精度的问题上多下功夫有益无害。根据官方的消息，Solidity 或者其他开发语言在以后也会在浮点和精度的问题上完善和提升，说明官方也在努力为这个产业安全性准确性进行不断的完善。在关注和投身这个产业的过程同时做好细节的完善，也是为其添砖加瓦的一种最好体现。

6.2.3 条件竞争漏洞

条件竞争（Race Condition）漏洞 [6]发生在多个线程同时访问同一个共享代码、变量、文件等没有进行锁操作或者同步操作的场景中。这个漏洞存在于操作系统、数据库、Web等层面。当一个系统运行结果依赖于不可控的事情的先后顺序时，就可能发生竞争（如图 6-10 所示）。程序员可能无法注意到这些事情，因为在编写程序时，往往认为程序顺序执行，但是一个线程在运行中可能随时被打断并且挂起，然后执行其他线程，这将导致设计人员意料之外的情况，最终出现 bug。

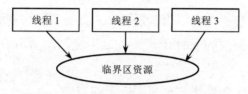

图 6-10　不同线程竞争同一临界区资源

条件竞争漏洞是一种服务器端的漏洞，由于服务器在处理不同用户的请求时是并发进行的，因此如果并发处理不当或相关操作逻辑顺序设计不合理，将导致此类问题的发生。对于这个漏洞的理解，关键词是"多线程""同时""同一个"，通常的 Web 处理方式是通过单线程线性完成的，如果出现多线程并发请求的情况，那么数据处理逻辑可能出现异常。

【例 6-6】　approve 函数的典型例子。

approve 函数一般用于授权，如授权别人可以取走自己多少代币，流程如下。

① 用户 A 授权用户 B 100 代币的额度。

② 用户 A 觉得 100 代币的额度太高了，再次调用 approve 函数，试图把额度改为 50。

③ 用户 B 在交易池（打包前）看到了这笔交易。

④ 用户 B 构造一笔提取 100 代币的交易，通过条件竞争将这笔交易打包到了修改额度之前，成功提取了 100 代币。

⑤ 用户 B 发起了第二次交易，提取 50 代币，从而用户 B 成功拥有了 150 代币。

要理解上面这个条件竞争的原理，需要对以太坊的打包交易逻辑[7]有基础认识。首先，只有当交易被打包进区块时才是不可更改的；其次，区块会优先打包 gasprice 更高的交易。所以，当用户 B 在交易池看到修改的交易时，可以通过构造更高 gasprice 的交易来竞争，将这笔交易打包到修改交易之前。这就产生了问题。

下面为 FindThisHash 智能合约的例子。FindThisHash 智能合约用于奖励找到答案的人，如图 6-11 所示，合约设置了一个固定的哈希值，如果有人提交与之匹配的哈希值，就会得到 1000 ETH 的奖励。

```
1    pragma solidity ^0.4.0
2
3    contract FindThisHash {
4        bytes32 constant public hash = 0xb5b5b97fafd9855eec9b41f74dfb6c38f59511ee0a;
5
6        constructor() public payable{}
7
8        function solve(string solution) public {
9            require(hash == sha3(solution));
10           msg.sender.transfer(1000 ether);
11       }
12   }
```

图 6-11　FindThisHash 合约代码

　　攻击者完全可以监控交易池，以查看是否有人提交答案，在验证到正确答案后，抢先提交正确答案，并且使用更高的 gasPrice 来完成该笔交易，使得自己的交易优先打包，获取奖励。

　　下面讨论两种避免竞争条件来实现线程安全的方法。

　　第一类方法侧重于避免共享状态，包括以下两点。

　　① 重入。以这样的方式编写代码，使其可以由线程部分执行，由同一线程重新执行或由另一个线程同时执行，并仍然正确地完成原始执行。这需要将状态信息保存在每个执行的本地变量中，通常在堆栈上而不是静态/全局变量或其他非本地状态。必须通过原子操作访问所有非本地状态，并且数据结构也必须是可重入的。

　　② 线程本地存储。变量已本地化，因此每个线程都有自己的私有副本。这些变量在相关例程和其他代码边界中保留其值，并且是线程安全的，因为每个线程是本地的，即使访问它们的代码可能由另一个线程同时执行。

　　第二类方法与同步相关，用于无法避免共享状态的情况，包括以下两点。

　　① 相互排斥。对共享数据的访问序列化使用机制，确保只有一个线程读取或随时写入到共享的数据。合并互斥需要经过深思熟虑，因为不当使用会导致诸如死锁、活锁和资源匮乏等副作用。

　　② 原子操作。通过使用不能被其他线程中断的原子操作来访问共享数据，通常需要使用特殊的机器语言指令，这些指令可能在运行时库中可用。由于操作是原子操作，因此无论其他线程如何访问它，共享数据始终保持有效状态。原子操作构成了许多线程锁定机制的基础，并用于实现互斥源语。

　　条件竞争是比较特殊的问题，涉及智能合约底层实现逻辑，本身打包逻辑存在条件竞争，是无法在代码层面进行避免的。但比起无缘无故的因为该问题丢失代币来说，更重要的是，合约管理者可以监控到每笔交易的结果，尽量避免这样的操作发生。

6.2.4　时间戳依赖漏洞

时间戳是使用数字签名技术产生的数据，签名的对象包括原始文件信息、签名参数、签名时间等信息。时间戳系统用来产生和管理时间戳，对签名对象进行数字签名产生时间戳，以证明原始文件在签名时间之前已经存在。

时间戳可以应用在电子商务、金融活动的各方面，如可以作为随机数的熵，锁定资金的时间和各种状态变化的条件语句等。在常规涉及时间戳使用的场景中暂未出现关于时间戳的安全问题。而在区块链中，由于时间戳在一个固定的范围内可以由矿工设置，会发生时间戳可操纵的安全问题，称为时间戳依赖。

如果一位矿工持有合约的股份，便可以通过为其正在挖掘的矿区选择合适的时间戳来获得优势。

以太坊智能合约中使用 block.timestamp 向合约提供当前区块的时间戳，并且这个变量通常被用于计算随机数、锁定资金等。但是区块的打包时间并不是系统设定的，而是可以由矿工在一定的幅度内进行自行调整。

以太坊中的时间戳合理要求如下：① 当前区块的时间戳一定大于上一个区块的时间戳；② 当前区块的时间戳与上一个区块时间戳之差小于 900 s；③ 矿工可以在这个"合理"范围内任意设置时间戳。

矿工对于时间戳这个看似"客观"的变量有很大的控制权。一旦时间戳使用不当，则会引起漏洞。这是由以太坊协议规定的，也因此产生了时间戳依赖漏洞。

【例 6-7】　时间戳依赖漏洞示例。

某抽奖合约要求由当前的时间戳与其他可提前获知的变量计算出一个"幸运数"，与"幸运数"相同编码的参与者将获得奖品，那么"矿工"在"挖矿"过程中可以提前尝试不同的时间戳来计算好这个"幸运数"，从而将奖品送给自己想给的获奖者。图 6-12 是一个智能合约的简化版，利用区块的时间戳来产生随机数（uint256 salt = block.timestamp），因此容易受到攻击。

时间戳依赖漏洞[8]是一些程序中的 block.timestamp 或者其他时间戳属性导致的，针对这个问题，在使用 block.timestamp 时需要充分考虑该变量可以被操纵，评估相关操作是否对合约的安全性产生影响。

在开发智能合约时，通常不推荐将时间戳用于函数或者产生随机数的代码功能，如果必须使用时间戳，应该加入其他不可知性变量，以保证攻击者不会通过时间戳计算出结果。因为 block.timestamp 不仅可以被操纵，还可以被同一区块中的其他合约读取，所以不能用于产生随机数或改变合约中的重要状态、判断游戏胜负等。

此外，需要进行资金锁定等操作时，如果对于时间操纵比较敏感，建议使用区块高度、近期区块平均时间等数据来进行资金锁定，这些数据不能被操纵。

```
1    pragma solidity ^0.4.0
2
3    contract theRun {
4        uint private Last_Payout = 0;
5        uint256 salt = block.timestamp;
6
7        function random(uint Max) returns(uint256 result) {
8            uint256 x = salt * 100 / Max;
9            uint256 y = salt * block.number / (salt % 5);
10           uint256 seed = block.number / 3 + (salt % 300) + LastPayout + y;
11           uint256 h = uint256(block.blockhash(seed));
12           return uint256((h/x)) % 100 + 1;              // 1~Max 之间的随机
13
...      }
         ... // 更新 LastPayout
```

图 6-12　时间戳依赖漏洞示例

6.2.5　外部合约引用漏洞

开发者有时可能暴露应用内部实现对象的引用，如文件、目录或者数据库 Key 等，如果没有对这些的访问控制或者其他保护，攻击者就有可能利用这些暴露的引用访问未授权的数据。

查找应用程序是否存在容易受到访问控制的漏洞，最佳方法是验证所有数据和函数引用是否具有适当的防御。要确定是否容易受到攻击，可考虑以下两点。

① 对于数据引用，应用程序是否通过使用映射表或访问控制检查确保用户获得授权，以确保用户对该数据进行授权。

② 对于非公共功能请求，应用程序是否确保用户进行了身份验证，并具有使用该功能的角色权限。

应用程序的代码审查可以验证这些控件是否正确实施，并且在任何地方都需要进行审计。手动测试对于识别访问控制缺陷也是有效的，自动化工具通常不会找到这样的缺陷，因为它们无法识别需要什么保护，什么是安全的或不安全的。

为了防止访问控制缺陷，需要选择适当的方法来保护每个用户可访问的对象（如对象 ID、文件名）。

① 检查访问。任何来自不可信源的直接对象引用都必须通过访问控制检测，确保其对请求的对象有访问权限。

② 使用基于用户或会话的间接对象引用，以防止攻击者直接攻击未授权资源。例如，一个下拉列表包含 6 个授权给当前用户的资源，可以使用数字 1 ~ 6 来指示哪个是用户选择的值，而不是使用资源的数据库关键词来表示。服务器中的应用程序需要将每个用户的

间接引用映射到实际的数据库关键词。OWASP 的 ESAPI 中包含了两种序列和随机访问引用映射，以消除直接对象引用。

③ 自动验证。利用自动化工具来验证正确的授权部署，这要成为习惯。

④ 尽量利用基于用户或会话的间接对象引用区块链的智能合约和账本信息，尽量避免直接调用。

【例 6-8】 外部合约引用漏洞示例，如图 6-13 所示。

```
1    pragma solidity ^0.4.0
2    import "SomeEncryption.sol"
3
4    contract EncryptionContract {
5        SomeEncryption encryptionLibrary;              // 库智能合约的引用
6        // 初始化库智能合约引用的构造函数
7        constructor(SomeEncryption _encryptionLibrary) {
8            encryptionLibrary = _encryptionLibrary;
9        }
10       function changeLibrary(SomeEncryption _encryptionLibrary) {
11           encryptionLibrary = _encryptionLibrary;
12       }
...      ...
     }
```

图 6-13 外部合约引用示例

外部合约引用，即在智能合约中保留其他智能合约实例的引用，也就是声明一个其他智能合约类型的变量。该漏洞由 call 系列函数引起的外部合约注入，即外部合约 A 调用 B 合约中的私有或具有权限限制的函数。

在构造函数中传入所依赖的库智能合约地址，然后保存到智能合约状态变量中，另一个函数可以修改这个引用，这种方式存在明显的风险和漏洞。

① 构造函数都传入地址可能非预期。

② changeLibrary 函数为声明可见性默认为 public，谁都可以调用。

③ changeLibrary 函数接收的传参可能由某智能合约的某函数传入，其地址类型不可控，要做好相应的错误处理。

正确做法是，在明确知道 SomeEncryption 代码的情况下，在构造函数中直接新建一个智能合约，而不是传入一个智能合约地址，如图 6-13 所示。即使库智能合约被毁，也可以通过当前的智能合约代码避免人为意外或者误操作，处于可控状态。

6.2.6 代码执行漏洞

用 Solidity 语言编写的智能合约可被编译成字节码在以太坊虚拟机上运行，也可以被调用或继承。

Solidity 的重要函数包括 call( )、delegatecall( )、callcode( )，在调用过程中，内置变量 msg 会随着调用的发起而改变。而 msg 保存了许多关于调用方的一些信息，如交易的金额数量、调用函数字符的序列及调用发起人的地址信息等。

call( )：最常用的调用方式，其外部调用上下文是被调用者合约，也就是执行环境为被调用者的运行环境，调用后内置变量 msg 的值会修改为被调用者。

delegateCall( )：其外部调用上下文是调用者合约，也就是执行环境为调用者的运行环境，调用后内置变量 msg 的值不会修改为调用者。

callCode( )：其外部调用上下文是调用者合约，也就是执行环境为调用者的运行环境，调用后内置变量 msg 的值会修改为调用者。

通过以上函数，智能合约可以实现相互调用和交互，但这些灵活的调用在某种程度上会导致被滥用，产生各种安全漏洞风险，攻击者可以直接修改合约的所有者或者造成丢币。

下面介绍一个由 delegateCall( )函数调用不当时出现的代码执行漏洞。

正常使用 delegateCall( )函数来调用指定合约的指定函数时，应该将函数选择器使用的函数 ID 固定已锁定要调用的函数，不过为了灵活性，有些开发者会使用 msg.data 直接作为参数。

【例 6-9】 delegateCall( )函数调用不当合约示例，如图 6-14 所示。被调用的合约地址直接使用了传递的参数，危害非常大。

```
1   pragma solidity ^0.4.0
2
3   contract C {
4       function tt(address _contract) public {
5           _contract.delegatecall(msg.data);
6       }
7   }
```

图 6-14 delegateCall( )函数调用不当合约示例

现实中就存在这样的合约。2017 年 7 月 20 日，由于 Parity MultiSig 电子钱包中未做限制的 delegateCall( )函数调用了合约初始化函数[9]，导致初始化函数可以重复调用，合约拥有者被修改，使得攻击者从 3 个高安全的多重签名合约中窃取了超过 15 万 ETH，造成的损失约为 3000 万美元。

黑客利用 Wallet 合约中的 delegateCall( )调用 WalletLibrary 合约的 initWallet( )函数，由于 delegateCall( )函数的特性，最终将初始化整个钱包，将合约拥有者修改为仅黑客一人，随后进行转账操作。黑客攻击过程如图 6-15 所示。

delegateCall( )函数的问题成因主要为两方面：一方面，进行调用时发送的 data 或被调用的合约地址可控，可能导致恶意函数执行，造成很大危害，开发者应按照安全的编写方法正确实现 delegateCall( )函数，避免遭到恶意利用；另一方面，在较复杂的上下文环境下

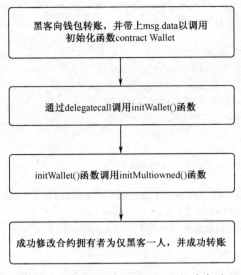

图 6-15　黑客 delegateCall( )函数攻击过程

涉及 storage 变量时可能造成的变量覆盖，开发者应避免直接使用 delegateCall( )函数进行调用，而是使用 library 实现代码的复用，这也是目前 Solidity 中比较安全的代码复用方式。

6.2.7　身份认证漏洞

下面将主要分析 tx.origin 身份认证漏洞。

Solidity 中有一个全局变量 tx.origin，它遍历整个调用栈并返回最初发送调用（或交易）的账户的地址。例如，在一个简单的调用链 A→B→C→D 中，如果 D 的全局变量为 msg.sender，它将指向最近的一笔交易地址，也就是 C；如果 D 的全局变量为 tx.origin，它就会指向最初发送交易的账户地址，也就是 A。

授权用户使用 tx.origin 变量的合约通常容易受到网络钓鱼攻击的攻击，可能诱骗用户在有漏洞的合约上执行身份验证操作。

【例 6-10】漏洞合约示例，如图 6-16 所示。

第 11 行授权 withdrawAll()函数使用 tx.origin，攻击者可以创建如图 6-17 所示的合约。

要利用这个合约，攻击者会先部署它，再说服 Phishable 合约的所有者发送一定数量的 ETH 到这个恶意合约。攻击者可能把这个合约伪装成自己的私人地址，或者对受害人进行社会工程学攻击，让后者发送某种形式的交易。受害者除非很小心，否则可能不会注意到目标地址上有代码，或者攻击者可能将其伪装为多重签名钱包或某些高级存储钱包。

只要受害者向 AttackContract 地址发送了一个交易（有足够的 Gas），它将调用 fallback 函数，后者以 attacker 为参数，调用 Phishable 合约中的 withdrawAll()函数。这将导致所有资金从 Phishable 合约中撤回到 attacker 的地址。因为初始化调用的地址是受害者（Phishable 合约中的 owner），所以 tx.origin 将等于 owner，Phishable 合约（见图 6-16）第 13 行中的

```
1    pragma solidity ^0.4.0
2
3    contract phishable {
4        address public owner;
5
6        constructor (address _owner) {
7            owner = _owner;
8        }
9
10       function() public payable {}          // fallback 函数
11
12       function withdrawAll(address _recipient) public {
13           require(tx.origin == owner);
14           _recipient.transfer(this.balance);
15       }
16   }
```

图 6-16　漏洞合约示例

```
1    pragma solidity ^0.4.0
2    import "Phishable.sol"
3
4    contract AttackContract {
5        Phishable phishableContract;
6        address attacker;                      // 攻击方获得资产后的地址
7
8        constructor (Phishable _phishableContract, address _attackerAddress) {
9            phishableContract = _phishableContract;
10           attacker = _attackerAddress;
11       }
12
13       function() {
14           phishableContract.withdrawAll(attacker);
15       }
16   }
```

图 6-17　攻击者合约示例

require 要求会通过（合约中的钱可以全部被取出）。

　　总的来说，tx.origin 不应该用于智能合约授权。这并不是说该 tx.origin 变量不应该被使用，确实在智能合约中有一些合法用例。例如，如果想拒绝外部合约调用当前合约，可以通过 require(tx.origin == msg.sender)实现，这样可以防止中间合约调用当前合约，只将合约开放给常规无代码地址。

6.3　智能合约安全加固

前文已经讨论过智能合约的风险和漏洞，下面将针对智能合约安全加固方面从形式化验证、虚拟机安全及智能合约安全开发三方面进行讨论。

6.3.1　智能合约形式化验证

形式化验证方法[10]是智能合约进行确定性验证的有效手段，通过形式化语言把智能合约中的概念、判断和推理转化成智能合约模型，可以消除自然语言的歧义性和不通用性，进而采用形式化工具对智能合约建模、分析和验证，进行语义一致性测试，最后自动生成验证过的合约代码。形式化验证方法可以有效弥补传统的靠人工经验查找代码逻辑漏洞的缺陷，优势在于，用传统的测试等手段无法穷举所有可能输入，而用数学证明的角度，就能克服这个问题，提供更加完备的安全审计。

一般，形式化验证需要满足以下 3 个条件。

① 所建立的形式化模型应该能够准确描述合约代码的内在逻辑。

② 考虑到可能存在智能合约代码本身的逻辑与文本合约不一致的情况，因此在描述合约时需要根据智能合约文本，而不是智能合约代码来抽象出满足合约的条件。

③ 在验证形式化模型时，需要考虑真实合约执行过程中所有可能出现的情况，如变量值可能极大、极小，或者出现负值，合约的调用并发执行等。

一般的智能合约过程都可以进行抽象形式化描述，需描述参与合约执行的全部主体。主体间发送消息，以此模拟智能合约间互相发送交易的调用过程，抽象后的主体间交互过程如图 6-18 所示。

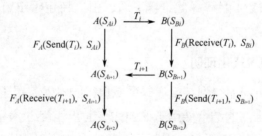

图 6-18　抽象后的主体间交互过程

智能合约执行过程可简单形式化定义为四元组 $M = (S,T,A,F)$。其中，S 为整体的当前状态，包括参与合约执行的全部主体状态，$S = (S_a, S_b, \cdots)$；T 为智能合约发送和接收的所有消息集合，$T = (T_1, T_2, \cdots)$；A 为智能合约主体所做的动作集合，包括 $\text{Send}(T_i)$ 和 $\text{Recieve}(T_i)$，$A = (a_1, a_2, \cdots)$；F 为参与合约执行的主体内部函数的集合，$F = (F_a, F_b, \cdots)$。形式化验证将主体的内部逻辑抽象为一个函数，函数的输入为当前状态和所做的动作，输出为下一

个状态，即

$$S_{A_{i+1}} = F_A(S_{A_i}, a_i)$$

在智能合约过程通用形式化后，继续对基于形式化验证智能合约的方法种类进行讨论，主要包括基于定理证明的形式化证明、基于符号执行的形式化证明、基于模型检测的形式化证明及基于规约语言的形式化证明。

1．基于定理证明的形式化证明

定理证明是一种利用演绎推理在符号逻辑中提供证明的形式化方法。如果将智能合约视为存储在分布式账本上可自动执行的代码，那么基于定理证明的形式化方法是将"代码满足其规约"作为逻辑命题，通过推理规则来证明该命题。通常，需要从智能合约代码、属性及运行环境三方面进行形式化规约。

从智能合约代码来看，2016 年，Bhargavan 等[11]通过 F*函数式编程语言对 Solidity 智能合约代码进行规约；2019 年，Nielsen 等[12]通过 Coq 证明助手定义了智能合约的规约，支持合约之间的调用。

从智能合约属性来看，智能合约应满足合法性、一致性等一些基本性质，以此形式化规约智能合约来减少属性二义性或歧义。2018 年，Grishchenko 等[13]用 F*语言定义了智能合约的安全属性，包括合约调用的完整性及原子性等。2020 年，Sun 等总结了 5 种智能合约的安全性问题，包括常量改变问题、智能合约权限控制问题、整数溢出问题、函数功能模糊问题及智能合约中特定功能的行为改变问题，并用 Coq 证明助手对各性质进行证明。

从智能合约运行环境来看，智能合约的多项属性都受环境限制，因此对运行环境进行形式化验证能有效保证合约的正确性。2018 年，Park 等[14]提出了针对 EVM 字节码的形式化验证工具，生成针对 EVM 的演绎验证器，通过引入特定于 EVM 的抽象和引理来改善验证程序，以提高可扩展性。

2．基于符号执行的形式化证明

符号执行可通过分析程序得到特定代码区域执行的输入，用于测试软件的一些特定属性[15]。符号执行与智能合约的结合能用于形式化验证智能合约。由于符号执行技术是白盒的静态分析技术，因此还可用于静态分析和验证智能合约代码的执行路径并验证其正确性。2018 年，Le 等提出了基于符号执行技术的静态分析方法，通过静态证明智能合约的终止情况来确定智能合约终止的输入条件，以保证智能合约运行时的安全性。

3．基于模型检测的形式化证明

模型检测技术[16]是一种基于状态迁移系统的自动验证技术，即通过基于数学和逻辑学的方法，在智能合约部署前，对其代码和文档进行形式化建模，然后通过数学的手段对代码的安全性和功能正确性进行严格的证明，可有效检测出智能合约是否存在安全漏洞和逻辑漏洞。模型检测技术验证智能合约的原理如图 6-19 所示，通常需要迭代验证的过程才可最终满足验证条件，可以有效弥补传统的靠人工经验查找代码逻辑漏洞的缺陷。基于模型检测的形式化验证技术的优势在于，用传统的测试等手段无法穷举所有可能输入，而用数学证明的角度就能克服这个问题，提供更加完备的安全审计。

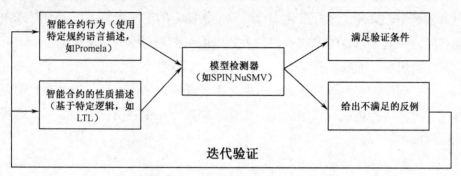

图 6-19　模型检测技术验证智能合约的原理

下面以常见奖励合约 Puzzle 为例展示基于模型检测的形式化验证合同代码。奖励合约的功能是对智能合约提交问题正确答案的用户发放奖励。

【例 6-11】　Puzzle 合约示例，如图 6-20 所示。

```
1    pragma solidity ^0.4.0
2
3    contract Puzzle {
4        function() {                          // 主函数，每次调用时执行
5            if (msg.sender == owner) {
6                owner.send(reward);
7                reward = msg.value;            // 修改奖励金额
8            }
9            else {
10               if (msg.data.lenght > 0) {     // 提交一个解决方案
11                   if (sha256(msg.data) < diff) { // 验证方案的正确性
12                       msg.sender.send(reward); // 发放奖励
13                       solution = msg.data;
14                   }
15               }
16           }
17       }
18   }
```

图 6-20　Puzzle 合约示例

一般情况下，模型检测的形式化证明还会借助自动模型检测工具，有 NuSMV 模型检查工具验证智能合约的功能性、ZEUS 作为智能合约中属性正确性的验证工具、Solidifier 检查器用于检查 Solidity 语言智能合约等。自动模型检测工具可以节省大量人力物力，使检测过程方便快捷，是绝大多数智能合约学者在模型检测形式化验证时的选择。

4．基于规约语言的形式化证明

形式化规约语言是一种由严格的递归语法规则所定义的语言，一般可分为模型规约语言和性质规约语言。有时为了某些特定的功能或更精准的描述，许多学者在描述智能合约模型时往往会提出新的规约语言。例如，金融领域智能合约的特定形式化规约语言 Findel 可防止对合约产生歧义并生成标准化模板以验证智能合约的安全性。与之类似，SPESC 语言定义规约可为多人编写智能合约提供参考，以类自然语言形式定义智能合约，并以此帮助用户明确合约所涉及的权利和义务。

形式化验证并不能完全确保系统的性能正确无误，但是可以从逻辑上最大限度地理解和分析系统，并尽可能地发现其中的不一致性、模糊性、不完备性等错误，因此可用来消除高风险代码漏洞。

6.3.2　智能合约虚拟机安全

虚拟机（Vitual Machine）是指通过软件模拟的具有完整硬件系统功能的、运行在一个完全隔离环境中的完整计算机系统。最终用户在虚拟机上具有与专用硬件上相同的体验，有些虚拟机提供比较完整的操作系统，如 VMware、Oracle 和 VirtualBox 等，可以安装应用程序；另一些虚拟机则只提供应用程序环境，如 Java 虚拟机。由于完整的操作系统会耗费大量资源并且严重影响性能，因此在区块链智能合约系统设计中，绝大多数的区块链采用更轻量级的虚拟机架构，如以太坊虚拟机 EVM 和 R3 Corda 采用的 Java 虚拟机。下面详细介绍以太坊虚拟机的安全设计。

以太坊的虚拟机设计原理如下。

① 简单性：尽可能少并尽可能底层的操作码，尽可能少的数据类型，尽可能少的虚拟机层次结构。

② 完全确定性：虚拟机规范的任何部分绝对不存在歧义，结果应该是完全确定的，还应该有一个精确的计算步骤概念用于计算 Gas 的消耗量。

③ 节约空间：EVM 组件应尽可能紧凑。

④ 预期应用程序的专业化：处理 20 字节的地址和 32 字节的值的自定义加密功能，自定义加密中使用的模块化算法、读取块和事务数据，与状态进行交互的能力。

⑤ 简单的安全性：为了使虚拟机不被攻击，应该容易建立智能合约运行的 Gas 消耗成本模型的操作。

⑥ 优化友好性：构建应易于优化，以便即时编译和构建虚拟机的其他加速版本。

虚拟机安全主要可以从智能合约运行的可确定性、停机问题与资源控制及资源隔离三方面入手。

1．可确定性

若一个程序在不同的计算机或者在同一台计算机上的不同时刻多次运行，对于相同的输入能够保证产生相同的输出，则称该程序的行为是确定的，反之则是非确定的。区块链中的智能合约的行为必须是确定的，因为非确定性的合约可能破坏系统的一致性。

2．停机问题与资源控制

停机问题（Halting Problem）是逻辑数学中可计算性理论的一个问题，通俗地说，就是判断任意程序是否能在有限的时间内结束运行。该问题等价于如下判定问题：是否存在一个程序 P，对于任意输入的程序 W，能够判断 W 会在有限时间内结束或者死循环。区块链上的智能合约必须是可终止的，否则会消耗无限的时间和资源。停机问题在 1936 年被艾伦·图灵证明在图灵机是不可解的[17]，因此区块链的设计者不得不假设所有的智能合约都可能进入死循环，并对可能已经进入死循环的合约采用异常终止的方式结束。

3．资源隔离

虚拟机环境除了在资源控制方面占优，就是资源环境隔离，以此保证系统安全。在开放环境的区块链中，任何智能合约的参与方都能够参与智能合约的制定。换句话说，假如有参与方恶意编写合约条款，如编写病毒或者故障合约，就可能破坏宿主系统的自身数据。因此，智能合约应放在隔离的沙盒环境——虚拟机或者容器中进行。

6.3.3　智能合约安全开发

随着智能合约的发展，智能合约的流程及代码越来越复杂。在与现实合同相同的情况下，倘若合约制定方没有认真审核合约条款，在设计或编码等重要环节中出现了人工失误，就容易被黑客找到漏洞进行攻击，造成不可估量的损失。因此，为了智能合约的安全开发，建议如下。

1．简化智能合约设计，牺牲一定完备性以增加安全性

以比特币为例，由于设计上是非图灵完备的，因此在安全性能方面有较大的保障。2009年至今，在抵御无数次黑客攻击下，比特币从未因区块链脚本本身原因出现过资金损失。在编程语言中，丰富性和安全性一直是对难以兼得的矛盾。以太坊的智能合约采用图灵完备性的通用编程语言，使得非常复杂的业务逻辑能够在以太坊上实现，但同时带来了安全问题。

2．严格进行智能合约代码审查

在对合约代码进行审查时，应与现实合同文本相同，经多层次严格审查，包括业务流程/逻辑审查、专家评审、详尽的测试流程、安全性检测、代码动态运行的审查等。对逻辑

复杂且涉及较大资金的智能合约，尽可能通过代码形式化验证，通过数学证明的方式验证智能合约的确定性。

3．加强智能合约开发人员的培训

智能合约代码编程语言虽与传统编程语言相似，但编程范式和思维方式与传统方式仍有较大差异，需要加以公平诚信的主观概念于合约的设计和编码中。因此，程序员在编写合约代码时，应当培养安全性代码的编写风格，在实践中提炼安全代码设计模式，尽量避免在可控环节中出错。

4．智能合约应用落地循序渐进

分布推进实际应用区块链智能合约，由小到大，从简单到复杂，从试点到推广，资金投入也从少到多，这样能在前期发现问题时降低损失。

5．设计智能合约周期

由于业务需求，有的智能合约有建立、运行和停止生命周期的设计，需要在设计中找到这样的智能合约并将生命周期的逻辑写入智能合约。例如，外汇兑换的智能合约在兑换执行后可能无须继续运行。

6．保持更新

获取最新的安全进展，避免之前技术不完备所产生的漏洞，让不法分子有可乘之机，尽可能快地将使用的库或工具更新到最新并使用最新的安全技术。

本章小结

在当今信息化社会，安全问题已经成为人们关注的焦点，没有人愿意将自己的隐私暴露，区块链也一样。由于区块链出现的时间不长，人们对它的认知还不够深入，存在巨大的安全隐患，为促进其健康、良性发展，必须做好安全管理。

安全性是编写智能合约要考量的最重要的因素之一。与其他程序一样，智能合约程序当然也会严格按照其程序逻辑来执行，虽然结果并不总是像设想的那样。智能合约的编程错误总是轻易而又"昂贵地"在发生。本章介绍了一些会引入安全漏洞的实践和模式。此外，所有智能合约都是公开可见的，任何人都可以简单地构造一个交易来与它们进行交互。任何漏洞都可能被利用，损失也往往无法挽回。智能合约本质就是一段代码，并且发布之后不可修改。若在发布后发现了严重的漏洞，就只能重新部署新的合约，代价极大。要保证代码的安全，就一定要在发布前对智能合约进行代码审计。因而，遵循最佳实践并使用经过了充分测试的设计模式极其重要。

智能合约的开发者需要了解非常多的知识。在智能合约设计和代码编写中遵循最佳实践，才能避免很多严重的陷阱和圈套。也许最基础的软件安全准则就是最大化重用那些可信的代码，也就是尽可能地使用那些已经由社区彻底审查过的可用库合约，使它们发挥出最大的价值。

读者可以对应用和智能合约层的安全控制有更深入的了解，明晰安全性对区块链发展的重要性，并且了解采取什么措施可以有效避免风险的发生，从而实现安全控制的预期目标，促进区块链的发展。

习 题 6

1. 什么是智能合约？它与协议有什么区别？
2. 智能合约为什么可信？
3. 简述智能合约的优点和缺点。
4. Solidity 作为以太坊智能合约的编辑语言有哪些优势？
5. 智能合约的安全漏洞有哪些？
6. 简述时间戳依赖漏洞。
7. 简述黑客利用 delegatecall 漏洞的攻击过程。
8. 如何进行智能合约的安全加固？
9. 智能合约形势化验证需要满足哪些条件？
10. 如何实现智能合约的安全开发？

参考文献

[1] Szabo N．Formalizing and securing relationships on public networks[J]．First monday, 1997.

[2] Dannen C. Introducing Ethereum and solidity[M]．Berkeley: Apress, 2017.

[3] Johnson A E, Kotlyar D, Terlizzi S, et al．serpentTools: A python package for expediting analysis with serpent[J]．Nuclear Science and Engineering, 2020, 194(11): 1016-1024.

[4] Knecht M．Mandala : a smart contract programming language[J]．arXiv preprint arXiv: 1911. 11376, 2019.

[5] Zhao X, Chen Z, Chen X, et al．The DAO attack paradoxes in propositional logic[C]//2017 4th International Conference on Systems and Informatics (ICSAI)．IEEE, 2017: 1743-1746.

[6] Uppuluri P, Joshi U, Ray A．Preventing race condition attacks on file-systems[C]//Proceedings of the 2005 ACM symposium on Applied computing．2005: 346-353.

[7] 李子豪．以太坊智能合约优化及交易网络安全性分析[D]．电子科技大学, 2020.

[8] 韩璇, 袁勇, 王飞跃. 区块链安全问题: 研究现状与展望[J]. 自动化学报, 2019, 45(1): 206-225.

[9] Palladino S. The parity wallet hack explained[J]. OpenZeppelin blog. 2017.

[10] 胡凯, 白晓敏, 高灵超, 等. 智能合约的形式化验证方法[J]. 信息安全研究, 2016, 2(12): 1080-1089.

[11] Bhargavan K, Delignat-Lavaud A, Fournet C, et al.. Formal verification of smart contracts: Short paper[C]//Proceedings of the 2016 ACM workshop on programming languages and analysis for security. 2016: 91-96.

[12] Nielsen J B, Spitters B. Smart contract interactions in Coq[C]//International Symposium on Formal Methods. Springer, Cham. 2019: 380-391.

[13] Grishchenko I, Maffei M, Schneidewind C. A semantic framework for the security analysis of ethereum smart contracts[C]//International Conference on Principles of Security and Trust. Springer, Cham. 2018: 243-269.

[14] Park D, Zhang Y, Saxena M, et al. A formal verification tool for Ethereum VM bytecode [C]//Proceedings of the 2018 26th ACM joint meeting on european software engineering conference and symposium on the foundations of software engineering. 2018: 912-915.

[15] 朱健, 胡凯, 张伯钧. 智能合约的形式化验证方法研究综述[J]. 电子学报, 2021, 49(4): 792.

[16] 胡凯, 白晓敏, 高灵超, 等. 智能合约的形式化验证方法[J]. 信息安全研究, 2016, 2(12): 1080-1089.

[17] 杜立智, 陈和平, 符海东. 图灵的停机问题及其对角线证法研究[J]. 计算机技术与发展, 2016, 26(12): 64-68.

第 7 章　区块链身份认证

7.1　身份管理和认证概述

7.1.1　身份管理概述

身份管理（Identity Management，IdM）[1]，也称为身份和访问管理（Identity and Access Management，IAM 或 IdAM），用于确保只有经过授权的人员（且仅限经过授权的人员）才能够访问执行其工作所需的敏感技术资源。具体地说，身份管理通常代表一个服务或平台，可通过用户角色或权限控制，对一个或多个用户的身份进行识别、认证和授权，以安全访问应用程序、系统或网络，守护个体或组织的数据。

身份管理是信息安全的关键技术之一，属于计算机安全和数据管理的范畴，包括身份的定义、建立、描述、管理、注销等，是通过将用户权限和限制与已建立的身份相关联来完成的。根据国际电信联盟（ITU）的归纳[2]，身份管理包括以下几方面：用户对身份证明和账户隐私安全的保护，运营商、提供商的安全性和经济性需求，政府企业管理、公共服务需求，网络安全、公共政策需求，非政府组织的隐私保护需求等。

身份管理的策略和技术贯穿整个企业的应用流程，以便通过多种属性（包括用户访问权限和基于其身份的限制）对人员、人员组或软件应用进行正确识别、身份验证和授权。身份管理系统可阻止对系统和资源进行未经授权的访问，防止企业受保护数据的外泄，并在未经授权的人员或程序（无论是从企业边界的内部还是外部）尝试访问时发出警示和警报。身份管理解决方案不仅可以保护软件和数据访问，还可以保护企业中的硬件资源（如服务器、网络和存储设备），使其免受可能导致勒索软件攻击的未经授权的访问。近年来，关于保护敏感数据免遭任何形式的泄露，全球法规、遵从性和监管要求日益增多，身份管理也得到了重视。

目前,如何管理身份和访问企业应用程序的控制仍然是信息技术面临的最大挑战之一。虽然企业可以在没有良好身份和访问管理策略的前提下使用若干云计算服务,从长远来看,延伸企业身份管理服务到云计算是实现按需计算服务战略的先导。因此，对企业基于云的身份和访问管理（IAM）是否准备就绪以及云计算供应商的能力，进行一个诚实的评估，是采用云生态系统的必要前提。

7.1.2　认证概述

随着互联网的飞速发展，网络已经"飞入寻常百姓家"，通过网络进行通信、购物、交易等行为变得日益普遍。然而，黑客、木马和网络钓鱼等恶意欺诈行为给互联网的安全性带来了极大的挑战。层出不穷的网络犯罪引起了人们对网络身份的信任危机，如何防止身份冒用等问题已经成为人们必须解决的焦点问题。解决这些问题的主要途径就是进行身份认证。

身份认证，又称为"验证"或"鉴权"，是指通过一定的手段，完成对用户身份有效性、真实性的确认。身份认证既是证实用户的真实身份与其所声称的身份是否相符的过程，也是计算机及网络系统识别操作者的一个过程。计算机网络世界中的一切信息，包括用户的身份信息都是用一组特定的数据来表示的，计算机只能识别用户的数字身份，所有对用户的授权也是针对用户数字身份的授权。如何保证以数字身份进行操作的操作者就是这个数字身份的合法拥有者，也就是说，保证操作者的物理身份与数字身份相对应，就是身份认证的功能。作为防护网络资产的第一道关口，身份认证有着举足轻重的作用。身份认证必须能准确无误地将对方辨认出来，同时提供双向的认证。身份认证可分为用户与系统间的认证和系统与系统间的认证，目前使用比较多的是前者，只需单向进行（系统对用户进行身份验证）。但是随着计算机网络化的发展，以及电子商务与电子政务的大量兴起，系统与系统之间的身份认证变得越来越重要。

身份认证的依据应包含只有该用户所特有的并可以验证的特定信息，基本方式可以基于下述一个或几个因素的组合。

① 所知（Knowledge）：用户知道的或掌握的知识，如密码、口令。

② 所有（Possesses）：用户拥有的某个秘密信息，如身份证、智能卡中存储的用户个人化参数。

③ 特征（Characteristics）：用户具有的生物及动作特征，如指纹、声音、面貌、视网膜扫描等。

根据采用因素的多少，身份认证可以分为单因素认证、双因素认证[3]、多因素认证[4]等方法。单因素身份验证通常只需要输入有效的用户 ID 和相关密码。多因素身份验证包括使用这两种形式的身份验证，但需要额外的凭据，通常使用指纹扫描仪与更传统的安全方法（如输入密码）一起使用。随着网络交易的增长，对多因素身份验证的需求变得越来越必要。

7.1.3　传统身份管理与认证问题

传统的身份管理与认证是基于中心化的，身份不由用户自己控制。中心化身份系统的本质是中央集权化的权威机构掌握着身份数据，围绕数据进行的认证、授权等都由中心化的机构决定。

但是，不同的中心化机构（如微信、淘宝、知乎、豆瓣等）都有一套自己的身份系统，所以需要用户不断地重新注册一个账户。并且不同平台的身份系统（及账户对应的数据）是不互通的，这样会导致一个人的在线身份是碎片化的，微信、淘宝、滴滴等都会有用户的身份。另外，由于数据被密封在各中心化机构，数据孤岛问题日益严重。

中心化管理的另一个缺点也是显而易见的，一旦身份提供商（中心化机构）不可用或丢失、泄露数据，所有的用户都将被影响。对黑客而言，身份存储在中心化的数据库中，一旦攻击成功就可以获得部分甚至所有的用户数据。此外，如果服务端遭受攻击，还存在整个系统无法使用的风险，造成恶劣影响。实际上，用户对身份没有控制权。每个用户都不清楚这些中心化的组织掌握了其多少信息，以及它们如何使用这些信息，因此对自身的身份属性没有控制，也没有办法保护隐私。传统身份认证模型还存在用户隐私信息被滥用的风险，用户的秘密信息（包括口令、身份信息、生物特征模板等）可能被身份服务提供方或应用服务方滥用。

由于应用服务变得多样化，用户所需记忆的用户名和口令的数量也大大增加。用户可能试图使用通用口令或者某个易于记忆的口令来解决这个问题，但是这样的口令的安全性非常脆弱，很容易被破解。因此，移动应用开发者要求用户增强口令的复杂性，如强制使用大写字母、特殊字符和数字等，这些要求增加了口令记忆的复杂性，促使用户选择将同一个口令应用在不同的应用服务中（"口令重用"），由此引发了安全风险的恶性循环并影响了用户体验。没有人喜欢口令，没有人想记住那些形式日益复杂、数量日益膨胀的口令，却不可避免地使用它。

传统的身份证明是一个人工操作、成本昂贵的过程。要在银行开立账户，客户需要携带身份证去银行办理，有时还要提供其他信息，以备银行进行验证。另外，作为 KYC（Know Your Customer）的一部分，身份证明也是一个成本非常昂贵的过程，且每年都在增加，一些银行甚至为 KYC 支付 5 亿美元以上的高昂费用。

此外，身份是静态的、僵硬的、不灵活的。在传统信息系统中，身份的属性定义是基于模式（Schema）的，如微软的 Active Directory Schema。一旦定义，很难扩展或修改，身份属性的每个变化都需要重新启动应用程序。

7.1.4 区块链身份认证优势

传统的身份管理机制在架构上主要面临着以下问题：各单位的数据单独存储形成数据孤岛、中心化管理系统的数据泄露风险高、数据认证格式和安全级别不同。针对以上问题，需要在身份管理中引入区块链实现身份服务的统一和激励，在架构上通过去中心化来降低数据泄露的风险，从而促进多种信息的融合。

区块链技术使用块式和链式的存储结构来认证和保存数据，使用共识算法实现生成新区块，使用非对称加密算法保证数据在信道中的安全传输，使用智能合约来处理数据的新型分布式技术。中本聪发表了 *Bitcoin: A Peer-to-Peer Electronic Cash System*[5]一文，比特币随后出现，区块链随着比特币的关注而被大众所熟知。

区块链技术具有去中心化、信息不可篡改、信息透明和可追溯性等特点[6]，能够有效提高安全性和可靠性。其中，去中心化是区块链最具颠覆性的特点，意味着不存在任何中心机构和中心服务器，所有交易都发生在每个人计算机或其他终端上安装的客户端应用程序中。另外，区块链采取单向哈希算法，每个新产生的区块严格按照时间线推进，时间的不可逆性、不可撤销性导致任何试图入侵篡改区块链内数据信息的行为易被追溯，造假成本极高，从而可以限制相关不法行为，避免主观人为的数据变更。此外，区块链可以理解为一种公共记账的技术方案，系统是完全开放透明的，账本对所有人公开，实现数据共享，任何人都可以查账。区块链的可追溯性使得数据采集、交易、流通，以及计算分析的每一步记录都可以留存在区块链上，数据的质量更加有保障，也保证了数据分析结果的正确性和数据挖掘的效果。

随着用户数据泄露和滥用的痛点日益凸显，让每个人在数字世界都有权拥有并控制自己的身份，且数字身份信息能够安全存储并确保隐私，是目前亟需的。然而，传统的技术永远绕不开"认证中心"，一旦需要这个认证中心，就背离了初衷，而且因为涉及中心化的认证不仅存在隐私和安全问题，多个主体间的去中心化身份（Decentralized ID，DID）也是互相隔断的。区块链恰恰解决了 DID 最大的问题，可以让数字身份真正为用户所拥有并支配，就像用户把身份证、护照、户口本这些纸质文件放在自己家里小心保存，只有在需要的时候再拿出来一样，不再有任何中间人（即使是 DID 技术供应商）接触拥有控制用户的身份和数据。

Sho Cardl[7]是早期尝试区块链身份管理与认证的公司，并发展至今，具有代表性，技术框架如图 7-1 所示。当前基于区块链的身份技术思路形成共识，即用户终端存储个人数

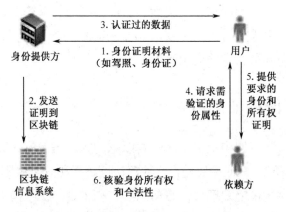

图 7-1　基于区块链的身份管理技术框架

据，区块链作为去中心化的交换承诺而存在，不存储敏感信息，保证信息的有效性、完整性。

针对传统身份管理与认证系统存在的问题，区块链技术的解决方法如下。

由于区块链本身就对打断数据割据和垄断形成的数据孤岛具有十分重要的意义，因此基于区块链的身份认证采用跨域分布式统一管理，通过点对点交易、分布式账本技术和共识机制降低数据交易中的信任成本，形成利益绑定、去中心化的"数据生态社区"。社区中各参与方权责一致，数据垄断者转变为数据整合者，实现了由传统数据垄断者主导的数据交易市场向多方共建共治的新型数据账本的转变。另外，去中心化的身份管理通过底层区块链和加密技术简化了多个中心化机构的管理过程。

在传统交易系统中，用户向中心机构公开交易身份，由中心机构完成身份管理和隐私保护；而区块链系统并无单一中心机构，依靠系统整体安全机制来实现安全和隐私保护。基于区块链技术，用户的数据不会存储在中心化的机构，而是存储在用户可以控制的终端，如手机或区块链硬件"钱包"中。区块链上可以存储相关信息的加密随机数，而不是数据本身。这样对于用户来说是中心化的，因为有关用户的所有数据都存储在用户可以控制的终端设备中；但是对于黑客来说是完全去中心化的，因为没有一个中心化的机构真正拥有用户的数据，其攻击的代价会大大增加，用户的数据便可以得到有效保护。

另外，用户的身份数据是由用户控制的，用户可以按照交易的需求只透露部分身份内容。区块链能够让身份数据始终置于终端用户的控制之下，并且不把个人身份信息存储在区块链上（仅将签名的哈希值作为证据），让用户成为身份的唯一所有者，从而摆脱任何中心化注册服务、身份提供商或证书颁发机构的控制。

对于繁杂的口令，区块链可以利用公钥、私钥进行验证，也可以利用生物认证来摆脱口令，解放用户的记忆包袱。此外，利用区块链数据的不可篡改性，身份证明的结果可以用加密的方式发布到区块链上。需要获得身份证明结果的机构（如金融机构的 KYC 需求）可以在用户授权的情况下，利用简单的 API 调用来便利地获取身份证明的结果，这样可以大大减少身份证明的社会成本。针对难以修改的身份问题，参数化的智能合约身份可以实现动态和灵活的身份管理系统。

从身份拥有者、身份提供方及依赖方的角度，传统中心化身份系统与基于区块链的身份系统的比较如图 7-2 所示。

可以相信，基于区块链的去中心化认证系统可以开启一系列新的体验，使用户和组织能够更好地控制其数据，并为应用程序、设备和服务提供商提供更高程度的信任和安全，形成各方共赢的局面。

传统中心化身份系统	基于区块链的身份系统
身份拥有者（用户）	
★不拥有不控制身份	√拥有身份的管控权利
★认证流程烦琐	√拥有身份的许可权利
★多认证设备	√分布式多中心一键式认证
★难以共享信息	√认证记录透明、不可篡改
★隐私保护困难	√身份细粒度安全分享
身份提供方	
★孤立，融合困难	√跨域分布式统一管理
★不能获利，主动性差	√不可篡改记录确保利益
★跨域认证声明撤销不便	√全局账簿统一撤销
★跨域验证声明时间长	√智能合约快捷跨域认证
依赖方	
★认证成本高、昂贵	√分布式统一管理降低成本
★参差不齐的用户体验	√统一服务接口提高体验
★低效、复杂的手动流程	√智能合约安全验证
★满足国际标准的成本高	√符合国际标准

图 7-2　传统中心化身份系统与基于区块链的身份系统比较

7.2　Hyperledger Indy 身份管理

7.2.1　Indy 项目概述

Hyperledger[8]是由 Linux 基金会和信息技术、银行、物流、运输、金融、制造、物联网等多家行业领导者合作创建的联合项目，目的是通过面向多种应用场景的分布式账本技术满足行业核心需求。该项目通过区块链及分布式记账系统的跨行业发展与协作，着重发展性能和可靠性，使之可以支持主要的技术、金融和供应链公司中的全球商业交易。

关于身份管理，区块链技术可以消除对中心化机构的需求，并使个人能够控制自己的数字身份。为了克服身份管理的问题，Hyperledger 孵化了 Indy 项目，以提供基于区块链的数字身份。Indy 是一个专门用于去中心化身份管理的分布式账本技术平台，提供了基于区块链或其他分布式账本技术的工具、代码库和模块化组件，支持区块链或其他分布式分类账使用其数字主权身份，以便真正地实现跨不同管理领域、应用程序和任何信息孤岛之间的互操作。Indy 可与其他区块链互操作，或可独立使用，为身份下放提供动力。

Indy 账本是由一组参与者协作提供的一种数据库形式，而不是由具有中央管理的大型数据库提供支撑。数据会冗余存储在很多地方，并且在由很多机器编排的交易中累积。强大的行业标准加密技术足以提供保护，密钥管理和网络安全的最佳实践贯穿其设计，保障了 Indy 账本数据的安全可靠，不受任何单一实体控制，对系统故障和黑客攻击有很强的防御力。

    Indy 项目专注于区块链生态系统的数字身份工具，提供基于区块链或者其他分布式账本的数字身份，从而可以实现跨管理域、跨应用的交互操作。Indy 试图将传统的身份信息统一处理，提供一套独立于任何系统的数字身份账本，来解决身份统一管理的问题。

7.2.2 Indy 核心算法

    所有的区块链网络都会使用一种共识算法确保下一个写入账本的区块是正确的，Indy 使用的是 Plenum 共识算法。

    Plenum 是 RBFT（Redundant Byzantine Fault Tolerance，冗余拜占庭容错）的一个实现。RBFT 是由 Pierre-Louis Aubin、Sonia Ben Mokhtar 和 Vivien Quema 提供的一个共识算法。就像其白皮书中描述的那样，已经存在的拜占庭容错协议使用了一个特殊的称为 primary 的副本（replica），向其他副本说明这些请求应该按照什么顺序来执行。primary 可以通过非常精明的手段恶意降低系统的效率，且不会被正确的副本发现。

    评估显示，RBFT 在没有错误的情况下能够像大多数健壮的协议一样具有同样的表现，当有错误发生时，它的性能大概下降 3%，至少达到现有协议的 78%。RBFT 实现了一种新的方式，可以让多个协议的实例（instances）同时运行一个 Master 实例和一个或多个 Backup 实例。所有实例都会将请求排序，但是只有由 Master 实例排序的请求才会被真正执行。所有节点会监督 Master 实例并将它生成的结果同其他 Backup 实例生成的结果进行比较。如果 Master 实例的表现不被接受，那么它会被认为是恶意的实例并被替换。

    除了使用 RBFT，Plenum 还使用 RAET（Reliable Asynchronous Event Transport，可靠的异步事件传输）协议——在 UDP 上的一个非常高效且可容错的沟通协议。RAET 协议使用了 Daniel J. Bernstein 的 Curve25519——一个高安全高效率的椭圆曲线（elliptic curve）。

    不同于 RBFT，Plenum 每次沟通都会使用 Curve25519 而不是消息授权码（Message Authentication Code，MAC）进行数字化签名。但是从计算上，验证 MAC 授权要比验证数字签名高效得多，综合考虑应用协议和当前系统的安全性，使用 MAC 会更高效。

    Plenum 是 Hyperledger Indy 的分布式账本技术（DLT）的核心，在某种程度上提供了与 Fabric 类似的功能，但是 Plenum 主要面向身份系统（identity system），而 Fabric 有更广泛的应用场景。

7.2.3 Indy 身份管理案例

    【例 7-1】 CULedger 使用 Hyperledger Indy 保护信用合作社免受欺诈。

    目标：

❖ 消除信用合作社呼叫中心的欺诈和过时的基于知识的身份验证问题。

❖ 简化所有交付渠道的会员身份验证流程。

❖ 增加会员对信用合作社交易的信心，消除会员体验中的摩擦。

方法：

❖ 使用分布式账本技术在身份验证过程中提高运营效率。

❖ 使用区块链提高会员与信用合作社之间的信任。

❖ 与三个信用合作社试点去中心化身份解决方案。

❖ 扩展成为更大的数字交换网络。

结果：

❖ 推出作为信用合作社成员的永久便携式数字身份的 MemberPass。

❖ 呼叫中心身份验证过程从 5 分钟缩短到 15 秒或更短。

❖ 信用合作社在呼叫中心渠道的年度欺诈费用估计每年将减少 15 万元。

起初，在 TRUSTID（强身份认证平台）的一项调查中，51% 的金融服务公司将呼叫中心确定为账户接管攻击的主要目标，信用合作社也不例外。于是，信用合作社联合起来，启动了一个研究行动项目，以寻找更安全的反欺诈解决方案。在对以 Hyperledger Indy 为中心的去中心化身份解决方案进行成功验证并获得 A 轮融资后，信用合作社联合组织成立了 CULedger。

CULedger 与去中心化身份组织 Evernym 合作，通过 Hyperledger Indy 构建了一个更快、更简单、更安全的身份识别解决方案——一个分布式账本软件项目，可与其他区块链互操作，也可单独使用以支持去中心化身份。通过实施 Hyperledger Indy，MemberPass（以前称为 MyCUID）提供了一个永久和便携的数字身份，可减少成员摩擦并为信用合作社内的数字交互注入更多信任，保护信用合作社及其成员在所有金融互动中免遭身份盗用和欺诈。借助 MemberPass，信用合作社现在可以简化呼叫中心、免下车和大堂接触点的初始会员身份验证流程，为会员提供了一种与信用合作社互动或识别身份的无缝方式。MemberPass 的工作原理如图 7-3 所示。

Hyperledger Indy 的分布式账本软件不仅允许个人拥有和控制其个人信息，还允许开发人员利用 Hyperledger Indy 中的工具、库和可重用组件来创建跨不同机构甚至行业兼容的身份解决方案。信用合作社运动是一种社会运动，旨在通过信任和合作来提高社区的经济和社会福利。Sovrin 网络是一个开源的分布式账本技术，用于创建和使用分散的数字身份。Sovrin 网络利用密码学和分布式账本技术的力量来促进信任的数字交互。因此，信用合作社运动如此迅速地接受这种信任的价值是很自然的。

总体而言，作为采用区块链和分布式账本技术解决方案的领导者，CULedger 正在寻求加速信用合作社行业的发展。"我们是这项技术的早期采用者。"CULedger 说，"我们正在展示这个行业如何协作，并努力实现共同目标。信用社及其成员的机会是无穷无尽的。"

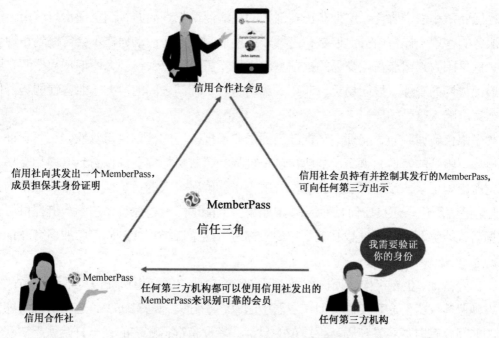

图 7-3 MemberPass 的工作原理

【例 7-2】 Kiva 使用 Hyperledger Indy 推出非洲首个国家去中心化 ID 系统。

目标:

❖ 让没有银行账户的人更容易获得数字身份证。

❖ 让非正规部门与银行分享信用记录。

❖ 帮助没有银行账户的人开设银行账户并获得贷款。

方法:

❖ 解决一个双面问题:ID 和数据。

❖ 找出过程中的差距。

❖ 与利益相关者合作建立网络。

❖ 选择一个快速、便宜和安全的 ID 交换平台。

❖ 让当地社区参与测试项目。

结果:

❖ 非洲第一个去中心化的国民身份证系统于 2019 年上线。

❖ eKYC 可在 5 秒内验证客户 ID。

❖ 系统只需要指纹和国民身份证号码。

❖ 继塞拉利昂后,将推广到其他国家。

对于全球 17 亿没有银行账户的成年人来说,获得金融服务的机会极其有限。由于连基本的储蓄账户都没有,这些人的经济机会往往仅限于非正式产品。例如,向客户提供信贷的当地店主、致力于服务 "最后一英里" 的小额信贷机构,以及由居住在该地区的个人建立的社区储蓄和信贷协会。这种非正规部门的经济活动充满活力，而且通常与城市金融机构所服务的客户一样有信誉。但是，这种非正规部门的经济活动通常不会传播到正规金融部门，这是因为来自非正式交易的数据基本上是不可见的：银行要么不信任数据源，要么无法验证数据的来源。显而易见，非正式部门与正式部门之间的数据不兼容使弱势群体和低收入家庭陷入贫困循环。

为了弥合数据脱节，必须向正规部门提供非正规部门的数据且可互操作和可验证。如果不解决可验证的身份，就不可能解决这个挑战：金融机构需要确保看到客户和交易方的完整财务历史记录。没有可验证的身份，就不可能确保个人的可验证、完整、独特的数据集，无论是信用记录还是任何其他用例。"如果我们能够为没有银行账户的人群提供可验证的数据，就能够解决数据挑战并吸引正规机构进入这个市场。"Kiva 首席战略官 Matthew Davie 说。

在世界各地，金融机构必须执行基于区块链的企业电子身份认证信息系统（eKYC）检查，以确保客户身份的真实性。但在发展中国家，基础设施通常较少，这个过程可能需要更长的时间，有时甚至是几周。更复杂的是，许多没有银行账户的人一开始就无法获得必要的身份证件。想象一下，住在一个偏远的村庄，有人想把多余的钱存入银行账户。如果拥有必要的身份证明文件，用户可以步行几公里到银行，向他们提供文件，并让分行经理复印或扫描其文件，并发送到总部，在等待数天或数周完成 KYC 验证后，仍然需要再次步行几公里到银行，开户并存入资金。"我们需要尽可能消除纸质文档，"Davie 说，"而且需要让每个人都能快速、廉价且安全地进行 KYC 验证。"

在最初为 Kiva 协议开发概念和基础设施时，Kiva 团队需要考虑一系列优先事项。

- ❖ 它必须快速、便宜且安全。
- ❖ 它必须可以与其他系统互操作。
- ❖ 它必须是企业级的，才能获得公共部门的认可。
- ❖ 它必须支持非正式和正式金融服务提供者的整合。
- ❖ 它必须是开源的，以消除供应商锁定。

为了找到合适的平台，Kiva 评估了 20 多个集中式和分散式软件堆栈。区块链和去中心化账本技术成为良好的解决方案，因为它们可以在协议级别实现数据来源，并且利益相关者可以相对独立地行动，以实现其在正式部门和非正式部门的各种活动。经过深思熟虑，Kiva 决定使用 Hyperledger 作为身份功能实现的技术栈，Kiva 协议由 Hyperledger Indy、Aries 和 Ursa 构建。"Indy 是迄今为止最好的开源去中心化身份平台。"

一个 7 节点的 Indy 网络部署在分布式云环境中，通常由于使用新网络，因此没有多少组织发布凭据或依赖于数据流。当前系统不需要分散在多个组织中，随着系统的成熟和其他国家的发行人的加入，更多的组织将参与运营节点。

2019 年，拥有约 700 万人口的西非国家塞拉利昂推出了国家数字身份平台（NDIP），使用 Kiva 协议为其公民提供快速、廉价和安全的身份验证，允许公民在约 11 秒内执行 eKYC 验证，身份验证变得非常容易，而且只需要使用公民的国民身份证号码和指纹（如图 7-4 所示）。通过这种验证，该国无银行账户的人可开设储蓄账户并成为正式银行账户。

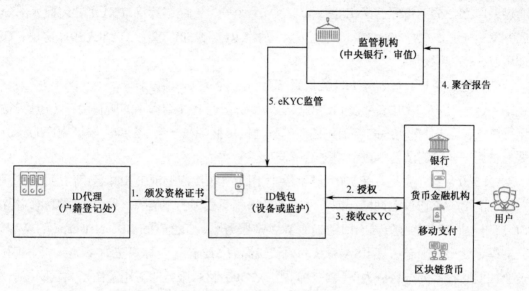

图 7-4　Kiva 协议框架

自 Kiva 协议推出以来，全球监管机构在考虑数字身份和 eKYC 验证方面取得了重大进展。这让 Kiva 看到了向用户拥有和控制的数据、更好的隐私和更普遍的访问方向发展的全球运动。这种对快速、廉价和安全的大规模身份识别系统日益增长的需求与 Kiva 协议背后的核心论点完美契合。

目前，Kiva 专注于构建额外的生态系统应用程序和服务，以使所有利益相关者更容易访问和使用 Kiva 协议。其中大部分被上游贡献到 Hyperledger Indy 和 Aires 项目中，其余组件托管在 Kiva 的存储库中。除了支持普惠金融，Kiva 还支持依赖可验证身份且对弱势群体至关重要的其他行业，包括教育、医疗保健、就业、住房和社会保护计划。所有这些都可以从 Kiva 协议支持的快速、廉价和安全的数字身份基础中受益。目前，Kiva 正致力于将在塞拉利昂展示的普惠金融系统（使用 Hyperledger Indy 作为其基础）带到其他国家/地区。

7.3　区块链上的 PKI 身份部署

7.3.1　PKI 概述

很多企业需要管理和维护数以百计基于云的应用程序。处理个人身份访问、控制和认证是一项困难的常规任务。当扩展到有众多用户和 Web 应用的因特网时，用户更加难以信任个体网站，可能会因为访问它而泄露隐私机密。因此，PKI（Public Key Infrastructure，公钥基础设施）[9]提供了一种安全的方法来认证网站和用户身份。

PKI 是提供公钥加密和数字签名服务的系统或平台，目的是管理密钥和证书。一个机构通过采用 PKI 框架管理密钥和证书可以建立一个安全的网络环境。PKI 主要包括 4 部分：X.509 格式的证书（X.509 V3）和证书废止列表 CRL（X.509 V2），CA/RA 操作协议，CA 管理协议，CA 政策制定。

一个典型、完整、有效的 PKI 应用系统至少应具有以下部分。

① 认证中心（CA）。CA 是 PKI 的核心，负责管理 PKI 结构下的所有用户（包括各种应用程序）的证书，把用户的公钥和用户的其他信息捆绑在一起，在网上验证用户的身份；还要负责用户证书的黑名单登记和黑名单发布。

② X.500 目录服务器。X.500 目录服务器用于发布用户的证书和黑名单信息，用户可通过标准的 LDAP 协议查询自己或其他人的证书和下载黑名单信息。具有高强度密码算法（SSL）的安全 WWW 服务器出口到本地 WWW 服务器，如微软的 IIS、Netscape 的 WWW 服务器等，受出口限制，其 RSA 算法的模长最高为 512 位，对称算法为 40 位，不能满足对安全性要求很高的场合。为解决这个问题，X.500 目录服务器采用了山东大学网络信息安全研究所开发的具有自主版权的 SSL 安全模块，利用自主开发的 SJY 系列密码设备，集成在 Apache WWW 服务器中。Apache WWW 服务器在 WWW 服务器市场中占有 50% 以上的份额，可移植性和稳定性很高。

③ Web（安全通信平台）。Web 有 Web Client 端和 Web Server 端两部分，分别安装在客户端和服务器，通过具有高强度密码算法的 SSL 协议保证客户端和服务器数据的机密性、完整性、身份验证。

④ 自开发安全应用系统是指各行业自开发的各种具体应用系统，如银行、证券的应用系统等。

⑤ 完整的 PKI。包括认证策略的制定（包括遵循的技术标准、各 CA 之间的上下级或同级关系、安全策略、安全程度、服务对象、管理原则和框架等）、认证规则、运作制度的制定、涉及的各方法律关系内容及技术的实现。

7.3.2　PKI 架构

PKI 架构包括终端实体、证书认证机构、证书注册机构和证书/CRL（Certificate Revocation List，证书吊销列表）存储库四部分（如图 7-5 所示）。

① 终端实体（End Entity，EE）：也称为 PKI 实体，是 PKI 产品或服务的最终使用者，可以是个人、组织、设备（如路由器、防火墙）或计算机中运行的进程。

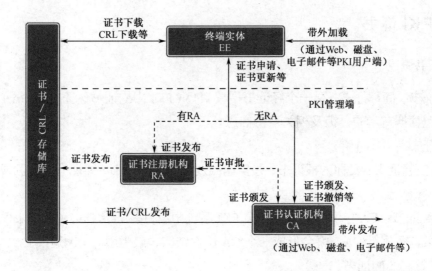

图 7-5　PKI 架构

② 证书认证机构（Certificate Authority，CA）：PKI 的信任基础，是一个用于颁发并管理数字证书的可信实体。它是一种权威性、可信任性和公正性的第三方机构，通常由服务器充当，如 Windows Server 2008。

③ 证书注册机构（Registration Authority，RA）：数字证书注册审批机构，是 CA 面对用户的窗口，是 CA 的证书发放、管理功能的延伸，负责接受用户的证书注册和撤销申请，对用户的身份信息进行审查，并决定是否向 CA 提交签发或撤销数字证书的申请。RA 作为 CA 功能的一部分，通常并不一定独立存在，而是与 CA 合并在一起。RA 也可以独立，分担 CA 的一部分功能，减轻 CA 的压力，增强 CA 系统的安全性。

④ 证书/CRL 存储库：由于用户名称的改变、私钥泄露或业务中止等原因，需要存在一种方法将现行的证书吊销，即撤销公钥及相关的 PKI 实体身份信息的绑定关系。PKI 使用的方法为证书废除列表 CRL。任何一个证书被撤销后，CA 就要发布 CRL 来声明该证书是无效的，并列出所有被废除的证书的序列号。因此，CRL 提供了一种检验证书有效性的方式。证书/CRL 存储库用于对证书和 CRL 等信息进行存储和管理，并提供查询功能。构建证书/CRL 存储库可以采用 LDAP（Lightweight Directory Access Protocol，轻量级目录访问协议）服务器、FTP（File Transfer Protocol，文件传输协议）服务器、HTTP（HyperText Transfer Protocol，超文本传输协议）服务器或者数据库等。其中，LDAP 规范简化了笨重的 X.500 目录访问协议，支持 TCP/IP，已经在 PKI 体系中被广泛用于证书信息发布、CRL 信息发布、CA 政策及与信息发布等方面[10]。如果证书规模不是太大，也可以选择架设 HTTP、FTP 等服务器来存储证书，并为用户提供下载服务。

7.3.3 PKI 证书

1. 证书概述

数字证书，简称证书，是一个经证书授权中心（PKI 中的证书认证机构 CA）数字签名的文件，包含拥有者的公钥及相关身份信息。

数字证书有以下 4 种。

① 自签名证书：又称为根证书，是自己颁发给自己的证书，即证书中的颁发者和主体名相同。

② CA 证书：CA 自身的证书。如果 PKI 系统中没有多层级 CA，CA 证书就是自签名证书；如果有多层级 CA，就会形成一个 CA 层次结构，最上层的 CA 是根 CA，它拥有一个 CA "自签名" 的证书。

③ 本地证书：CA 颁发给申请者的证书。

④ 设备本地证书：设备根据 CA 证书给自己颁发的证书，证书中的颁发者名称是 CA 服务器的名称。

2. 证书结构

最简单的数字证书包含一个公钥、名称及证书授权中心的数字签名（如图 7-6 所示）。

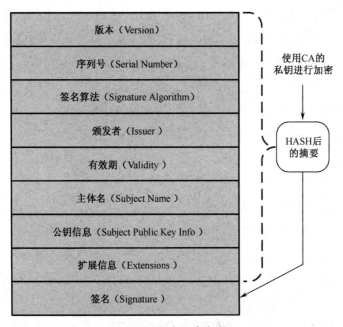

图 7-6　数字证书架构

3. 证书格式

设备支持三种文件格式保存证书（如表 7-1 所示）。

表 7-1　数字证书的文件格式

文件格式	描　　述
PKCS#12	以二进制格式保存证书,可以包含私钥,也可以不包含私钥。常用的后缀有.P12 和.PFX
DER	以二进制格式保存证书,不包含私钥。常用的后缀有.DER、.CER 和.CRT
PEM	以 ASCII 码格式保存证书,可以包含私钥,也可以不包含私钥。常用的后缀有.PEM、.CER 和.CRT

7.3.4　现有 PKI 模型的挑战

挑战 1——额外安全的需求:根据 2016 年波耐蒙研究所的一份报告[11],62%的企业已经使用 PKI 部署了基于云的应用程序,比 2015 年增加了 50%。如果中央证书存储库受到破坏,将导致大量数据泄露和账户被盗。机构倾向于使用额外的安全层,如硬件安全模块(HSM)来保护它们的 PKI。HSM 被用于保护 PKI 最关键的根,并且用于颁发 CA 私钥。机构倾向于为管理员和 HSM 选择使用多因素身份认证。

挑战 2——中心机构:在当前的网络状态下,中心机构(根机构)负责管理 DNS 请求和响应(根机构)X.509 证书等。因此,所有联网的设备和系统都必须信任第三方来管理公钥和标识符。例如,域名尽管已经被其所有者购买,但实际上它由第三方(如因特网名称与数字地址分配机构(ICANN)、域名注册机构或证书颁发机构等)控制监管。

此外,这些受信任的第三方有能力破坏和损害全世界用户数据的完整性和安全性。在一些案例中,这些受信任的第三方将客户的信息共享给了其他机构。

7.3.5　基于区块链的 PKI 部署

1. PKI 部署方案

以太坊是众多区块链平台中最灵活、最可靠的平台之一[12],是一个可编程的区块链,适合粒度性的和基于策略的 PKI 系统。PKI 可以通过以太坊区块链中的智能合约来实现其功能。每个实体可以有多个属性来认证所有权,这些实体可以是公钥或以太坊地址。每个交易使用公钥标识,然后由相应的实体 ID 和 PKI 表示。智能合约用于对 PKI 中各种操作的事件和功能进行编程。智能合约还可以配置为调用特定的 PKI 操作,如创建、派生、删除、销毁等。这些功能和流程将以可靠的方式编写并部署在 EVM 中,将为 PKI 操作提供方便的用户管理。以下 PKI 操作是通过智能合约而提供的。

① 实体注册。用户或系统通过从智能合约调用注册事件添加到 PKI 系统。实体十分简单,可以是以太坊地址、公钥、属性 ID、数据和数据哈希。智能合约上配置的事件会收集实体并将其作为交易转发给以太坊。通过挖矿共识过程,队列中的交易被打包成块,并被附加到区块链上。

② 属性签名。实体可以通过注册事件进行特征化。实体的每个属性都可以通过智能合

约由 PKI 系统签名，并发出交易。此签名实体稍后将提供给其他实体或用户。

③ 属性检索。实体属性可以通过区块链应用筛选器来定位，筛选器使用智能合约上配置的事件的各自 ID 作为索引。

④ 撤销签名。这是任何 PKI 解决方案撤销属性或实体上的数字签名所需要的最关键的功能之一。当用户丢失其密钥或密钥泄露时，撤销签名变得极为重要。可以配置智能合约以调用撤销事件，并且撤销特定实体上的签名。

2．PKI 部署

打开 Node.js 和 Ganache-CLI 框架。在本地系统中创建整个以太坊环境时，必须仔细地执行 ganache-cli 的安装，步骤如下。

① 用 Nodejs 官网展示的命令安装 Nodejs。

② 在终端运行以下命令"npm install -g ganache-cli"。启动测试网络，如图 7-7 所示。

图 7-7　部署测试网络

③ 启用开发者模式来详细查看浏览器内容，还必须打开 LOAD UNPACKED 扩展选项，如图 7-8 所示。

3．PKI 测试

CA 可以发布响应策略（RP），若未授权证书被颁发，则该策略将生效。在测试过程中，需要注册域证书策略（DCP）并创建响应策略。测试可以在本地系统上完成。

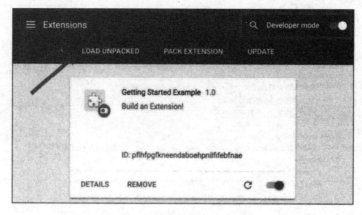

图 7-8　扩展启用开发者模式

① 添加一个检测器并注册它。需要以下脚本，通过定义检测器 ID 添加检测器，如图 7-9 所示。

```
function addDetector(address detectorAddress) public returns (uint detectorID) {
    detectorID = detectors.length++;
    Detector storage detector = detectors[detectorID];
    detector.authority = detectorAddress;
    emit DetectorAdded(detectorID, detectorAddress);
}
```

图 7-9　检测器

② 注册一个域所有者用于颁发证书的 CA。需要定义 CA 的 ID、拥有者的地址和名称，如图 7-10 所示。

```
function registerCA(address caAddress, string caName) public returns (uint caID){
    caID = cas.length++;
    CertificateAuthority storage ca = cas[caID];
    ca.caOwner = caAddress;
    ca.caName = caName;
    emit CAAdded(caID, caAddress, caName);
}
```

图 7-10　注册 CA

③ 使用 CA 注册 DCP，如图 7-11 所示。

```
function registerDCP(string identifier, string data, string certHash, uint certExpiry, address CA) public returns (uint dcpID) {
    dcpID = dcps.length++;
    DomainCertificatePolicy storage dcp = dcps[dcpID];
    dcp.identifier = identifier;
    dcp.owner = msg.sender;
    dcp.data = data;
    dcp.CA = CA;
    dcp.certHash = certHash;
    dcp.certExpiry = certExpiry;
    emit DCPAdded(dcpID, msg.sender, identifier, data, certHash, certExpiry, CA);
}
```

图 7-11　注册 DCP

④ 在智能合约下创建一个相关的 RP，如图 7-12 所示。

```
function signRP(uint dcpID, uint expiry) public returns (uint signatureID) {
    if (dcps[dcpID].CA == msg.sender) {
        signatureID = rps.length++;
        ReactionPolicy storage rp = rps[signatureID];
        rp.CA = dcps[dcpID].CA;
        rp.signer = msg.sender;
        rp.attributeID = dcpID;
        rp.expiry = expiry;
        emit RPSigned(signatureID, msg.sender, rp.CA, dcpID, expiry);
    }
}
```

图 7-12　创建 RP

⑤ 当检测器接收到恶意证书报告时，撤销证书，如图 7-13 所示。

```
function revokeSignature(uint reactionPolicyID, string certHash, address caAddress, uint detectorIndex) public returns (uint revocati
    if (rps[reactionPolicyID].signer == msg.sender || detectors[detectorIndex].authority == msg.sender) {
        revocationID = revocations.length++;
        Revocation storage revocation = revocations[revocationID];
        revocation.rpID = reactionPolicyID;
        revocation.certHash = certHash;
        revocation.CA = caAddress;
        emit SignatureRevoked(revocationID, certHash, reactionPolicyID, caAddress);
    }
}
```

图 7-13　撤销证书

⑥ 当 CA 频繁出现错误行为时，检测器可以将 CA 列入黑名单，如图 7-14 所示。

```
function blacklistCA(uint caIndex, uint detectorIndex) public {
// detectors can blacklist CAs if they breach a threshold.
if (detectors[detectorIndex].authority == msg.sender) {
  if (cas.length > 1) {
    cas[caIndex] = cas[cas.length-1];
    delete(cas[cas.length-1]);
  }
  cas.length--;
}
    emit CABlacklisted(caIndex, detectorIndex);
}
```

图 7-14　将 CA 列入黑名单

最终成功地将 PKI 在以太坊区块链上进行了部署，便可以描述从注册 CA 到请求响应支付的整个过程。由此成功地开发了一个描述响应支付的模型和一种对行为不当的 CA 实施问责的方法。

7.3.6　身份链生态系统

身份链是贵州远东诚信管理有限公司基于区块链技术治理科技 GovTech 的首款原创产品，旨在保护隐私安全的前提下对线下实名身份与线上数字身份进行映射关联和统一管理，并基于这一可信身份认证体系，通过跨链技术实现不同应用场景对应的链与链之间的价值转移和事务协作。

"身份链"已然是一款成熟的区块链产品，运用底层技术持续研发，运行稳定。目前，身份链已经在信用体系、医疗健康、交通通勤、数据完整性检测等领域应用，主要应用场景包括信用档案存证管理、医疗健康数据协同、医药物流管理、贫困区农产品高速通行免费政策管理等，如图 7-15 所示。

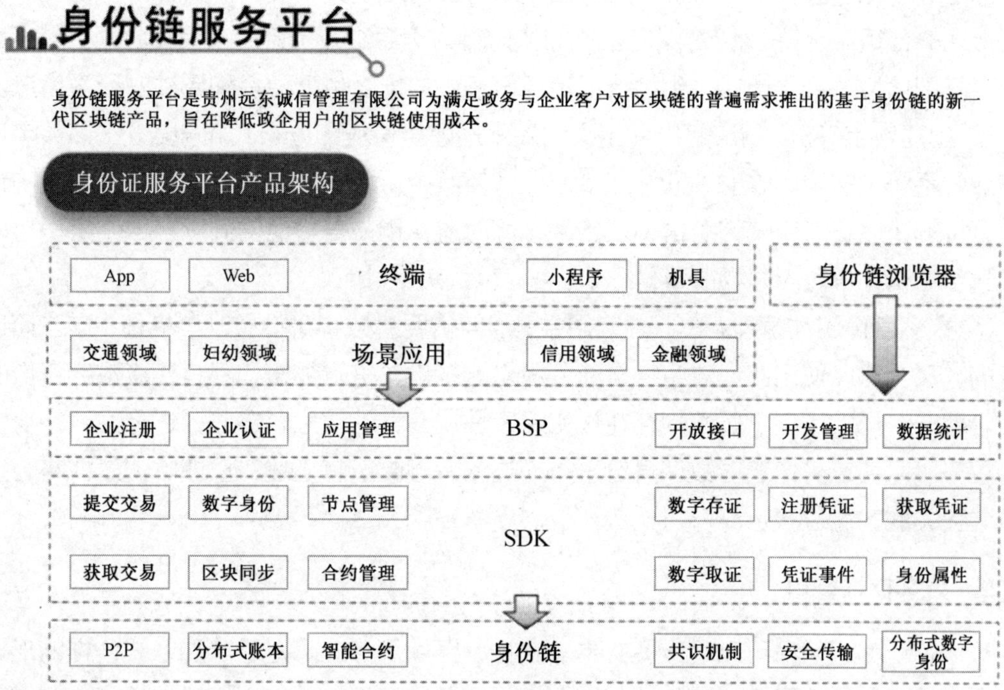

身份链服务平台

身份链服务平台是贵州远东诚信管理有限公司为满足政务与企业客户对区块链的普遍需求推出的基于身份链的新一代区块链产品，旨在降低政企用户的区块链使用成本。

图 7-15 身份链服务平台

① 在信用档案管理上，平台提供的数字身份管理、数字存证、数字凭证服务可以保障信用数据不可篡改，并支持基于信用的贷款发放、奖补发放。

② 在医疗数据协同上，平台可以通过非归集数据的方式实现支持管理病患健康档案。在电子处方流转过程中，医生可安全有效调用患者的过往医疗健康档案支持决策；在智慧妇幼应用中，准妈妈或者妈妈们也能方便管理自己的孕产档案。

③ 在医药物流领域，平台支持整合中小医药物流公司零散物流，实现集中统一配送，同时保障医药物资及相关单据的安全可信流转。

④ 在交通通行领域，平台支持特定地区农产品、特殊物资或特殊车辆以数字身份快速通关，且提高监管效率，有效抑制非特殊车辆套取优惠政策。

只有对账户体系的完整解读，基于平台之上构建的可信生态对现实世界才有实际价值和意义。身份链服务平台的底层按照 W3C 的标准来构建。W3C 牵头制定了分布式数字身份中的关键数据的组织形式，如分布式标识符和可验证凭证（Verified-credentials），这是一整套全球通用的、标准化的、可机读的分布式数字身份标识符和体系。身份链服务平台的DID基础扎实，在业务拓展上具有了先发优势。同时，身份链按照账户体系的逻辑来构建服务平台，包括数字身份管理、数字存证和数字凭证。

1. 数字身份管理

通过数字化信息将个体可识别地刻画出来，亦可理解为将真实的身份信息浓缩为数字代码形式的公钥/私钥，以便对账户主体的实时行为信息进行绑定、查询和验证。数字身份可包含基础信息、个体描述、生物特征等身份编码信息，也涉及多种属性的行为信息。

① 创建数字身份。用户可以使用次功能来创建身份链的分布式数字身份，该数字身份可与业务系统中的用户映射关联，在多方业务交互中可使用该数字身份作为跨系统的认证身份，可解决多业务系统的身份识别问题，同时避免用户身份泄露问题。数字身份可以是人的身份标识，也可以是物的身份标识。

② 数字身份属性管理。在一些应用中，通常需要对数字身份做一些描述，这些描述是公开的，甚至可以使用其他数字身份的公钥对这些描述进行加密，只有对应数字身份的私钥才可解开，同时确保了属性的存在性和保密性。在身份链上，这些描述称为数字身份属性。用户可以通过身份链对数字身份进行描述或者删除已有描述，已删除的属性将与数字身份失去关联，通过数字身份将无法获取。

2. 数字存证应用

数字存证的源信息可以是一段文本、文档、图片等形式。对于这种各式各样的形式，电子存证一般存储的是源信息的哈希摘要。平台通过服务层支持用户快速检索，完成业务验证的需要。

① 存证。链上内容不可篡改，可以实现内容的去中心化存储和时间戳固化。用户可以把文字、文档、图片等提交到身份链，由身份链调用智能合约，将内容存储在链上。

② 取证。为用户提供对已存证内容的可信取证功能。

3. 数字凭证服务

数字凭证建立在数字身份之上，一个数字凭证可由多个数字身份参与，如发行方、申明方、持有方、验证方等，各方对数字身份的操作经过使用操作人的私钥对内容进行签名，最终由多方共同验证某一个（串）事件/行为（凭证）的真实性。

① 创建凭证。

② 获取凭证元数据。用户可以获取已有凭证的基本信息，这些信息称为凭证元数据。凭证元数据包括创建人分布式数字身份、凭证标题、凭证描述、创建时间等。

③ 添加凭证事件。用户可以对凭证添加一个业务流的事件描述。这些描述分为事件标题和事件内容，操作人使用其数字身份对内容进行签名。凭证事件包含事件标题、事件内容描述、操作人分布式数字身份、内容签名和事件索引；事件索引是该事件在凭证的次序，业务流以此索引为先后判别依据。

④ 获取凭证事件，指获取凭证的已上链事件。

身份链有开放、融合、透明、权威等特点，如图 7-16 所示。

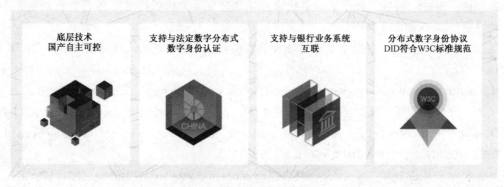

图 7-16　身份链的特点

本章小结

本章介绍了身份管理和认证，以及区块链身份认证的优势；然后介绍了 Hyperledger Indy 项目及其核心算法，以及相应的身份管理案例；最后讲解了 PKI 的重要性，如何保障互联网用户之间的信任要素，介绍了 PKI 的组件，这些组件使 PKI 成为更可靠的模型，以便在公共网络上保持信任。

习 题 7

1．区块链使用什么方式来确定身份？

2．身份认证主要用来解决什么问题？

3．区块链身份管理较传统的身份管理具有哪些优势？

4．Indy 如何进行身份管理？

5．什么是 Plenum 共识算法？

6．CULedger 是如何优化身份管理的？

7．什么是 PKI？

8．数字证书有哪些格式？

9．如何吊销 PKI 数字证书？

10．现有的 PKI 模型面临哪些挑战？

参考文献

[1] Imahori T T, Cupach W R. Identity management theory[J]. Theorizing about intercultural communication, 2005: 195-210.

[2] Bramhall P, Hansen M, Rannenberg K, et al. User-centric identity management: New trends in standardization and regulation[J]. IEEE Security & Privacy, 2007, 5(4): 84-87.

[3] 魏永禄，朱红，邱兵. 基于双因素特征的信息安全身份认证技术研究[J]. 山东大学学报：理学版，2005, 40(3): 76-79.

[4] 金斌，周凯波，冯珊. 多因素认证系统设计与实现[J]. 武汉理工大学学报，2006, 28(7): 101-104.

[5] Nakamoto S, Bitcoin A. A peer-to-peer electronic cash system[J]. Bitcoin, 2008, 4: 2.

[6] 沈鑫，裴庆祺，刘雪峰. 区块链技术综述[J]. 网络与信息安全学报，2016, 2(11): 11-20.

[7] Dunphy P, Petitcolas F A P. A first look at identity management schemes on the blockchain[J]. IEEE security & privacy, 2018, 16(4): 20-29.

[8] Aggarwal S, Kumar N. Hyperledger[M]//Advances in computers. Elsevier, 2021, 121: 323-343.

[9] Maurer U. Modelling a public-key infrastructure[C]//European Symposium on Research in Computer Security. Springer, Berlin, Heidelberg, 1996: 325-350.

[10] 仲秋雁，王岳宏. 基于 LDAP 的 XKMS 服务的研究与实现[J]. 计算机工程，2007, 33(5): 149-151.

[11] Grimm J. PKI: crumbling under the pressure[J]. Network Security, 2016, 2016(5): 5-7.

[12] Tikhomirov S. Ethereum : state of knowledge and research perspectives[C]//International Symposium on Foundations and Practice of Security. Springer, Cham, 2017: 206-221.

第8章 基于区块链的隐私计算

8.1 区块链与隐私计算概述

8.1.1 技术特点和分类

隐私计算是指由两个或多个参与方联合计算的技术或系统。参与方可以来自同一机构，也可以来自不同机构。参与计算的每一方提供数据或者模型用于联合计算或分析，并且在不泄露各自数据隐私的情况下进行数据联合分析，如分布式机器学习和联邦学习。不同参与方之间互不信任，各参与方都需要保证自己的数据隐私不泄露给其他参与方或信道上的窃听者。同时，隐私计算系统还必须保证数据的可用性。区块链具有去中心化、高透明性、高自治性、不可篡改性和访问控制等优势，可以用于隐私计算。下面介绍区块链的性质如何满足隐私计算中的多方需求。

1. 去中心化

区块链使用去中心化的分布式系统进行存储和计算数据，不存在中心化的硬件或管理机构，每个节点的权限和等级都是均等的；另外，区块链系统具备抵抗单点故障和容错的能力，当少部分节点崩溃时，系统仍可提供正常的服务，保证了合法用户可以对区块链中数据随时取用的需求，打破了数据孤岛，实现了隐私计算的数据可用性需求。

2. 高透明性

公有区块链系统是开放的，除了交易各方的私有信息被加密，任何人都可以通过公开接口查询数据和开发相关应用，整个系统高度透明。在隐私计算场景中，各参与方都可以通过区块链的高透明性验证计算数据的代码是否是"正确的"或非恶意的代码，从而保证没有人恶意修改数据，从而造成隐私泄露。

3. 高自治性

区块链系统采用一套协商好的规范和协议，即一套既定算法，使各参与方可以在不需要互相信任的情况下进行协同隐私计算，而不必担心恶意的参与方不按照协议运算。例如，恶意修改运算代码企图窃取其他参与方的隐私数据。高自治性在一定程度上实现了隐私计算的数据保密性需求。

4．不可篡改性

区块链系统具有不可篡改的特性，任何经过验证并且上链的交易都无法被篡改，也就是说，区块数据只能添加，不能修改或删除。不可篡改性保证了隐私计算的各参与方不可否认自己对数据进行联合分析的行为，实现了隐私计算的不可否认性需求。

5．访问控制

访问控制是一种按照用户身份来限制用户访问某项资源的技术。公有链通过用户私钥实现访问控制，任何人都可以查看数据信息；私有链或联盟链有更加具体复杂的访问控制策略，只有获得访问权限的节点才可以查看和操作数据。私有链或联盟链可以用于隐私计算，只有参与方拥有数据的访问控制权限，保证数据不泄露给信道上的攻击者，这样就实现了数据的保密性需求。

8.1.2　隐私计算的功能和验证

目前，隐私计算可以由多种技术来实现，包括安全多方计算、同态加密和可信执行环境。

1．安全多方计算

（1）定义与威胁模型

安全多方计算[1]（Secure Multi-Party Computation，SMPC）来源于姚期智教授提出的百万富翁问题：在没有可信第三方的前提下，两个百万富翁如何在不泄露自己真实财产的状况下，得出谁更富有的结论。安全多方计算可以在保证多方数据隐私的情况下，将数据集合在一起做运算，如机器学习模型训练。安全多方计算描述的是在无可信第三方的前提下，如何安全地计算一个约定函数的问题。

在安全多方计算场景中，威胁模型包括半诚实敌手模型和恶意敌手模型。

① 半诚实敌手模型或诚实但好奇敌手模型（Curious-but-Honest）是指参与计算方存在获取其他计算方原始数据的需求，但仍会诚实地按照计算协议执行。半诚实敌手模型的运算方会完全遵守协议的执行过程，中途不退出协议，也不会篡改协议运行结果，但可以保留执行协议过程中的一些中间结果，并通过这些中间结果试图分析或推导出其他成员的输入数据；换言之，半诚实敌手模型的运算方只拥有被动攻击的能力，如窃听。

② 恶意敌手模型是指恶意的参与计算方可以不执行计算协议，能够随意中断多方计算协议的运行，破坏协议的正常执行，或是随意修改协议的中间结果。甚至更坏的情况下，恶意敌手会与其他计算参与方相互勾结，计算参与方可采用任何恶意的方式与对方通信，造成协议执行不成功、计算参与方得不到任何数据或者数据大量泄露的后果。

（2）实现技术

目前，主流的安全多方计算通常通过三种技术来实现：秘密共享、不经意传输和混淆电路。

① 秘密共享

秘密共享[2]（Secret Sharing）是许多密码协议使用的工具，是在一组参与者中共享秘密的技术，主要用于保护重要信息，防止信息被窃听、破坏或篡改。秘密共享方案涉及一个拥有秘密的交易者，一组 N 个参与者，以及一组称为访问结构的参与者子集 A。一个秘密方案符合以下描述：A 中的任何子集都可以通过特定算法重构秘密，不属于 A 的任何子集不能获得有关秘密的任何有用信息。它源于经典密码学理论，最早在 1979 年由 Sharmir 和 Blakley 分别独立提出并给出了具体的方案。

Sharmir 的门限秘密共享方案基于拉格朗日插值法实现，Blakley 的门限方案是利用多维空间点的性质来建立的。在 (t,n) 门限秘密共享方案中，有 n 个参与者，包含至少 t 个参与者的子集都是授权子集，授权子集的参与者可以协作恢复出秘密，包含小于 t 个参与者的子集都是非授权子集，非授权子集不能恢复出秘密。

② 不经意传输

不经意传输[2]（Oblivious Transfer，OT）是一种密码学协议，最早由 Michael O.Rabin 在 1981 年提出，实现了发送方将潜在的许多信息中的一个传递给接收方，但对接收方接收的信息保持未知状态。

下面介绍较为实用的二选一的不经意传输方案，也称为 1out 2 方案，基于 RSA 算法实现。所谓二选一的不经意传输方案，是指 Alice 和 Bob 进行通信，Alice 拥有两个信息，记为 $\{m_0,m_1\}$，Bob 提供一个输入 i，在协议通信结束后，Bob 获得信息 $\{m_i\}$，但 Alice 并不知道 Bob 得到的是 $\{m_0,m_1\}$ 中的具体哪一条信息。

二选一的不经意传输方案的流程如图 8-1 所示。

步骤 0：Alice 拥有消息对 $\{m_0,m_1\}$。Alice 使用 RSA 算法生成两对公私钥 $\{p_{k_0},s_{k_0}\}$ $\{p_{k_1},s_{k_1}\}$，并公开两个公钥 $\{p_{k_0}\}$ 和 $\{p_{k_1}\}$。

步骤 1：Bob 生成随机数 r，假设 Bob 想知道 $\{m_0\}$ 的具体内容，则 Bob 使用 $\{p_{k_0}\}$ 加密随机数 r，生成密文 $c = \text{Encrypt}_{p_{k_0}}(r)$，并将密文 c 发送给 Alice。

步骤 2：Alice 收到密文 c 后，用私钥 s_{k_0} 和 s_{k_1} 别解密，得到两个结果，$r_0 = \text{Decrypt}_{s_{k_0}}(c)$ 和 $r_1 = \text{Decrypt}_{s_{k_1}}(c)$，接下来，Alice 计算 $n_0 = r_0 \oplus m_0$ 和 $n_1 = r_1 \oplus m_1$，并将 n_0 和 n_1 发送给 Bob。

步骤 3：Bob 收到 n_0 和 n_1 后，由步骤 2 可知，Bob 想知道 m_0 的具体内容，所以计算可得 $m = n_0 \oplus r$，且 $m = m_0$。

因为 Alice 并不知道 Bob 在步骤 1 中生成的随机数是多少，所以协议完成后，Alice 并不知道 Bob 知晓了消息对 $\{m_0,m_1\}$ 中的哪一条，实现了不经意传输的需求。

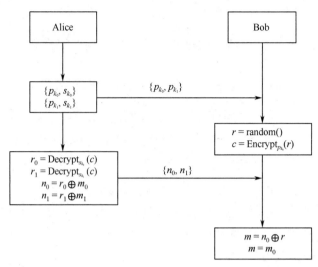

图 8-1　二选一不经意传输方案流程

③ 混淆电路

混淆电路[1]是一种密码学协议，由姚期智教授首先提出。通过混淆电路协议，两个参与方可以在不知晓对方数据的前提下，共同计算出一个可以用逻辑电路表示的函数。混淆电路协议具体内容包括两个步骤：一个参与方生成混淆电路发送给另一方；另一方利用不经意传输来进行输入，并将结果返回给生成混淆电路的一方。

2．同态加密

（1）同态加密的定义

同态加密（Homomorphic Encryption，HE）是一种加密形式，允许人们对密文进行特定形式的代数运算，得到仍然是加密状态的结果，将其解密，所得到的结果与对明文进行同样的运算结果一样。换言之，这项技术可以实现在加密的数据中进行检索、比较等操作，得出正确的结果，而在整个处理过程中无须对数据进行解密。

同态加密作为一种加密方案，允许第三方（如云服务提供商）在加密数据上执行一些计算的功能，同时保留加密数据的功能和格式的特征。事实上，同态加密方案对应抽象代数的映射。对于样本消息 m_1 和 m_2，通过使用 $E(m_1)$ 和 $E(m_2)$ 进行运算来获得 $E(m_1 + m_2)$，而无须明确知道 m_1 和 m_2，其中 E 表示加密函数。

同态加密分为全同态加密（Fully Homomorphic Encryption，FHE）和部分同态加密（Partial Homomorphic Encryption，PHE）。全同态加密能够同时实现乘同态和加同态，如HElib[4]和 Microsoft SEAL[5]；而部分同态加密仅能够实现乘同态或加同态，如最经典的 RSA加密，本身对于乘法运算就具有同态性。Elgamal 加密方案同样对乘法具有同态性，在 1999年提出的 Paillier[6]加密方案也具有同态性，而且是可证明安全的加密方案。下面以 Paillier同态加密方案为例介绍同态加密的具体实现。

（2）Paillier 同态加密方案

Paillier 加密系统是加性同态公钥加密系统，已广泛用于加密信号处理或第三方数据处理领域。Paillier 算法的概率特征为：对于相同的纯文本，可以通过不同的加密过程获得不同的密文，从而保证了密文的语义安全性。Paillier 的同态特性为：使用 Paillier 算法加密后，可以直接对密文进行算术运算，运算结果与明文域中的相应运算结果一致。下面介绍 Paillier 的加解密机制[7]。

① 密钥生成

随机选择两个较大的质数 p 和 q，计算它们的乘积 N 及 $p-1$、$q-1$ 的最小公倍数 λ，再随机选取一个整数 $g \in Z_{N^2}^*$，且 g 满足

$$\gcd\left(L(g^\lambda \bmod N^2), N\right) = 1 \tag{8-1}$$

其中，函数 $L(u) = (u-1)/N$，$\gcd(\cdot)$ 用于计算两数的最大公约数，Z_{N^2} 为小于 N^2 的整数的集合，$Z_{N^2}^*$ 为小于 Z_{N^3} 中与 N^2 互质的整数的集合。(N, g) 和 λ 分别为公钥和私钥。

② 加密过程

随机选择一个整数 $r \in Z_N^*$，对于任意一个明文 $m \in Z_N$，利用公钥 (N, g) 加密后得到对应的密文 c 为

$$c = E[m, r] = g^m r^N \bmod N^2 \tag{8-2}$$

根据 Paillier 加密系统的概率特征，存在密文 $c \in Z_{N^2}^*$，利用相同的公钥进行加密时，由于 r 的选取是随机的，对于同一个明文 m，可得到不同的密文 c，但解密后依然可以还原出相同的明文 m，从而保证了密文的语义安全。

③ 解密过程

利用私钥 λ，对密文 c 解密后得到对应的明文 m，即

$$m = D[c] = \frac{L(c^\lambda \bmod N^2)}{L(g^\lambda \bmod N^2)} \bmod N \tag{8-3}$$

Paillier 加密系统具有以下两个重要性质。

性质一：当 g 满足式 (8-1) 时，则 $c = E[m, r]$ 是双射的，即 $\forall (m, r) | m \in Z_N$，$r \in Z_{N^2}^*$ 都有唯一的 $c = E[m, r]$ 与之对应。即对于两个明文 $m_1, m_2 \in Z_N$ 和 $\forall r_1, r_2 \in Z_N^*$，根据式 (8-2) 分别得到对应的密文 $c_1, c_2 \in Z_{N^2}^*$，当且仅当 $m_1 = m_2$ 和 $r_1 = r_2$ 成立。

性质二：Paillier 加密系统具有加法同态性质，对于两个明文 $m_1, m_2 \in Z_N$ 和 $\forall r_1, r_2 \in Z_N^*$，密文 $c_1 = E[m_1, r]$ 和 $c_2 = E[m_2, r]$ 满足

$$c_1 \times c_2 = E[m_1, r] \times E[m_2, r] = g^{m_1 + m_2}(r_1 r_2)^N \bmod N^2 \tag{8-4}$$

解密后得

$$D[c_1 \times c_2] = D[E[m_1, r] \times E[m_2, r] \bmod N^2] = m_1 + m_2 \bmod N \tag{8-5}$$

3．可信执行环境

（1）可信执行环境的定义

可信执行环境（Trusted Execution Environment，TEE）是 CPU 的一块特殊区域，具有比操作系统管理员更高的权限，从中运行的软件或程序可以拒绝所有非授权访问，即使拥有系统 Root 权限，在没有被 TEE 授权的情况下也不能访问它运行时的内存。目前，主流的可信执行环境平台有 Intel SGX[8]和 ARM TrustZone[9]。下面以 Intel SGX 为例介绍可信执行环境如何实现隐私计算目标。

（2）Intel SGX

Intel SGX 全称为 Intel Software Guard Extensions，是一组指令集，旨在增强特殊硬件区域中应用程序的安全性，开发人员可以通过 Intel SGX 相关 API 编程，使得需要更高级别安全保护的应用程序运行在安全的区域，获得 Intel SGX 保护的应用程序可以禁止一切非授权访问，保护数据机密性和完整性。Intel SGX 运行需要 CPU 和 BIOS 的支持。具体地，Intel SGX 通过远程认证和隔离性来保证应用程序数据机密性和完整性。

在初始化阶段，Intel SGX 硬件执行远程认证过程，以检查平台（Intel SGX 的 CPU）和已加载的应用程序（不是伪造的软件）的真实性。

在运行阶段，Intel SGX 硬件可以防止未授权特权软件（如操作系统）来访问受 Intel SGX 硬件保护的应用程序内存，这通过隔离性来实现。因此，即使运行应用程序的主机受到了恶意攻击者或半诚实的操作者的破坏，攻击者仍然无法访问应用程序的数据。

Intel SGX 远程认证协议[10]由三个参与方组成：应用程序、验证程序和 Intel 认证服务（Intel Attestation Service，IAS）。远程认证协议有三个目标：验证程序、检查应用程序及其运行平台是否真实，以及验证者和应用程序建立安全的通信渠道。

Intel SGX 远程认证的过程如图 8-2 所示。

图 8-2　Intel SGX 远程认证的过程

① 应用程序向验证者发送一个 EPID，标识运行该应用程序的平台（CPU 唯一 ID），然后应用程序将其公钥 Ga（来自 Diffie-Hellman 密钥交换协议 DHKE）发送给验证程序。

② 验证程序向 IAS 查询，以检索 ID 的签名吊销列表（SigRL），并向应用程序发送一条消息，其中包含其公钥 Gb、SigRL 及其签名 Sigb。

③ 应用程序检查平台（检查平台 ID 是否在 SigRL 中）和公钥（使用 Gb 和 Sigb）的有效性。若两者均有效，则应用程序将生成引用并将其发送给验证程序。这个引用包含加载到受保护的 SGX 内存（也称为安全区）的二进制可执行文件的哈希值和 EPID 的私钥

（在 CPU 中密封的非对称密钥对）对这个哈希值的签名 SigEPID。

④ 验证程序使用哈希值和 SigEPID 来查询 Intel 认证服务器（IAS），以确认签名有效，并使用预先计算的值来检查哈希值是否有效。若两个验证都成功，则验证程序将回复该应用程序，以确认其可信赖性。同时，验证程序和应用程序都使用 Ga 和 Gb 计算会话密钥 Ks。Ks 可用于后续的安全通信。

Intel SGX 通过划分可信物理内存和一系列指令来拒绝未授权访问，通过以下步骤来调用安全区（Enclave）函数，如图 8-3 所示。

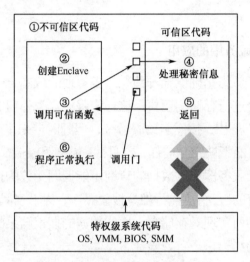

图 8-3　Intel SGX 应用程序运行流程

① Intel SGX 的应用程序代码被划分为可信区域和不可信区域。

② 应用程序启动并创建安全区（Enclave）。

③ 应用程序调用可信区中的函数（安全函数），当前程序执行进入安全区。

④ 在安全区 Enclave 内部可以看到程序的所有执行过程包括运行时内存，所有外部对安全区的非授权访问都将被拒绝。

⑤ 安全函数调用返回，机密数据保存在安全区中。

⑥ 不可信区代码恢复正常运行。

8.1.3　应用需求和场景

1. 隐私计算在医疗服务中的应用

在医疗机构中，病历数据是病人的隐私；同时，病历数据作为珍贵的临床资料，对病情推断和医学发展具有重大意义。近几年，人工智能迅速发展，在医疗服务中也有了广泛的研究和应用场景，如用机器学习模型进行医学影像识别。医学影像识别对于医生的决策至关重要，如通过大规模的 CT 图像识别辅助医生进行新冠肺炎的诊断。因为需要识别的医学影像数量过大，所以使用机器学习模型辅助医生进行医学影像识别是非常有意义的。

然而，单个医疗机构的数据不足以支持大规模的模型训练，为了获得更精确、有效的模型，往往需要聚合多个医疗机构的数据进行训练。但对于每个医疗机构而言，用于模型训练的样本数据都是组织的隐私数据，需要保护数据不泄露给其他医疗机构或参与模型训练的第三方，例如，提供模型训练代码的机构。因此，隐私计算变得至关重要，在多个医疗机构联合训练机器学习模型的场景中，可以使用多方安全计算或区块链来设计系统架构，使得各参与方在不泄露自己数据隐私的前提下，协同训练出一个可用的高精度的机器学习模型。

2. 隐私计算在外包服务中的应用

在实际生产中，为了节约基础设施开销和人工管理的成本，一些企业往往选择将数据外包给第三方的云服务器进行存储和运算，这样的服务称为外包服务。尽管外包服务有很多优势，如可实现弹性扩展[11]、按需自助服务等，但同时带来了一些新的安全挑战。

一方面，云服务器可能不被完全信任，并且面临内部和外部安全威胁，如软件/硬件故障，这会导致对存储在云服务器上的数据的查询可能返回无效的搜索结果。此外，云服务器可能是"半诚实但好奇的"，有意执行部分搜索操作，以节省其计算和通信开销。因此，一个重要的安全挑战是如何实现对存储在云中的数据的搜索结果的可验证性。这意味着客户端应对云服务器返回的结果进行有效验证。具体来说，云计算外包服务应满足两个安全要求：① 正确性要求结果是未被修改过的原始数据；② 完整性要求结果包括满足客户搜索请求的所有匹配数据。

另一方面，随着云计算的迅速普及，越来越多的数据正以指数级增长的方式外包给云服务商，不可避免地包括一些"敏感数据"，如果将这些数据直接明文存储在云上，机密数据可能被窃取。直觉上的解决方案是用户将密文存储在云上，根据密码学的安全假设，只要加密算法是安全的，那么这些密文也具有同等安全性。当用户需要用到某数据时，向云服务器请求结果的密文，然后在本地解密就可以。但往往用户请求的是数据分析的结果。

由于外包服务存在上述机遇和挑战，在外包服务场景中应用隐私计算技术来满足安全需求就变得至关重要。

8.2 深度学习的技术原理

8.2.1 深度学习的定义

深度学习是机器学习的分支，是一种以人工神经网络为架构，对资料进行表征学习的算法[12][13]，希望建立模型模拟人类大脑的神经连接结构，在处理图像、声音和文本这些信号时，通过多个变换阶段分层对数据特征进行描述，进而给出数据的解释[14]。深度学习的"深度"是相对于浅层学习而言的，浅层学习模型有支撑向量机（Support Vector Machines，SVM）、最大熵方法（如逻辑回归等），这些模型的结构基本上可以看成带有一层隐层节点（如 SVM）或没有隐层节点（如逻辑回归）。当前的浅层学习因为网络层数少，所以存在对复杂函数表征能力有限的局限性，而深度学习可以通过学习一种深层非线性网络结构，通过较少的参数表征复杂的函数。深度学习是一种通过海量的训练数据构建一个具有很多隐层的模型，以此来学习更有用的特征，从而提升实际应用分类或预测的准确性的方法。

8.2.2　深度学习与人工智能机器学习的关系

人工智能是计算机科学的一个分支，旨在研究出一种与人脑思维方式类似的机器。人工智能分为强人工智能和弱人工智能。强人工智能指的是人脑思维级别的机器智能，拥有强人工智能的机器可以像人类一样思考和安排事务。弱人工智能只专注于某具体任务，如图像识别和语音识别。机器学习是人工智能的一个分支，主要是设计一些可以让机器自主学习的算法。机器学习最基本的做法是使用算法来解析数据、从中学习，然后对真实世界中的事件做出决策和预测。

机器学习有三类：无监督学习、监督学习和强化学习。无监督学习从信息出发寻找规律并分类，而监督学习会给出一个历史的标签，通过模型来预测结果。强化学习指的是模型在环境与智能体的交互过程中连续决策优化。

深度学习是机器学习的一种，是利用深层次的网络和更复杂的模型来更准确地对数据进行表征学习的方法，如图 8-4 所示。类似地，深度学习也有监督学习与无监督学习之分。不同的学习框架会建立不同的学习模型。例如，卷积神经网络就是一种深度监督学习下的机器学习模型，而深度置信网络就是一种无监督学习下的机器学习模型。

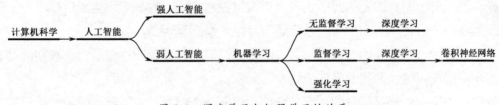

图 8-4　深度学习与机器学习的关系

人工智能包括机器学习，而深度学习是机器学习的一个分支。

8.2.3　深度学习的工作原理

深度学习之所以通常被称为深度神经网络，是因为大多数深度学习方法都使用神经网络架构。"深度"通常是指神经网络中隐藏层的层数，神经网络架构不需要手动提取特征，可以直接通过数据学习特征。如图 8-5 所示，神经网络模型包含很多层，每层之间由很多神经元彼此互连。

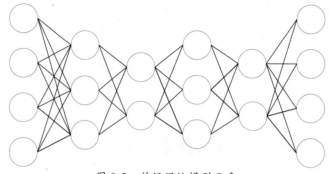

图 8-5　神经网络模型示意

卷积神经网络是目前最流行的深度神经网络之一，主要解决图像识别的两个痛点。

一是图像需要的数据量太大，导致图像处理效率低下，因为图像是由像素构成的，一张图可能有几万像素点，这样的图片数字化之后需要几万个数据来表征，直接处理这样的图片非常占用存储和计算资源。

二是图片在数字化的过程中，很难保留图像特征。这是因为在传统的图片数字化方法中，当图片中的图形位置发生变化，会产生完全不同的数字表达，这样数字化后的图片数据改变了图片的本质，这将导致图像识别的结果错误。

卷积神经网络中的卷积层采取降维的方式，将复杂问题简单化，节约了很多计算和存储资源。同时，卷积神经网络模仿人类视觉原理，当图像的图形位置发生变化，例如，图片发生翻转时，也能识别出是类似的图像，有效保留了图像特征。

卷积神经网络主要包括四部分：卷积层、池化层、激励层和全连接层。

卷积层用来提取图像特征，使用卷积核对图片进行扫描，提取图片区域特征。卷积层利用卷积核提取出图片的局部特征，与人类视觉原理类似。卷积层也可以进行一定程度的降维，但卷积核往往比较小，所以卷积层的降维效果并不明显。

池化层是用来减少图片参数的，通过降维，可以有效避免图片过拟合，在实际神经网络训练中可以选择最大池化或平均池化。

卷积和池化操作都是线性的，而激励层通过非线性函数，将神经元进行非线性变换然后输出，通过激活函数，可以给神经网络加入一些非线性因素，使神经网络模型可以更好地解决复杂问题。

全连接层的每个节点都与上一层的所有节点相连，用来把前面提取到的特征综合起来。

图 8-6 为手写数字识别的卷积神经网络模型示意。

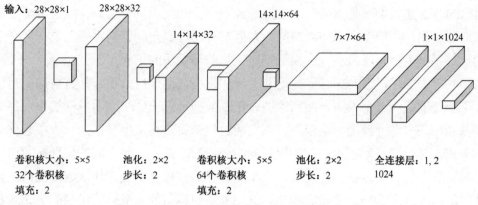

输入：28×28×1 28×28×32 14×14×32 14×14×64 7×7×64 1×1×1024

卷积核大小：5×5	池化：2×2	卷积核大小：5×5	池化：2×2	全连接层：1, 2
32个卷积核	步长：2	64个卷积核	步长：2	1024
填充：2		填充：2		

图 8-6　手写数字识别的卷积神经网络模型示意

8.2.4　深度学习的应用场景

近年来，随着并行计算和 GPU 的发展，计算机的运算能力大幅提高，在大数据的背景下，可供深度学习使用的大规模数据集越来越多，深度学习的相关研究和应用层出不穷，深度学习的应用场景也越来越广泛。

深度学习最广泛的应用非计算机视觉莫属，应用场景主要有目标检测、人脸识别等。例如，在无人机微小目标检测场景中，由于无人机对地距离不稳定，且检测过程中频繁出现小目标，导致检测漏检与虚检率高。深度学习的发展同时伴随着硬件的推出，使得在边缘端处理密集型数据计算任务成为趋势。因此，利用神经网络等目标识别方法改进无人机小目标识别方法具有重要意义[15]。又如，在身份认证场景中，人脸识别通过输入一个人脸特征，与注册库的人脸进行匹配，找出一个与输入特征相似度最高的特征。然后将这个最高相似度值和预设的阈值相比较，若大于阈值，则返回该特征对应的身份，否则返回"不在库中"。

除了目标检测和人脸识别，深度学习在自动驾驶、流体分析、仓库优化和医学影像分析等场景中也有广泛应用。

8.3　联邦学习的技术原理

8.3.1　联邦学习的定义

众所周知，机器学习需要使用大规模数据才能获得成功。随着社会的不断发展，在不同组织之间共享数据变得艰难起来，大家都开始注重自己的数据隐私，担忧自己的数据失去掌控之后变得没有价值；另外，现有多方协作中，对于数据共享增益的分配并不明确，这些原因都造成了数据孤岛，严重影响了机器学习的发展。为促进多方协作和数据共享，一种可行的方法是人们不必将所有的数据都放到一个存储点进行运算，而是每个数据拥有者在本地训练出一个模型，然后所有的数据拥有者通过安全的信道将模型发送到一个存储点，通过一系列运算，聚合成一个模型，这就是联邦学习的核心思想。

联邦学习在 2016 年由 Google 提出[16]，目标是在数据保持分布式并且数据拥有者来自不同互不信任的组织或个人时，使用这些分布式数据训练出一个高质量的模型。每个数据拥有者独立地在本地计算出一个模型，然后通过加密算法将模型发送到一个中心化的服务器中，所有本地计算模型在中心化的服务器中进行模型聚合，聚合后的模型参数再发送给本地的数据拥有者，进行新一轮的迭代。重复这样的过程，直到迭代次数用完或达到一定的训练时间，最终聚合出一个新的模型。这个模型应尽可能与直接将所有的分布式数据聚合在一起训练出的模型性能接近，但允许一定的性能损失，如精度或 F1 分数。因为在联邦学习中，参与方的数据或模型参数不会暴露给其他参与方，引入的安全性和隐私保护特性更有价值，这里是安全性和性能的折中。

8.3.2　联邦学习的分类

1．横向联邦学习

数据矩阵横向的一行表示一条训练样本，纵向的一列表示一个训练特征。横向联邦学习[17]适用于参与者的数据特征重叠较多但训练样本重叠较少的情况，联合多个参与者的具有相同特征的多行样本进行学习，参与者的增加使得具有相同特征的样本数量增加，如图 8-7 所示，所以横向联邦学习也被称为特征对齐的联邦学习。例如，两家不同的物流公司服务于不同的地域，他们有不同的客户群，但因为他们提供的服务类似，所以客户数据的训练特征基本重合，这两家物流公司就可以通过横向联邦学习来构建一个机器学习模型。

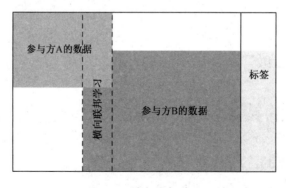

图 8-7　横向联邦学习

2．纵向联邦学习

纵向联邦学习[17]适用于参与者的训练样本重叠较多，但数据特征重叠较少的情况。在纵向联邦学习中，联合多个参与者的相同训练样本进行学习，但不同参与者的训练样本的数据特征不重叠，参与者的增加使数据样本的特征数目增加，如图8-8所示，因此纵向联邦学习也被称为按特征划分的联邦学习。例如，当两家提供不同服务的公司，如一家电子商务公司和一家物流公司，他们的客户群体有非常大的交集，这意味着他们作为联邦学习的两个参与方提供的数据样本有重叠，但数据特征几乎没有重叠，他们可以在不同的特征空间上训练数据，通过模型聚合获得一个更优的机器学习模型，那么这两家公司就可以运用纵向联邦学习的方式来训练机器学习模型。

3．联邦迁移学习

当各参与方的数据集之间可能只有少量数据样本或特征重合时，或者数据集的分布差异很大时，横向联邦学习和纵向联邦学习可能并不适合参与方之间的协作模型训练。联邦学习与迁移学习结合，在实现安全性和隐私性要求的前提下，可以帮助只有少量数据和弱监督的应用建立更精确有效的机器学习模型，这种技术就是联邦迁移学习[17]，可以解决单边数据规模小和标签样本少的问题，从而提升模型的效果。微众银行提出的基于特征的联邦迁移学习框架[18]通过对齐样本来训练得到一个有效的机器学习预测模型，被用来预测参与方B中未标记样本的标签，如图8-9所示。

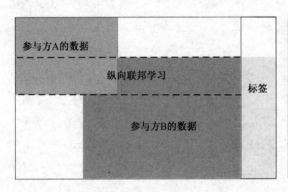

图 8-8　纵向联邦学习

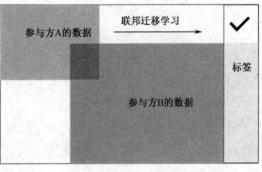

图 8-9　联邦迁移学习

8.3.3　联邦学习与分布式机器学习的区别

分布式机器学习是指利用更多的服务器节点进行机器学习训练，希望通过引入更多的分布式计算资源来实现训练速度的线性增加。在分布式机器学习系统中，如 Parameter Server[19]编程框架（如图 8-10 所示），所有服务器节点被分为计算节点和参数服务节点两种。其中，计算节点负责对分配到自己本地的任务进行计算，并更新对应的计算结果；参数服务节点采用分布式存储的方式，各自存储全局参数的一部分，并作为主服务器接收计算节点的结果更新。

分布式机器学习使用数据并行和模型并行两种方法来实现分布式计算。数据并行就是把待训练的数据分成很多份，分给不同的计算节点做运算，这样就可以在每个计算节点上

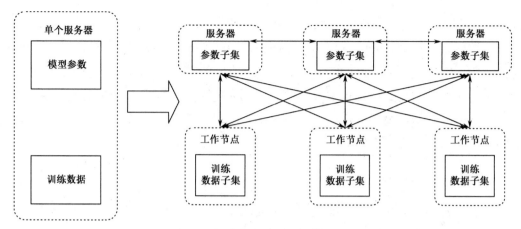

图 8-10 Parameter Server 框架

计算出一个模型，然后通过一些同步算法，将所有计算节点上的模型参数聚合起来，形成一个模型。数据并行通过并行训练数据实现了机器学习加速。与数据并行相对，在模型并行中首先需要将一个很大的模型分成很多小的模型，然后把小模型对应的参数、状态和计算任务放到分布式的计算节点进行运算，再进行同步。模型并行中比较困难的问题是如何划分大模型，对此并没有一种统一的方法，需要具体问题具体分析。由上可知，分布式机器学习中的数据并行方法适用于数据量很大的训练任务，模型并行方法适用于模型很大的计算任务。

联邦学习与分布式机器学习有一些区别。在联邦学习中，用户对自己的设备有着控制权，用户更注重自己的数据隐私，需要在保护用户隐私数据不泄露的前提下进行机器学习训练，并且需要明确用户参与机器学习训练的激励机制。联邦学习中用户的设备可以理解为分布式机器学习中的工作节点，但用户设备不一定是稳定的，如手机可能会没电或突然没有信号等，这些不稳定因素都会影响联邦学习的运算效率。联邦学习各参与方节点并不是负载均衡的，可能存在有的参与方节点数据量多，有的参与方节点数据量小的情况，这给模型聚合带来了一些困难。例如，拥有不同大小数据量的参与方训练出的小模型在聚合成为一个大模型时如何被赋予权重就是一个值得思考的问题。另外，联邦学习场景中的数据来源是不同的组织或个人，这将导致适用于分布式机器学习中的负载均衡方法无法适用于联邦学习。

8.3.4 联邦学习的架构设计

1. 基于 C/S 模型的架构设计

联邦学习系统架构可以基于 C/S（客户—服务器）模型进行设计[20]，如图 8-11 所示，在这种系统架构中有一个中心化的聚合服务器，用于聚合每个参与方节点训练出的小模型，并将更新后的模型参数发送给每个参与方节点，重复这样的通信和计算过程直至模型收敛

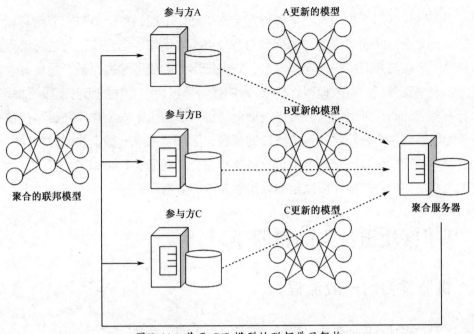

图 8-11　基于 C/S 模型的联邦学习架构

或达到最大迭代次数。这种架构的好处在于节约了一部分通信开销和初始化过程中的建立连接开销，每个参与方节点只需要与中心服务器通信即可，但是当聚合服务器宕机或产生故障时，整个联邦学习系统不能正确运行，采用中心化聚合模型的系统架构设计容错性能会差一些。

2．基于对等网络的架构设计

联邦学习系统架构也可以基于 P2P 对等网络模型进行设计[20]，如图 8-12 所示。

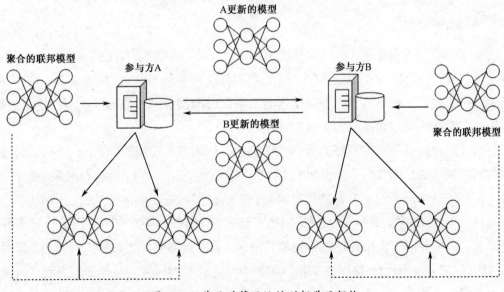

图 8-12　基于对等网络的联邦学习架构

假设当前联邦学习系统中有三个参与方，在初始化阶段，每个参与方节点与其余两个参与方节点建立安全的通信信道，每个参与方节点在本地使用自己的数据进行模型训练，然后与其余两个参与方节点交换模型参数，并进行本地的模型参数更新，最终每个参与方节点都得到一个聚合后的有效模型。这种架构的优势是没有中心化的服务器进行模型聚合，即各参与方节点之间无须借助第三方进行通信，进一步增强了安全性，并且不存在一个节点服务器宕机导致整个联邦学习系统崩溃的情况，增强了系统的稳定性和健壮性。相比于基于 C/S 模型的架构设计，基于 P2P 网络的架构设计不可避免地带来了更多的通信开销，因为消息内容需要加密传输，所以也引入了额外的加解密开销。

8.4　基于区块链技术的机器学习

8.4.1　机器学习的一般流程

机器学习一般分为数据收集、数据预处理、模型的选择与训练、模型的评估与优化四个过程。

1．数据收集

在拿到一个具体的机器学习任务时，第一步就是收集数据集。一种可行的方法是在公开的机器学习网站上寻找相关数据集，如果网站上找不到合适的数据集，就需要自己收集原始数据，如网络测量任务中的数据可以通过抓包收集，再进行后续的加工处理。为了训练出精度更高更有效的模型，数据集规模十分重要，所以在数据收集阶段应尽可能收集更多相关数据。

2．数据预处理

在实际机器学习训练中，数据集往往不那么"完美"，可能含有一些噪声，一些样本属性可能有缺失，也可能存在错误数据，这些原因都非常不利于后面的模型训练。为了训练出精度更高的模型，在进行模型训练前需要对数据进行预处理。数据预处理的主要步骤为数据清理、数据集成、数据规约和数据变换。

数据清理主要处理三种不好的数据：缺失值、离群点和噪声数据。对于缺失值，如果样本数据的属性缺失率太高（大于 80%），就删去这条数据；否则，对含有缺失值的样本数据进行填充处理，常见的填充方法有定值填充、统计量填充、插值法填充、模型填充和哑变量填充，这些方法的区别在于如何选择填充数据。目前有一些方法可以用来检测离群点，如简单统计分析和基于距离的离群点检测方法等。离群点需要考虑数据的异常是"真异常"还是"伪异常"。"真异常"是指人工收集数据中发生的失误导致的数据错误，而"伪异常"是由于正常业务生产产生的数据，是真实的生产数据。对于"真异常"的离群点应该删去，对于"伪异常"的离群点应该保留。噪声是变量的随机误差和方差，是观测点与真实点之间的误差。一般的处理噪声的方法是对数据进行分箱操作（等频或等宽分箱），然后用每个箱的平均数、中位数或者边界值（不同数据分布，处理方法不同）代替箱中所有的数，起到平滑数据的作用。

数据集成将来自多个数据源的数据放到一个数据库中存储。在将来自不同数据源的数据进行合并时，需要处理属性冗余属性识别等问题，合并后的数据应保持规范性。

数据归约通过删除数据集中一些与机器学习训练任务无关的属性或降低数据集的属性维度来减小数据集规模，在保持数据集可用性的前提下，提高了训练效率。现有的数据归约方法有维度归约和维度变换。维度归约通过直接删除与训练任务无关的属性达到减少数据集规模的目的，而维度变换通过降低数据维度的方法来减少数据量，常见的维度变换方法有聚类和线性组合。

经过清理、集成和归约的数据集还需要数据变换进行规范化、离散化和稀疏化处理才可用于模型训练。因为数据集中不同特征的量纲可能不一样，差别太大的数据会影响后续综合分析，所以需要对数据进行规范化处理，通过数据缩放使数据落在一个特定的区间内，方便后续的综合分析。一些算法，如朴素贝叶斯和决策树，使用离散的数据可以有效减少计算和存储开销，所以对数据集进行离散化处理是非常有必要的。常见的数据离散化方法有等频法、等宽法和聚类法。对于一些特定的模型，稀疏化处理数据有利于模型的收敛。

3. 模型的选择和训练

首先，需要对处理好的数据进行分析，判断数据有没有类标，如果有类标，应该考虑使用监督学习的模型进行训练，否则考虑使用非监督学习的模型。接下来需要分析机器学习任务属于哪个类型，如分类问题或回归问题，再选择合适的模型进行训练。数据集的大小也应该被考虑在内，如果数据集太小，就可以选择一些轻量级算法，如朴素贝叶斯来缩短训练时间。

4. 模型的评估和优化

模型的评估需要通过评价指标来衡量，如精确率和召回率。在实际训练中常常使用训练集—验证集二划分验证、K折交叉验证、超参数调优等方法对模型进行评估和优化。三者从不同的层次对机器学习模型进行校验。其中，训练集—验证集二划分验证是评估机器学习模型泛化性能的一个经典且常用的方法，将数据集划分为训练集和测试集，前者用于模型训练，后者用于性能的评估。

8.4.2　为什么需要基于区块链的机器学习

由上述机器学习的一般流程介绍可知，机器学习需要大量的数据来参与模型训练，才能训练出精度更高的模型。而在实际生产生活中，往往很难有大量的数据集用于机器学习模型训练[21]。因为数据在生产和处理过程中会产生一定成本，包括计算和存储成本，很少有企业或个人无偿提供大规模的数据集用于机器学习训练。另外，数据的隐私安全也值得数据提供者担忧。例如，一些机器学习任务涉及医疗服务，需要用到大量的临床数据，医疗机构出于对数据隐私的担忧，可能不愿意贡献数据参与到机器学习任务中。在计算方面，如何进行大规模的机器学习训练也需要设计，毕竟当数据量和模型量足够大时，在单机上训练模型是不现实的，所以必须设计分布式的机器学习系统来满足大规模机器学习训练的计算需求。

为了解决以上问题，可以设计将机器学习与区块链结合的系统。首先，区块链是一个去中心化的分布式账本，所有的交易都是可验证的。去中心化可以使得所有数据提供者在本地进行模型训练，避免了将分布式的数据汇集到一个存储点泄露数据隐私的可能；可验证的交易使得协同训练过程中不会有恶意的参与者提供虚假参数，从而影响模型精度。基于区块链设计的激励机制也可以激励更多的参与方提供数据，参与协同的大规模机器学习训练。

8.4.3 基于区块链的机器学习系统

1. 用户角色

在基于区块链的机器学习场景有三种用户角色：机器学习任务发布者、机器学习模型训练参与者、区块链矿工。

机器学习任务发布者负责发布机器学习任务，将机器学习任务以交易的形式通过智能合约发布在区块链上。

机器学习模型训练参与者可以查看发布在区块链上的机器学习任务，如果决定参与某个机器学习任务，就可以从给定的地址下载相关数据或者使用自己拥有的数据，利用本地计算资源进行相关的模型训练，训练完成后，通过智能合约以交易的形式上传模型到区块链。出于模型的机密性考虑，可以使用机器学习任务发布者的公钥加密模型参数。

区块链矿工主要负责维护区块链，运行共识算法和智能合约，验证交易的有效性，利用工作量证明机制通过竞争产生新块。

2. 工作流程

基于区块链的机器学习系统工作流程主要包括以下步骤。

① 用户注册。在运行系统前，用户需要在区块链中注册，每个用户生成自己的公私钥和地址，在区块链中以交易的形式通过智能合约的方式发布公钥和地址。

② 任务发布。机器学习任务发布者在区块链中发布机器学习任务，需要在交易中附上

自己的公钥和地址、模型训练数据与结果提交要求与该训练任务的奖励，例如，附上一定价值的比特币。

③ 任务训练。机器学习任务参与者通过查看区块链中发布的交易来挑选适合自己的训练任务，下载机器学习任务，并利用本地计算资源进行模型训练。

④ 训练结果提交。本地训练结束后，机器学习任务参与者使用机器学习发布者的公钥加密训练好的模型参数和训练数据规模及训练时间，同时附上自己的公钥和地址，以交易的形式通过智能合约发布到区块链上。

⑤ 训练结果验证。区块链矿工验证机器学习任务参与者上传的模型训练结果，主要验证训练数据规模和训练时间是否符合合理的比例关系。区块链矿工发布一个新的交易，对通过验证的交易用自己的私钥签名，并在这个交易中附上自己的公钥和地址，通过智能合约发布。

⑥ 奖励发放。机器学习任务发布者验证矿工签名的交易，解密模型参数，获得训练好的模型。机器学习模型训练参与者根据使用的训练数据规模从任务发布声明的奖励中获得一定比例的奖励，区块链矿工运行工作量证明机制产生新块将从区块链网络中获得一定奖励；同时，区块链矿工依据验证的训练结果数量从任务发布声明的奖励中获得一定比例的奖励。

3．安全性分析

基于区块链的机器学习实现了两方面的数据隐私保护：对训练数据的隐私保护和对模型参数的隐私保护。

在任务训练过程中，机器学习模型训练参与者使用自己的数据在本地训练模型，数据不需要上传至区块链网络；同时，不需要将训练数据发送到一个存储点进行集中训练，不存在被第三方窃听泄露数据隐私的可能性。基于区块链的机器学习保护了训练参与方的数据隐私。

在训练结果提交阶段，虽然区块链网络是公开的，任何人都可以查看和下载交易，但是机器学习任务训练参与者使用任务发布者的公钥将模型参数加密，然后上传至区块链网络，保证了模型参数的隐私。

8.5　基于区块链的联邦学习方案

8.5.1　BlockFL

1．场景和威胁模型

未来无线设备需要实现随时随地的低延迟和高可靠性。具体地，当手机设备离线时，也可以依照高质量的机器学习模型进行决策。训练出这样一个高精度和可用性的机器学习模型往往需要大规模的数据样本，通常需要很多设备来提供样本数据。考虑到无线设备产生的样本数据来自不同的组织或个人，出于保护数据隐私和减小通信开销的考虑，不能将所有样本数据聚集到一个中心服务器进行模型训练。文献[22]使用联邦学习系统来进行机器学习模型的训练。

BlockFL[22]是基于 Google 提出的用于安卓设备的联邦学习模型 Vanilla[23]，如图 8-13 所示。Vanilla 联邦学习系统借助中心服务器来实现数据交换和模型聚合，中心服务器通过汇总本地模型并进行总体平均，从而进行全局模型更新。然后每个本地服务器下载更新的全局模型并进行下一轮的本地训练，重复这个过程直到模型收敛，如通过分布式随机梯度下降方法（SGD）。但这种基于中心服务器聚合的集中式系统架构容易受到服务器故障的影响，一旦中心服务器产生故障，其产生的不准确的全局模型更新会扭曲所有本地模型更新，并且总体训练可能因此崩溃，从而需要分布式联邦学习体系结构。

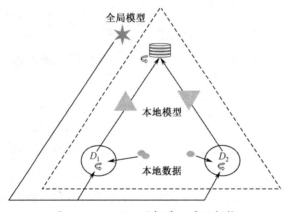

图 8-13　Vanilla 联邦学习系统架构

上述联邦学习场景需要合适的激励机制来促进本地用户提供训练数据和上传模型参数。事实上，更大规模的数据需要更多的算力和时间来进行模型运算，对于全局模型的贡献也更大。目前，现有的 Vanilla FL 系统并没有一个合适的激励机制来鼓励用户进行本地机器学习训练和上传模型参数，但激励机制的设置也会带来一定的副作用。例如，可能存在一些投机且不诚实的用户会假装拥有比实际样本数量规模更大的训练数据，从而产生不真实的模型更新，影响全局模型的准确性。

为了解决上述两个问题，作者提出了基于区块链网络的联邦学习方案——BlockFL，用区块链网络替代中央服务器，区块链网络允许交换设备的本地模型更新，同时验证和提供相应的激励机制。

2．BlockFL 的工作流程

BlockFL 的系统架构如图 8-14 所示，其逻辑结构由移动设备和矿工组成。矿工在物理上是随机选择的设备或节点。BlockFL 系统将按照如下工作流程工作。

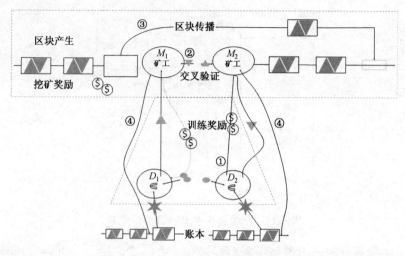

图 8-14 BlcokFL 系统架构

① BlockFL 系统中的每个移动设备节点计算并上传本地模型到区块链网络中的矿工，并从矿工处获得奖励，奖励与上传模型使用的数据样本规模呈正相关。

② 矿工交换和验证所有的本地模型更新，然后运行工作量证明机制（PoW）。

③ 当矿工完成了工作量证明，将产生一个新的区块，记录了验证过的本地模型更新，同时矿工将从区块链网络中获得挖矿奖励。

④ 这些存储了本地模型更新的区块被添加到区块链中，再由每个设备下载。每个移动设备基于这些新的区块中的模型参数来更新本地模型。

值得注意的是，BlockFL 的所有全局模型更新都是在本地移动设备上完成的，这样的分布式更新可以确保在矿工或移动设备出现故障时，不影响其他设备的模型参数更新，解决了 Vanilla FL 系统容易受到中心服务器故障影响的问题，并以此引入激励机制，鼓励更多的用户参与提供训练数据和上传模型参数。

3．一次迭代中 BlockFL 的流程

BlockFL 在一次机器学习模型训练迭代中的工作流程如图 8-15 所示。

① 初始化阶段。初始化本地和全局的模型参数，将随机从预先定义好的参数范围中选取模型参数。

② 本地模型更新。每个本地设备计算一次迭代生成对应的本地模型参数。

③ 本地模型上传。本地设备随机选择区块链网络中的一个矿工，将本地模型参数和相关的本地模型计算时间发送给矿工。

④ 交叉验证。矿工广播收到的本地模型更新，同时矿工验证从移动设备处和其他矿工处收到的模型参数更新，当与模型参数更新相关的计算时间和训练数据规模呈一定比例时

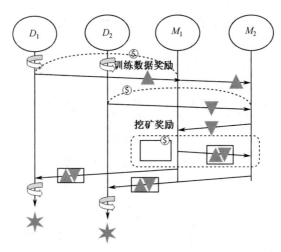

图 8-15　一次迭代中 BlockFL 的流程

将通过验证，通过验证的模型参数更新被记录在一个新的区块上，直到达到最大区块数量限制或最大等待时间。

⑤ 区块生成。每个矿工运行工作量证明机制直到找到随机数（nonce）或收到来自于其他矿工的区块。

⑥ 区块传播。最先找到随机数的矿工将区块广播到区块链网络中的所有矿工处，使用 ACK 机制来防止区块链分叉，当其他所有矿工回复 ACK 后，新的区块将产生，否则工作流程从步骤②重启。

⑦ 全局模型下载。每个移动设备从与之相关联的矿工处下载生成的区块。

⑧ 全局模型更新。移动设备使用存储在步骤⑦的区块中的模型参数，在本地计算全局模型更新。

4．BlockFL 中的审计与激励机制

BlockFL 中的激励机制包括两方面：一方面提供给无线设备，奖励它们提供训练数据并参与模型训练；另一方面提供给矿工，奖励他们参与新区块的生成和模型的验证。提供给无线设备的奖励由矿工提供，奖励的数目与设备做本地模型训练使用的数据规模呈正相关。当矿工产生一个新的区块时，将从区块链网络中获取奖励，这部分由传统区块链网络结构实现。矿工奖励的数目与聚合模型使用的本地训练数据规模呈正相关，具体地，与某矿工相关联的无线设备越多，无线设备在进行本地模型训练使用的数据规模越大，矿工得到的奖励就越多。这个机制可以激励矿工收集更多的本地模型更新。

激励系统也存在副作用。一些不诚实的无线设备为了获得更多的奖励，可能欺骗矿工。例如，他们可能虚报用于本地模型训练的数据规模或上传虚假的本地模型参数，这些不诚实的行为都会导致最终的全局模型不准确。在 BlockFL 中，矿工会对每个本地模型更新进行验证，通过验证本地训练数据规模和计算时间之间的相关性是否符合常理来判断当前的

本地模型更新是否有效。只有通过验证的本地模型更新，对应的无线设备才能从矿工处获得奖励。

5．BlockFL 的效率与安全性分析

BlockFL 的时延包括计算开销、通信开销和产生区块的开销。计算开销由本地模型更新和全局模型更新产生。一部分通信开销来自本地模型上传和全局模型下载中无线设备与矿工的通信；另一部分通信开销来自交叉验证和区块传播中矿工在区块链中的通信，这里主要是广播区块。产生区块的开销主要来自区块链网络规定的工作量证明的时延及防止区块链分叉需要额外的同步开销。

BlockFL 基于区块链网络和 Vanilla FL 系统构建了一个去中心化的联邦学习系统，设备的本地数据不会离开本地，保护了联邦学习参与方的数据隐私，所有的节点间通信只进行模型参数的交换，并且基于 TLS 或加密算法来防止信道窃听，满足了模型参数的保密性需求。

8.5.2　DeepChain

1．场景和威胁模型

研究表明，深度学习应用于语音识别、图像识别、药物发现和癌症的基因分析具有很高的准确性。为了获得精度更高的模型，往往需要使用更大规模的数据进行模型训练，带来了非常大的计算开销。为了提高训练模型的效率，可以考虑使用分布式机器学习的方法进行大规模数据样本的模型训练。但与传统的机器学习相比，分布式机器学习存在很多隐私安全问题。例如，大规模数据样本往往来自不同的机构，为了负载均衡，使用分布式机器学习方法训练模型时需要将这些数据聚合在一起统一调度，这在一定程度上泄露了数据样本提供者的隐私。

为了解决上述分布式机器学习中的隐私问题，一些基于隐私计算的方案应运而生[25-27]。其中，联邦学习应用最广泛。联邦学习本质上是深度学习与分布式计算的结合。在联邦学习场景中，各个参与方在本地使用自己的数据样本训练模型，然后上传中间梯度到服务器；在收到来自各参与方的梯度后，服务器汇总所有的中间梯度并更新机器学习模型参数；接下来，各参与方会从服务器下载更新的参数，重复以上的过程直到模型收敛。

然而，联邦学习也存在一些问题：

① 联邦学习系统默认服务器和参与方都是诚实的，但事实上，存在恶意的服务器，它不诚实地按照协议规定运行，可能会在运行时会丢掉参与方上传的梯度，这将导致最终训练出的模型精度下降。同时，现实中也可能存在恶意的参与方，他们可能会上传错误的梯度到服务器，这也会导致最终模型的精度下降。

② 在现有联邦学习场景中，总是假定参与方有足够的样本数据参与模型训练，但在实际应用中，如在医疗服务场景，公司或研究机构总是在收集数据方面遇到各种困难，一些企业可能会因为潜在的数据泄露风险而拒绝参与到联邦学习任务中。所以，提供一种确保数据隐私并提供合理的激励机制的分布式联邦学习解决方案至关重要。

为了解决以上问题，DeepChain 提出一个基于区块链和密码学源语构建的去中心化的联邦学习解决方案，拥有数据机密性保护、计算审计和激励机制[24]，如图 8-16 所示。

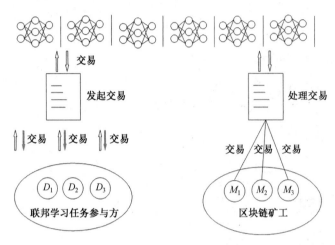

图 8-16　DeepChain 框架示意

2．DeepChain 的激励机制

激励机制的目的是产生和分配价值，激励联邦学习的参与者诚实地参与协作，对诚实守信参与模型训练的行为进行奖励，对不诚实的参与者进行相应的惩罚。DeepChain 场景中有两类参与者，一类参与者（parties）参与本地模型训练并上传模型中间梯度，另一类参与者（workers）处理含有模型中间梯度的交易并进行模型聚合。相应地，DeepChain 的激励机制也包括两部分，对诚实进行本地模型训练并积极上传中间梯度的参与方给予奖励，同时对诚实处理交易信息并参与模型聚合的参与者给予一定奖励。参与者使用联邦学习训练的模型需要付出一定价值的资产。在 DeepChain 中，所有奖励和付出的价值都用专有的钱币 DeepCoin 表示。

DeepChain 的激励机制工作流程如图 8-7 所示。下面以有两个参与本地模型训练的参与方的 DeepChain 场景为例来说明 DeepChain 激励机制如何运行。这两个参与方通过训练本地数据样本并上传中间梯度来参与联邦学习任务。假设双方拥有的数据量不相等。各方都可以发起交易并根据自己拥有的数据量来支付联邦学习任务交易费，因为每个参与方通过联邦学习任务都获得了精度更高实用性更强的模型，所以为联邦学习任务支付交易费是合理的。参与方拥有的数据量越多，需要支付的交易费用就更少。双方会对训练模型需要支付的总费用达成共识。在模型训练时，参与处理交易和更新模型梯度的参与者也将从上

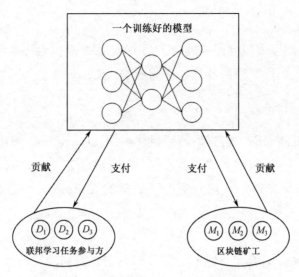

图 8-17　DeepChain 激励机制工作流程

述的总费用中获得一部分作为诚实地参与联邦学习任务的奖励。交易的发起和处理都是可验证的，如果某方提出交易无效，那么他会受到惩罚，即罚款；相应地，如果有参与方错误处理了交易，那么他也会受到相应的惩罚。联邦学习任务的参与者可以通过向想要使用训练模型的用户收费来获取收益。

3．DeepChain 的共识协议

因为 DeepChain 本质上是一个分布式、去中心化的联邦学习框架，所以参与者之间对于模型梯度交易发起和处理结果达成共识至关重要。DeepChain 使用 blockwise-BA 协议作为共识协议。

DeepChain 的共识协议满足三个特性：安全性、正确性和活跃性。安全意味着所有诚实的参与方都在 DeepChain 中就相同的交易历史达成一致；正确性要求诚实的参与方同意的任何交易都来自诚实的参与方；活跃性指的是所有的参与者，包括发起交易和处理交易的参与者，都将持续参与 DeepChain 的协议，从而使 DeepChain 保持活力。

DeepChain 的共识协议包括以下 3 个步骤。

① 领导者选举。在第 i 轮迭代中，使用加密分类法从收集交易并将其放入第 i 个区块中的参与者中随机选取。

② 委员会协议。委员会由其交易包含在新区块中的参与者组成。选举出领导者后，领导者将选定的块 i 发送给委员会。委员会中的每个参与者都验证领导者处理的交易，即验证权重更新操作是否正确。若委员会根据多数投票政策承认第 i 块是正确的，则参与者代表委员会在第 i 块上签名，否则块 i 被丢弃。只有超过 2/3 的委员会成员签名并同意时，第 i 块才有效。如果块 i 有效，那么领导者从区块奖励和区块 i 的交易中获得 DeepCoin；否则，将丢弃块 i，并创建一个新的空块来替换 DeepChain 中的块 i。重复此过程，直到委员

会就第 i 步达成一致为止。

③ Gossip 协议。假设委员会已经同意了第 i 块，那么委员会的参与者将使用 Gossip 协议告诉邻居的第 i 块。此后，所有参与者都将在 DeepChain 中达成共识。

4．DeepChain 运行流程

DeepChain 系统在运行时，首先进行初始化过程。DeepChain 的初始化包括两个步骤，即 DeepCoin 的分发和初始块的生成。假设每个参与者都在 DeepChain 系统中注册并使用确定的地址发起和参与交易，并被分配相同数量的 DeepCoin。初始块被创建后，记录 DeepCoin 分配和所有权的交易。然后，参与者生成一个随机种子，这个随机种子会用于每轮迭代的领导者选举。

每个参与方都需要陈述资产，这是为了使参与方能顺利地找到联邦学习任务的合作方并顺利完成任务。DeepChain 的资产报表不会显示资产内容，而只是资产的某种描述，如资产可以用于什么样的深度学习任务。一个参与方可以通过发起资产交易来声明资产。

根据声明的资产，具有相似深度学习任务的各参与方可以组成合作组，协作训练过程包括以下 4 个步骤：合作组的建立、合作信息共识、收集中间梯度和模型梯度更新。在合作组建立前，各参与方可以审计其他参与方的资产声明。在合作组建立后，所有参与方需要就联邦学习任务的一些信息达成共识。这些信息包括合作者的数量、目前迭代的轮数和加密算法的参数阈值。进行本地模型训练的参与者在上传模型参数之前使用同态加密算法加密中间梯度。收集中间梯度和模型梯度更新由发起交易和处理交易来实现，各参与方都可以对交易进行验证，通过验证的交易会更新整体模型的梯度。收集中间梯度和模型梯度更新会迭代很多次直至模型收敛。

5．效率和安全性分析

在效率方面，相关实验表明，参与 DeepChain 的合作者越多，训练出的模型准确性越高。通过 DeepChain，各参与方都获得了比本地训练模型精度更高的模型。DeepChain 训练模型需要的计算时间随着参与方数量的增加而增加，时间成本也取决于模型的大小。更多的参与者在共享梯度时需要更长的等待时间来进行同步；另外，模型越大，加解密模型参数的开销也越大。

在安全性方面，DeepChain 实现了机密性、可审计性和公平性的目标。DeepChain 使用同态加密算法 Paillier 来加密中间梯度，保证了中间梯度的机密性，Paillier 算法提供了加法同态性。同时，DeepChain 通过遵循普遍可验证的 CDN（UVCDN）协议提供了梯度收集和参数更新的可审计性，可审计性确保任何第三方都可以在梯度收集阶段和参数更新阶段审计加密梯度和解密份额的正确性。DeepChain 通过合理的激励机制的设立，即奖励和惩罚制度，保证了协作训练过程中的公平性。

本章小结

本章主要讲解隐私计算的相关知识及区块链与隐私计算的结合。区块链具有去中心化、高透明性、高自治性、不可篡改和访问控制等良好特性，因此可以用于隐私计算。除了区块链，还有一些技术可以用于隐私计算，如安全多方计算、同态加密和可信执行环境。区块链技术还可以与机器学习相结合，构建隐私安全的、去中心化的、具有激励机制的分布式机器学习方案。本章最后通过两个基于区块链的联邦学习方案，使读者更深入地了解区块链技术与机器学习的结合。

习 题 8

1. 区块链都有哪些性质可以用于隐私计算？
2. 描述一个合理隐私计算场景，并分析其威胁模型。
3. 简述深度学习的技术原理。
4. 简述联邦学习的技术原理。
5. 联邦学习与分布式机器学习有何区别？
6. 联邦学习有哪些应用场景？
7. 联邦学习架构设计有哪些方案？
8. 如何构造基于区块链的机器学习方案？
9. 基于区块链的联邦学习方案，使用了区块链的何种性质？是如何运用在系统设计中的？

参考文献

[1] Yao A C. Protocols for secure computations[C]// FOCS. 23rd Annual Symposium on Foundations of Computer Science (FOCS 1982), 1982.164.doi:10.1109/SFCS.1982.88.

[2] Beimel A. Secret-sharing schemes: a survey[C]//International conference on coding and cryptology. Springer, Berlin, Heidelberg, 2011: 11-46.

[3] Rabin M O. How To Exchange Secrets with Oblivious Transfer[J]. IACR Cryptol. ePrint Arch., 2005, 2005(187).

[4] Halevi S, Shoup V. HElib-An Implementation of homomorphic encryption[J]. Cryptology ePrint Archive, Report 2014/039, 2014.

[5] Chen H, Laine K, Player R. Simple encrypted arithmetic library-SEAL v2. 1[C]//International conference on financial cryptography and data security. Springer, Cham, 2017: 3-18.

[6] Paillier P. Public-Key cryptosystems based on composite degree residuosity classes[C]//Proc. of the Intel Conf. on the Theory and Application of Cryptographic Techniques Prague. 1999, 233-238.

[7] 项世军，杨乐．基于同态加密系统的图像鲁棒可逆水印算法[J]．Journal of Software, 2018, 4 : 957-972.

[8] Costan V, Devadas S．Intel sgx explained[J]．IACR Cryptology ePrint Archive, 2016, 86 : 1-118.

[9] ARM．Security technology building a secure system using trustzone technology (white paper[R]．ARM Limited, 2009.

[10] Liu Q, Wu W, Liu Q, et al．T 2 DNS: A Third-Party DNS Service with Privacy Preservation and Trustworthiness[C]//2020 29th International Conference on Computer Communications and Networks (ICCCN)．IEEE, 2020: 1-11.

[11] Elmore A J, Das S, Agrawal D, et al．Zephyr: Live migration in shared nothing databases for elastic cloud platforms[C]//Proc. of SIGMOD, Athens, Greece, 2011: 301-312.

[12] Goodfellow I, Bengio Y, Courville A, et al．Deep learning[M]．Cambridge: MIT Press, 2016.

[13] LeCun Y, Bengio Y, Hinton G．Deep learning[J]．Nature, 2015, 521(7553): 436-444.

[14] 尹宝才，王文通，王立春．深度学习研究综述[J]．北京工业大学学报，2015, 41(1): 48-59.

[15] 张钰．基于 ROS 的无人机目标检测及视觉定位系统[D]．济南：山东大学，2020.

[16] Konečný J, McMahan H B, Yu F X, et al．Federated learning: Strategies for improving communication efficiency[J]．arXiv preprint arXiv: 1610.05492, 2016.

[17] Yang Q, Liu Y, Chen T, et al．Federated machine learning: Concept and applications[J]．ACM Transactions on Intelligent Systems and Technology (TIST), 2019, 10(2): 1-19.

[18] Liu Y, Kang Y, Xing C, et al．A secure federated transfer learning framework[J]．IEEE Intelligent Systems, 2020, 35(4): 70-82.

[19] Li M, Andersen D G, Park J W, et al．Scaling distributed machine learning with the parameter server[C]//11th {USENIX} Symposium on Operating Systems Design and Implementation ({OSDI} 14)．2014: 583-598.

[20] 杨强．联邦学习[M]．北京：电子工业出版社，2020.

[21] 翁健．区块链安全[M]．北京：清华大学出版社，2020.

[22] Kim H, Park J, Bennis M, et al．On-device federated learning via blockchain and its latency analysis[J]．arXiv preprint arXiv:1808.03949, 2018.

[23] Konečný J, McMahan H B, Ramage D, et al．Federated optimization: Distributed machine learning for on-device intelligence[J]．arXiv preprint arXiv:1610.02527, 2016.

[24] Weng J, Weng J, Zhang J, et al．Deepchain : Auditable and privacy-preserving deep learning with blockchain-based incentive[J]．IEEE Transactions on Dependable and Secure Computing, 2019.

[25] Chen T, Zhong S．Privacy-preserving backpropagation neural network learning[J]．IEEE Transactions on Neural Networks, 2009, 20 (10): 1554.

[26] Bansal A, Chen T, Zhong S．Privacy preserving backpropagation neural network learning over arbitrarily partitioned data[J]．Neural Computing Applications, 2011, 20 (1): 143-150.

[27] Yuan J, Yu S．Privacy preserving back-propagation learning made practical with cloud computing[J]．IEEE Transactions on Parallel Distributed Systems, 2014, 25(1): 212-221.

第 9 章　可修订区块链

9.1　概述

区块链是一种全新的分布式基础架构与计算范式，凭借去中心化和不可篡改特性，在原本不可信的完全分布式环境中建立用户之间的信任，从而被广泛应用于各场景，诸如分布式通用数据管理系统（general-purpose data management system）和纯数字数据共享市场（purely digital data-sharing market）。然而，在近些年的应用实践中，人们逐渐意识到去中心化和不可篡改实际上是一把双刃剑，在为区块链奠定坚实的安全和信任基础、保证数据公开透明的同时，也限制了区块链的应用发展。一方面，它为有害信息提供了温床；另一方面，与欧洲的《通用数据保护条例》（General Data Protection Regulation，GDPR）定义的"被遗忘权"（the Right to be Forgotten）相矛盾。因此，在实际应用和国家监管的双重需求驱动下，进行了大量研究来设计和开发允许修改或删除区块链数据的同时保持其安全性、可审计性和透明性的方法，即"可修订区块链"（Redactable Blockchain）。

区块链编辑过程一般有明确的控制策略，详细规定涉及的数据范围（哪些数据可以被编辑）、编辑权限（包括如何确定谁有请求编辑的权限、谁有验证新数据正确性的权限、谁有最终实施编辑操作的权限）、编辑流程（实施编辑操作有哪些具体步骤）、约束规则（编辑过程中涉及哪些规则和约束条件）等要素。控制策略的设计与实施一般取决于实际场景需求。

实际上，在分布式和去中心化的区块链系统中，真正在所有节点上完全实现修改、删除等编辑操作是不可能实现的，部分区块链节点可以通过单方面地不执行编辑操作、拒绝升级甚至硬分叉等手段来保存修改前的数据。目前来看，实现数据的强制编辑也并不是可修订区块链的研究重点，本章对于这种情况略过不谈。

9.1.1　区块链可修订的需求

目前，区块链技术在信息监管、隐私保护、数据更新、可扩展性四方面都存在切实的数据编辑需求[1]。

1. 信息监管

区块链领域的研究和应用更多地强调链上数据的存储与传输安全，而忽略了更为重要的信息内容安全。由于区块链是去中心化的，且缺少对上链信息的审核与评估机制，恶意用户可以以极低的成本在区块链上散布有害甚至非法的信息。从区块链用户角度，加入并运行区块链节点意味着存储和传播这些非法内容，如果没有适当的方式来处理插入链中的非法数据，那么必须遵守法规（如 GDPR）的诚实用户将被迫退出系统。

2．隐私保护

随着区块链应用数量的增加，进入区块链的信息中可能包含敏感信息，在这种情况下，区块链的编辑或纠正功能越来越重要，甚至在法律层面是必要的。例如，欧盟颁布的《通用数据保护条例》（General Data Protection Regulation，GDPR）规定：用户具有"被遗忘权"，即用户可以要求责任方隐藏或者删除关于自己的隐私数据记录，这对于既无中心化责任方又不可篡改的区块链来说，显然是不可实现的。因此，要从根本上实现区块链的 GDPR 兼容性，就必须先实现链上数据的可编辑性。

3．数据更新

由于区块链本质之一是去中心化的数据库，存在着大量错误数据和过期数据，需要通过数据编辑技术进行修改和更新。目前，处理这类错误数据的方式主要是硬分叉，如 2016 年以太坊 The DAO 项目由于智能合约的漏洞而导致的社区分裂和链上硬分叉，这对于区块链生态来说是巨大的安全隐患和资源浪费。

4．可扩展性

区块链（特别是公有链）数据规模的不断增长，使得存储和验证链上数据的开销不断增加。而在实际应用中，有的区块数据已经过期或者失效，这些数据占用了大量空间，造成资源浪费。如果能够在大多数用户同意且不破坏区块链完整性和安全性的前提下，适当地删除非关键历史数据，将有助于释放节点的存储空间，降低存储代价，提高区块链的可扩展性。

由此可见，可编辑区块链具有明确而迫切的现实需求。通过技术创新和机制设计，实现区块链的可编辑性和安全可信性的有机融合，将能够促进区块链技术脱虚向实、实现大规模落地应用。

9.1.2 可修订区块链的分类

1．按照可修订区块链的实现方法

可修订区块链的方法分为结构方法、本地方法、分层方法和基于账户的方法[2]。

① 结构方法（structural approach）：通过对块结构或共识算法进行修改，以支持对区

块链的修改。如变色龙哈希通过掌握陷门找到给定哈希值的碰撞，从而实现数据编辑的同时而哈希值不变。

② 本地方法（local approach）：在本地擦除数据，而无须对共识协议进行重大修改。例如，文献[3]中的方案可通过对节点客户端进行扩展，允许节点选择一部分交易数据并将其存储在擦除数据库中，从而将其从原始位置删除或覆盖。为了避免删除后节点无法正确识别依赖于已删除块的新块，需要执行两个规则：已删除的未确认交易被认为是无效的，而无法验证的已确认交易则被认为已经被矿工接受。

③ 分层方法（layered approach）：通过使用建立在区块链之上的附加层来编辑区块链。例如，文献[4]中的方案可通过附加一个可公开验证层对编辑请求进行决策并将结果发布到链上，由矿工根据结果更新区块。

④ 基于账户的方法（account-based approach）的重点是修改用户的账户状态[5]，需要利用增强型账户模型，以支持用户在预定义的撤销期内撤回由于不正确的交易而更改的账户状态。该方法不能完全解决区块链上修改或删除交易的问题，而比较适合作为一种安全机制，允许用户在意识到发生错误时还原交易。

2．按照数据操作类型

可修订区块链的方法可以分为过滤、修改、压缩和插入四类操作。

数据过滤是面向上链前数据的筛选和净化过程，以在数据上链之前最大限度地识别出不良信息，并阻止其通过区块链的共识验证过程。其他三类则均是面向链上数据的操作：① 修改区块；② 将一组区块压缩为较小的集合；③ 插入一个或多个区块。

3．按照数据编辑粒度

可修订区块链的方法可以分为区块级、交易级和数据项级编辑操作。区块级编辑技术只能通过替换完整的区块实现编辑，粒度最大；而交易级和数据项级编辑技术粒度相对较小，前者重点针对区块中的金融交易数据（如交易金额和接收方地址等），后者则侧重于非金融文本数据（如 OP_RETURN 类交易附言或其他文本数据）。

4．按照数据编辑模态

可修订区块链的方法可以分为中心化、多中心化和去中心化的数据编辑，表示数据编辑权限（包括请求权、验证权和修改权）是否属于特定的中心化机构或者实体。在可编辑区块链中，面向记账权竞争的共识过程与面向编辑权竞争的共识过程是可以相对独立的，因此，上述三种编辑模态并不一定与私有链、联盟链和公有链一一对应（尽管大多数情况确实如此）。

5．按照数据编辑架构

可修订区块链的方法可以分为单链架构和平行链架构。单链架构仍然维护单一的线性区块链条结构，可根据修改方式分为物理修改模式和追加修改模式。前者以变色龙哈希函数为代表，可实现区块数据的定点物理修改；后者允许用户和验证者可以在后续某时刻以追加发布新交易的方式来扩展旧交易。平行链架构通过维护独立运行的两条或多条平行链实现数据修改，如两条平行的区块链或者两条平行的哈希链等。

9.1.3　可修订区块链的应用

1．物联网

随着连接的物联网设备数量的爆炸式增长，数据存储和处理为集中式云体系结构带来了严重的可扩展性问题。为了缓解该问题，引入边缘计算使数据处理和存储更靠近物联网设备，从而缩短了响应时间并节省了带宽。由于区块链可提高数据的安全性和隐私性，有一些研究将区块链应用于 Edge-IoT 应用程序，采用区块链管理物联网设备的边缘资源分配，支持物联网数据的存储和共享。

由于物联网设备激增，与比特币相比，Edge-IoT 的存储容量需求可能更高，随着时间的推移，边缘服务器最终可能耗尽所有的空间来存储整个链，存储可扩展性成为 Edge-IoT 的主要挑战。为了解决这个问题，需要考虑可扩展的轻量级区块链架构。与比特币中无限期存储的加密货币交易不同，物联网的数据具有有限的生命周期，因此可以从区块链中删除过期的交易和区块。目前，可实现该功能的新架构是 LiTiChain[6]，即使从链中删除了过期的块，也可以确保链的连通性。但 LiTiChain 存在一个缺点，即没有在到期后立即删除块，而是将某些块保留更长的时间，以验证剩余的块，从而导致额外的存储成本。因此，也有研究[7]提出了 LiTiChain 的变体 p-LiTiChain 和 s-LiTiChain，以解决该问题，同时提高链的安全性。

2．身份管理和认证

在传统方案中，用户想要访问网络获得服务必须提供身份证明，并由网络运营商向用户授予身份和相应的密钥。但是该方案存在诸多弊端：一方面，网络运营商将用户密钥存储在身份验证中心（Authentication Center，AuC），每次验证用户身份都需要访问该数据库，这种集中式的身份验证会导致单点瓶颈问题；另一方面，运营商拥有暴露用户信息的权限，用户无法控制自身信息的公开程度。后者可以通过引入自主身份（Self-Sovereign Identities，SSI）来解决，SSI 可以看成一种身份管理模型，其中每个身份均由该身份所属的实体完全拥有、控制和管理。因此，这种身份管理基础架构不需要信任任何中央机构，并且可以存在于去中心化环境中。而第一个问题可以通过将区块链引入此类网络场景中来解决。区块链可以作为用户自主身份管理的去中心化公共发布和查询平台。在基于区块链的自主身份管理和身份验证方案[8]中，用户生成其自主身份，并从分布式可信实体中获取与自主身份相关的个人识别信息（即可验证声明），网络运营商通过验证用户的可验证声明并确定用户是否可以访问网络。网络运营商将合法用户的自主身份和相应的公钥发布到区块链中，供其他人查询。服务提供商可以通过查询区块链来对用户进行身份验证。

为了防止用户对网络服务的非法使用，还要考虑的一个重要问题是用户动态吊销。一个简单的解决方案是由网络运营商来维护和更新吊销列表，但这需要昂贵的存储开销。因此，网络运营商引入变色龙哈希删除区块链上非法用户的信息，网络运营商可以随时通过在区块链上修改用户的注册信息来吊销用户，而无须维护吊销列表，从而减少了认证延迟和存储开销。

3．μ-chain

μ-chain 作为一种单链条追加修改模式的可编辑区块链，适用于很多不可篡改的区块链无法满足的应用场景。例如，政府可以在满足"被遗忘权"的前提下保留公民和客户的登记信息，银行可以考虑将加密货币与传统支付合并等。下面给出μ-chain 的两个具体应用。

① 带有审查制度的协作推荐系统（Collaborative Recommendation System with Censorship）

推荐系统是当今许多在线服务的重要组成部分，如线上商店和酒店预订网站，帮助客户以最低的价格获得最好的产品或服务，以使服务提供商获得认可。μ-chain 可实现基于区块链的协作推荐系统，取代传统的由可信第三方管理的推荐系统；同时，μ-chain 可编辑的性质可以满足推荐系统审查评论并清理不当内容的要求。

② 时间锁加密（Time-lock Encryption）

时间锁加密允许在将来的某时刻解密消息或文件，在许多实际应用中很有用，如电子拍卖、定期付款方式、密封式拍卖和彩票。使用μ-chain，某位用户可以使用解密密钥加密文件，并将其密钥转换为时间锁密钥，经过一定期限后，解密密钥可用，μ-chain 中的其他用户可以使用密钥解密文件。除此之外，μ-chain 还可以提供更多高级功能，如仅在特定时间段内提出请求才提供解密密钥，或者在解锁密钥时实施其他访问控制。

4．医疗数据共享

eHealth 系统可用来保存、管理、传输和复制电子医疗记录（Electronic Medical Record，EMR），为患者和医疗机构带来了极大的便利。eHealth 系统主要分为传统的基于中央服务器的 eHealth 系统和基于云的 eHealth 系统。前者将 EMR 存储在由医疗机构控制的单个服务器中，在这种情况下，医疗数据共享是困难的，而且存在单点故障问题。后者将 EMR 外包给云服务器，促进了医疗数据的共享，但医疗数据的完整性和保密性难以保证。此外，以上两种系统中患者都失去了对医疗数据的控制权，隐私泄露问题十分严峻。

区块链技术具有防篡改和分布式的特性，可以为 EMR 提供完整性和恢复保证。许多国家已经将区块链技术与 eHealth 系统相结合，并取得了巨大的成功。但是，由于区块链系统的安全性问题，在利用区块链技术的 eHealth 系统中存在许多安全风险，如 51%攻击；还存在查询 EMR 的成本高、患者隐私泄露的问题。

基于区块链技术的医疗数据共享和隐私保护 eHealth 系统[9]可解决上述问题。该方案将 RepuCoin 与基于 SNARKs 的变色龙哈希函数相结合，以抵御潜在的区块链攻击，并且允许患者以隐私保护的方式在不同的医疗机构之间共享自身的 EMR。此外，由于区块链是可编辑的，在发生误诊的情况下，授权的医疗机构可以在患者许可的情况下标记错误的 EMR 并修正，并且患者可以验证修改后记录的正确性和完整性。

9.2　数据修改技术

对于传统签名方案，即使仅仅修改了所签名消息的一个比特位，签名也会失效。但是，在很多实际场景（如患者数据的隐私保护处理、安全路由、工作流程、隐私保护文档披露、隐私凭证、社交网络、Web 服务和空白签名）中，都需要面临其他方更改签名消息的情况，在理想情况下，甚至不用和原始签名者进行交互就可以完成对签名消息的修改且保持签名有效性。

可编辑签名方案（Redactable Signature Schemes，RSS）和可净化签名方案（Sanitizable Signature Schemes，SSS）作为允许进行此类受控且非交互性更改的原语，近些年引起了很多关注。这两种签名方案都允许由潜在的半可信的第三方以受控方式更改签名的数据，且生成的签名仍能被成功验证。两者的不同之处在于，RSS 允许任意方删除已签名消息的一部分，而 SSS 允许指定的第三方（称为净化者，sanitizer）更改已签名消息中原始签名者指定的那部分内容（通过替换消息块的方式实现），即对原始签名者选择的部分消息进行净化。因此，可以将编辑作为净化的一种形式来理解，此时要净化的消息块由特殊的"空白"或 NULL 符号表示。

在 RSS 和 SSS 的算法中，集合 adm 描述了允许修改的消息块信息，其包含可修改块的索引集合，以及消息 m 的总块数 l。例如，令 adm = ({1,2,4},4)，表示 m 包含 4 个块，并且除第三个块之外的其他块都是允许被修改的。集合 MOD 描述了将被修改的消息块信息，包含已修改块的对 $(i,m[i]')$，这意味着消息块 $m[i]$ 要被 $m[i]'$ 取代。

9.2.1　可编辑签名

可编辑签名（RSS）的概念来源于文献[11, 12]，允许且仅允许删除消息 m 的某些部分，而无须与原始签名者进行交互。该修改可以由任何一方执行，即不需要额外的密钥对。

RSS 的算法流程如图 9-1 所示。假设原始消息 $m=(\mathrm{I,do,not,like,tomatoes})$，经过编辑后，得到消息 $m'=(\mathrm{I},\perp,\perp,\mathrm{like,tomatoes})$。为了简单起见，此处先不考虑在编辑过程中产生的编辑信息 red。

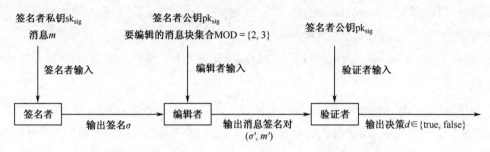

图 9-1　可编辑签名的算法流程[10]

1. 可编辑签名的算法框架

定义 9.1　可编辑签名方案由 5 种算法组成 $(\mathrm{RSSPGen,KGen_{sig},Sign,Redact,Verify})$：

$\mathrm{pp_{rss}} \leftarrow \mathrm{RSSPGen}(1^{\lambda})$ 输入安全参数 λ，输出公共参数 $\mathrm{pp_{rss}}$。

$(\mathrm{pk_{sig},sk_{sig}}) \leftarrow \mathrm{KGen_{sig}}(\mathrm{pp_{rss}})$ 输入公共参数 $\mathrm{pp_{rss}}$，为签名者生成一对密钥。

$(\sigma,\mathrm{red}) \leftarrow \mathrm{Sign}(m,\mathrm{sk_{sig}},\mathrm{adm})$ 将消息 m，$\mathrm{sk_{sig}}$ 及允许修改的块的描述 adm 作为输入，输出签名和一些编辑信息。

$(m',\sigma',\mathrm{red}') \leftarrow \mathrm{Redact}(m,\mathrm{MOD},\sigma,\mathrm{red},\mathrm{pk_{sig}})$ 将消息 m，修改指令 MOD，编辑信息 red，签名 σ 和 $\mathrm{pk_{sig}}$ 作为输入，根据 MOD 来编辑消息 m，得到 $m' \leftarrow \mathrm{MOD}(m)$、$\sigma'$ 和 red'。

$d \leftarrow \mathrm{Verify}(m,\sigma,\mathrm{pk_{sig}})$ 输出决策 $d \in \{\mathrm{true,false}\}$ 验证关于公钥 $\mathrm{pk_{sig}}$ 的消息 m 的签名 σ 的正确性。

2. 可编辑签名的安全属性

Brzuska 等[13]定义了以下标准安全属性。

① 不可伪造性（Unforgeability）：在不持有秘密密钥的情况下，只能通过 Redact 算法派生出消息 m 的签名。

② 隐私性（Privacy）：不持有任何私钥的外部人员不应获得消息中有关已编辑内容的任何信息。

③ 透明性（Transparency）：比隐私更强的安全属性，要求不持有任何私钥的外部人员甚至无法判断签名是使用原始签名算法 Sign 生成的，还是使用编辑算法 Redact 生成的，即无法判断某个经过签名的消息是否被修改过。

隐私性来源于透明性，下文提到的可净化签名中也具有同样的关系，证明可参阅文献[14]。基于上述标准安全属性，后续扩展出一些其他安全属性，以适应更多应用场景的需求。

④ 不可链接性（Unlinkability）：要求签名不能泄露其是从哪一个原始签名派生得到的，这是一个非常强烈的隐私概念。

⑤ 可更新且可合并的可编辑签名（Updatable and Mergeable Redactable Signature）：综合了可编辑签名和仅附加（append-only）签名方案，扩展原始可编辑签名，以允许通过添加新元素来更新签名，还可以合并从相同来源派生的签名。

⑥ 披露控制（Disclosure Control）：在某些应用场景中，签名者或其他中间人禁止对某些块进行修改。

⑦ 可审计的（Accountable）：借助可净化签名使可编辑签名满足可审计性。一个相关的方向是匿名可编辑签名，验证者无法确定使用了哪个签名密钥，但是可以由可信方跟踪。

⑧ 复杂的数据结构和通用化（Complex Data-Structures and Generalization）：扩展到可适用于比集合和列表更复杂的数据结构，如树、图和森林。

3．可编辑签名的通用框架

Derler 等给出了可编辑签名的一个通用框架[15]，以数字签名方案、密码累加器、非交互式承诺和非交互式证明系统作为构建基块。文献[15]是一篇比较经典的论文，有很多方案都是在其基础上进行设计的。

可编辑签名方案大多基于密码累加器（Cryptographic Accumulator），因此在本节对其进行简要说明。Benaloh 和 Mare 在文献[16]中介绍了一种满足特殊的准交换性质的抗碰撞密码累加器。这种抗碰撞的累加器是基于抗碰撞的哈希函数构造的，该函数可以将大量值累加为一个简短的摘要。利用基于哈希函数的累加器将集合累加为一个累加值，该值可以隐藏累加集的大小并防止碰撞攻击。

密码累加器将一个有限集合 $\mathcal{X}$ 表示为单个值 $\mathrm{acc}_{\mathcal{X}}$ ，并且对于集合 $\mathcal{X}$ 中的每个元素 x 可计算一个成员证据 wit_x ，证明 x 和 $\mathcal{X}$ 之间的隶属关系。

定义 9.2 累加器由算法(AGen, AEval, AWitCreate, Averify)组成。

AGen($1^\lambda, t$) 将安全性参数 λ 和参数 t 作为输入。若 $t \neq \infty$ ，则 t 表示累加元素数量的上限，返回一个密钥对 $(\mathrm{sk}_{\mathrm{acc}}, \mathrm{pk}_{\mathrm{acc}})$ 。其中，陷门信息（私钥 $\mathrm{sk}_{\mathrm{acc}}$ ）是可选择的，因为有些累加器需要陷门信息才能更新累加值和证据，而有些则不需要。如果不存在陷门信息，那么 $\mathrm{sk}_{\mathrm{acc}} = \varnothing$ 。

AEval($(\mathrm{sk}_{\mathrm{acc}}, \mathrm{pk}_{\mathrm{acc}}), \mathcal{X}$) 将密钥对 $(\mathrm{sk}_{\mathrm{acc}}, \mathrm{pk}_{\mathrm{acc}})$ 和待累加的集合 $\mathcal{X}$ 作为输入，并返回累加值 $\mathrm{acc}_{\mathcal{X}}$ 和一些辅助信息 aux 。

AWitCreate($(\mathrm{sk}_{\mathrm{acc}}, \mathrm{pk}_{\mathrm{acc}}), \mathrm{acc}_{\mathcal{X}}, \mathrm{aux}, x$) 将密钥对 $(\mathrm{sk}_{\mathrm{acc}}, \mathrm{pk}_{\mathrm{acc}})$ 、累加值 $\mathrm{acc}_{\mathcal{X}}$ 、辅助信息 aux 和 x 作为输入，若 $x \notin \mathcal{X}$ ，则返回错误 $\bot$ ，否则返回 x 的证据 wit_x 。

AVerify($\mathrm{pk}_{\mathrm{acc}}, \mathrm{acc}_{\mathcal{X}}, \mathrm{wit}_x, x$)：将公钥 $\mathrm{pk}_{\mathrm{acc}}$ 、累加值 $\mathrm{acc}_{\mathcal{X}}$ 、证据 wit_x 和 x 作为输入，若 wit_x 是 $x \in \mathcal{X}$ 的证据，则返回 True ，否则返回 False 。

用于构造可编辑签名的密码累加器实际上是一种满足准交换性的哈希函数，此处用有限函数集合 $\mathcal{H}_k : X_K \times Y_K \rightarrow X_K$ 来表示这样的哈希函数族（给定 $k \in K$，得到一个累加器 $X_k \times Y_k \rightarrow X_k$），其满足以下属性。

① 准交换性（Quasi-Commutativity）：随机选择 $k \in K$。对于 $\forall x \in X_k$，$\forall y_1, y_2 \in Y_k$，存在 $\mathcal{H}_k(\mathcal{H}_k(x, y_1), y_2) = \mathcal{H}_k(\mathcal{H}_k(x, y_2), y_1)$。

② 抗碰撞性（Collision-Free）：随机选择 $k \in K$，$x \in X_k$ 和 $y \in Y_k$，对于给定的 $y' \in Y_k$，敌手在多项式时间内找到一个 $x' \in X_k$（$x' \neq x$），使得 $\mathcal{H}_k(x', y') = \mathcal{H}_k(x, y)$ 在计算上是不可行的。

③ 不可区分性（Indistinguishability）：随机选择 $k \in K$，两个大小相同的集合 $Y_k^1, Y_k^2 \subseteq Y_k$，以及 $x_1, x_2 \in X_k$，对于给定的 $\mathcal{H}_k(x_b, Y_k^b)$，任意敌手在多项式时间内输出 b 的猜测 b'，使得 $b' = b$ 在计算上是不可行的。

在基于密码累加器的可编辑签名方案中，由原始签名者计算消息 m 的累加值 acc_m，并且对每个消息块 m_i，都有证据 wit_{m_i}，然后对 acc_m 签名。编辑消息 m 意味着丢弃与所编辑的消息块 m_i 对应的证据 wit_{m_i}，然后生成新的签名 σ' 和新的消息 m'。验证者验证签名时，不仅要验证签名是否是基于所使用的签名方案由正确的私钥生成的，还需确保签名能通过 AVerify 算法验证。

4．可编辑签名的编辑控制

编辑控制（Redaction control）是限制未经授权的编辑操作的关键机制，可编辑签名方案通过引入编辑控制，允许签名者指定编辑策略，以规范编辑者的编辑操作[17-19]。此类方案除了数字签名方案和累加器，通常使用了访问结构（Access Structure）、单调张成方案（Monotone Span Program，MSP）和线性秘密共享方案（Linear Secret Sharing Scheme，LSSS）或阈值秘密共享方案（Threshold Secret Sharing Scheme，TSSS）。访问结构中包含了消息块的授权编辑集合，即允许编辑的消息块集合，比较常用的是访问树（Access Tree）。单调张成方案是一种线性代数计算模型，可以用来表示编辑控制策略将单调布尔函数（Monotone Boolean Formula，MBF）转化成一个等价的访问矩阵），是实现细粒度编辑控制策略的重要组成部分。

在具有编辑控制的可编辑方案中，对消息进行签名时，根据信息的粒度和信息持有者的隐私需要将原始消息划分为 n 个子消息块。然后，签名者使用单调布尔函数定义被授权公开的消息子集。这个单调布尔函数可以转化为一棵访问二叉树 T，T 将被转化为一个等价矩阵 E，此处的等价矩阵 E 就是访问策略的 MSP 表示。然后，随机选择一个秘密，该秘密和矩阵 E 将通过线性秘密共享方案在 n 个参与方之间共享，并且每个份额在累加之前被链接到子消息块，通过链接和累加实现子消息块及其相应秘密份额的绑定和隐藏。最后，使用特定的数字签名算法对累加值进行签名。这些秘密份额与访问结构 T 相关联，其中 T

控制着第三方能够为哪个消息子集生成有效的签名。也就是说，只有那些与编辑控制策略一致的秘密份额才能用于恢复秘密，详细方案可以参阅文献[19]。使用阈值秘密共享的方案可参阅文献[17]和[18]。

9.2.2　可净化签名

可净化签名方案（SSS）由 Ateniese 等提出[20]，基础方案基于标准的数字签名方案和变色龙哈希。变色龙哈希函数的相关内容将 9.2.3 节介绍。

签名者对消息进行签名时，将消息 m 分为 l 个消息块，确定消息 $m = (m[1], m[2], \cdots, m[i], \cdots, m[l])$ 中的部分消息块 $m[i]$ 是允许被修改的（admissible），由签名者指定的半可信净化者可以将任何允许修改的块更改为新的位串 $m[i]' \in \{0,1\}^*, i \in \{1, 2, \cdots, l\}$。该净化者拥有自己的公钥，净化过程需要相应的私钥，但不需要签名者的参与。对消息 m 进行净化后，更改后的消息为 $m' = (m[1]', m[2]', \cdots, m[i]', \cdots m[l]')$，其中对于不允许被修改的块，$m[i] = m[i]'$。更改后的签名 σ' 可以在给定的公钥下进行验证，以确保消息 m' 的真实性。算法流程如图 9-2 所示。设消息 $m = (H, A, L, L, O)$，允许修改的消息块描述为 $\mathrm{adm} = (\{2\}, 5)$，修改指令为 $\mathrm{MOD} = \{(2, E)\}$，代表将第 2 块消息块修改为 E。经过净化后，得到新的消息 $m' = (H, E, L, L, O)$。

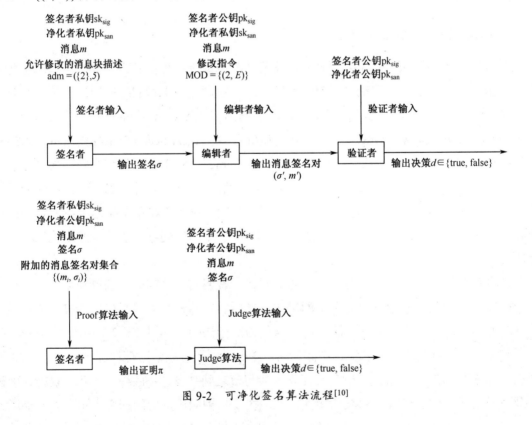

图 9-2　可净化签名算法流程[10]

1．可净化签名的算法框架

定义 9.3 可净化签名方案由多项式时间算法 (SSSPGen, KGen$_\text{sig}$, KGen$_\text{san}$, Sign, Sanit, Verify, Proof, Judge) 组成：

pp$_\text{sss}$ ← SSSPGen(1^λ) 输入安全参数 λ，生成公共参数。pp$_\text{sss}$ 默认作为所有其他算法的输入。

(sk$_\text{sig}$, pk$_\text{sig}$) ← KGen$_\text{sig}$(pp$_\text{sss}$) 输入公共参数 pp$_\text{sss}$，返回签名者的公私钥对。

(sk$_\text{san}$, pk$_\text{san}$) ← KGen$_\text{san}$(pp$_\text{sss}$) 输入公共参数 pp$_\text{sss}$，返回净化者的公私钥对。

σ ← Sign(m, sk$_\text{sig}$, pk$_\text{san}$, adm) 将消息 m， sk$_\text{sig}$， pk$_\text{san}$ 及允许修改的块的描述 adm 作为输入。如果 adm(m) = false，则此算法返回错误符号 $\perp$，否则输出一个签名。

(m', σ') ← Sanit(m, MOD, σ, pk$_\text{sig}$, sk$_\text{san}$) 将消息 m，修改指令 MOD，签名 σ， pk$_\text{sig}$ 及 sk$_\text{san}$ 作为输入，同时输出 m' ← MOD(m) 和 σ'，其中， m' ← MOD(m) 表示消息 m 根据修改指令 MOD 被修改为 m'。

d ← Verify(m, σ, pk$_\text{sig}$, pk$_\text{san}$) 将关于公钥 pk$_\text{sig}$ 和 pk$_\text{san}$ 的消息 m 的签名 σ 作为输入，输出决策 $d \in \{\text{true}, \text{false}\}$。

π ← Proof(sk$_\text{sig}$, m, σ, $\{(m_i, \sigma_i) | i \in \mathbb{N}\}$, pk$_\text{san}$) 将 sk$_\text{sig}$，消息 m，签名 σ，一组附加的多项式消息/签名对集合 $\{(m_i, \sigma_i)\}$ 和 pk$_\text{san}$ 作为输入，输出一个字符串 $\pi \in \{0,1\}^*$，从而通过 Judge 算法来判断哪一方应该对消息/签名对 (m, σ) 负责。

d ← Judge(m, σ, pk$_\text{sig}$, pk$_\text{san}$, π) 将消息 m，签名 σ， pk$_\text{sig}$ 和 pk$_\text{san}$ 及证明 π 作为输入。请注意，一旦生成证明 π，任何人都可以为该消息/签名对 (m, σ) 确认责任方。它输出决策 $d \in \{\text{Sig}, \text{San}\}$，指示消息/签名对是由签名者还是由净化者生成的。

2．可净化签名的安全属性

Brzuska 等在文献[14]中定义了标准安全属性。

① 不可伪造性（Unforgeability）：在不持有任何秘密密钥的情况下，只能由原始签名者生成或净化者生成消息 m^* 的签名 σ^*。

② 隐私（Privacy）：不持有任何私钥的外部人员不应获得消息中有关已净化内容的任何信息。

③ 透明性（Transparency）：比隐私更强的安全属性，要求不持有任何私钥的外部人员甚至无法判断签名是使用原始签名算法 Sign 生成的，还是使用净化算法 Sanit 生成的，即无法判断某个经过签名的消息是否被净化过。

④ 不可篡改性（Immutability）：不可篡改性要求净化者只能更改消息中允许修改的消息块。

⑤ 可审计性（Accountability）：产生争议时，签名者必须能够生成指明责任方的证明，确保签名者和净化者不需要对来自对方的消息/签名对 (m^*, σ^*) 负责。可审计性可以分为非

交互式的公开可审计性（non-interactive public accountability）和交互式的可审计性（interactive accountability），前者指的是第三方可以在没有与签名者进行交互的情况下辨别出消息是否经过净化，与透明性互斥。而后者涉及签名者，允许授权机构追溯消息签名对的来源，而方案本身可能是透明的。

基于上述标准安全属性，又扩展出一些其他安全属性，以适应更多应用场景的需求。

⑥ 不可链接性（Unlinkability）：要求签名不能泄露其是从哪一个原始签名派生得到的，这是一个非常强烈的隐私概念。

⑦ 不可见性（Invisibility）：保证不持有任何私钥的外部人员无法得知哪些块是可净化的。

⑧ 组级别定义（Group-Level Definitions）：原本可净化签名的定义都是基于单个消息/签名对或单个消息块，为了提高效率，可以通过对块进行分组，再对组进行净化。

⑨ 更强的安全性定义（Stronger Security Definitions）。例如，在某些安全模型下，adm是可以被伪造的，因此可以考虑新的安全框架以保护 adm。或者，通过增强安全性模型来构造强不可伪造的标准签名。还可以非标准方式更改某些隐私定义，将可净化签名方案转换为可编辑签名方案。

3．多签名者/净化者场景下的可净化签名方案

可净化签名方案通常只考虑一个签名者和一个净化者。而在多签名者和多净化者的场景中，签名者可以为给定的消息指定多个净化者，并且每个净化者都能够修改消息，生成消息签名对，下面给出两种主要的解决方案。

一种是由文献[21]提出的(n, m)多参与者可净化签名构造，基于群签名（group signature）和陷门或证明（trapdoor or proof）。相比于传统或证明，陷门或证明的区别在于，当证明者拥有陷门的情况下，不仅能够证明秘密是以 g 为底的 y 的离散对数或是以 h 为底的 z 的离散对数，即 $y = g^{secret}$ 或 $z = h^{secret}$ 成立，还能够证明是哪一个式子成立。在该方案中有两个群，一个是由 n 个签名者组成的群，另一个是由实际签名者和所指定的净化者组成的群，签名者在签名时将生成两个签名 σ_{FIX} 和 σ_{FULL}（σ_{FIX} 代表第一个群对消息不可修改的部分进行签名，σ_{FULL} 代表第二个群对整个消息进行签名），同时生成证明 π。π 除了证明两个签名都是正确有效的，还将证明消息签名对生成者的身份。净化者在净化过程中将生成新的 σ_{FULL} 和证明 π。验证者可以通过陷门或证明来判断消息签名对的生成者是签名者还是净化者，同时基于群签名的特性，还可以揭示签名者或净化者的具体身份。详细算法过程可以参阅文献[21]。

另一种则是基于多陷门哈希方案[22]。与传统的陷门哈希方案不同，多陷门哈希方案与多个陷门相关联，每个陷门属于不同的实体。该方案允许使用多个实体各自拥有的哈希密钥来计算给定消息的哈希值，然后每个实体可以使用各自的陷门密钥计算目标哈希值的碰撞，并将各自的碰撞组合起来，生成原始消息和新消息之间的多陷门哈希碰撞。多陷门哈

希方案应用于可净化签名，满足多个净化者的场景需要。其中，消息的不同部分可以由不同的净化者集合进行净化，详细的实现过程可以参阅文献[22]。

9.2.3 变色龙哈希

变色龙哈希（Chameleon Hash）可以视为包含陷门的加密哈希函数，对于给定的哈希值，在没有陷门的情况下，很难找到碰撞，一旦知道陷门，则可以有效地生成哈希值的碰撞。

变色龙哈希的构造可基于因式分解、格或离散对数。以离散对数难题上的变色龙哈希为例[23]，首先生成私钥 x 和公钥 $y = g^x$，其中 g 是循环群 G 的生成元，私钥将作为陷门用于计算哈希值的碰撞，消息 m 的哈希值为 $H(m) = g^m * y^r$。若要将消息 m 修改为 m'，为了使消息的哈希值保持不变，变色龙哈希函数将找到一个随机数 r'，使 $H(m') = H(m)$。其中，$H(m) = g^m y^r = g^m g^{xr} = g^{m+xr}$，$H(m') = g^{m'} y^{r'} = g^{m'} g^{xr'} = g^{m'+xr'}$，在持有私钥 x 的情况下，可以求得满足条件的 $r' = \dfrac{(m + xr - m')}{x}$。

在变色龙哈希算法中，$a \xleftarrow{r} A(x)$ 表示 a 是非确定性算法 A 在输入为 x 时的输出，$a \xleftarrow{} A(x)$ 则表示 a 是确定性算法 A 在输入为 x 时的输出。

1．变色龙哈希的算法框架

定义 9.4 变色龙哈希由 5 个多项式时间算法 (CHPG,CHKG,CHash,CHCheck,CHAdapt) 组成。

$pp_{ch} \xleftarrow{r} CHPG(1^\lambda)$ 将安全参数 λ 作为输入，输出公共参数 pp_{ch}。pp_{ch} 默认为其他所有算法的输入。

$(sk_{ch}, pk_{ch}) \xleftarrow{r} CHKG(pp_{ch})$ 将公共参数 pp_{ch} 作为输入，输出公私钥对。

$(h, r) \xleftarrow{r} CHash(pk_{ch}, m)$ 将公钥 pk_{ch} 和消息 m 作为输入，输出哈希值 h 和随机值 r。

$d \leftarrow CHCheck(pk_{ch}, m, r, h)$ 将公钥 pk_{ch}，消息 m，随机值 r 和哈希值 h 作为输入，输出一位 $d \in \{0,1\}$，表示哈希值 h 是否有效。

$r' \xleftarrow{r} CHAdapt(sk_{ch}, m, r, h, m')$ 将私钥 sk_{ch}，消息 m，新的消息 m'，随机值 r 和哈希值 h 作为输入，输出一个新的随机值 r'。

变色龙哈希可以作为可编辑区块链的构建基块，允许通过使用变色龙哈希替换原始的区块链哈希函数来重写块。

2．变色龙哈希的安全属性

① 不可区分性（Indistinguishability）：不能得知随机值 r 是通过 CHash 还是 CHAdapt 算法生成的。

② 抗碰撞性（Collision Resistance）：即使敌手能够访问 CHAdapt 预言机，也只能查询

到已经生成的关于消息 m 的碰撞，而不能找到其他碰撞。

③ 唯一性（Uniqueness）：使用相同公钥，哈希值相同的情况下，对于同一消息 m ，很难得到不同随机值 r 。

3．变色龙哈希的密钥暴露问题

密钥暴露意味着如果已知哈希值的单个碰撞，就可以通过提取相应的陷门（秘密密钥）计算出其他碰撞。实际上，变色龙哈希的抗碰撞性在特定状况下会有泄露陷门的风险。

以建立在离散对数难题上的变色龙哈希为例，对于随机值

$$r' = \frac{(m + xr - m')}{x}$$

如果某个人能够同时持有两组发生碰撞的消息/随机值对 (m, r) 和 (m', r') ，他便可以通过 $H(m) = H(m')$ 、$g^m y^r = g^{m'} y^{r'}$ 、$g^{m+xr} = g^{m'+xr'}$ 找到陷门

$$x = \frac{m' - m}{r - r'}$$

基于身份的陷门哈希方案可以解决部分密钥暴露的问题，在每次进行碰撞计算时使用新的密钥对，这样，密钥暴露只会影响到使用该密钥的特定碰撞，而不会影响到其他碰撞。后来又提出了没有密钥暴露问题的变色龙哈希函数方案。其核心思想是使用双陷门，一个是永久陷门，一个是临时陷门。密钥暴露只会导致临时陷门密钥的泄露，而永久的、长期的陷门密钥将安全用于未来的碰撞计算。

掌握陷门密钥就意味着拥有修改消息的权利，因此，如何管理变色龙哈希函数的陷门密钥是一个十分重要的问题。当变色龙哈希函数应用于区块链编辑时，陷门密钥的管理有以下情况。

① 私有链写入权限仅授予中央机构，读取权限可以是公共的或受限制的。在这种情况下，陷门密钥一般由可信的中央机构掌握，中央机构有权计算碰撞并编辑区块。

② 多中心化的联盟链的共识一般在一组预定义的参与者中执行。在这种情况下，陷门密钥可以在联盟的各个参与方之间共享，并通过多方计算来决定和实施编辑操作。

③ 去中心化的公有链允许所有方将交易发送到网络并将其包含在区块链中（只要交易有效）。共识过程是分散的，不受任何一方的控制。在这种情况下，网络中所有的矿工之间可以共享陷门密钥，也可以把陷门密钥分配给按照特定规则挑选出的参与方集合（如算力排名前 10 位的矿工或者矿池）。

以上提到的共享都是基于 Shamir 的 (k, n) 秘密共享方案，还有一个思路是允许每个验证者都可以拥有陷门密钥，且所有验证者共同采用分布式随机数生成协议生成一个随机数，并据此选择对应的验证者来实施修改操作[30]。在这种情况下，掌握陷门密钥和数据修改权的验证者是事前不可预测的，可以避免针对性的安全攻击。

除了可编辑区块链，变色龙哈希函数还有很多应用方向，如在线/离线签名、（紧密）

安全签名方案、可净化签名方案、基于身份的加密方案、陷门承诺、直接匿名证明、Σ-协议和分布式哈希。

为了适应不同的应用场景，许多新的变色龙哈希方案相继被提出。

① 带有临时陷门的变色龙哈希（Chameleon-Hashes with Ephemeral Trapdoors，CHET）：附加了一个由计算哈希值的一方指定的临时陷门，计算哈希值的碰撞需要同时提供主陷门和临时陷门[24]。

② 基于策略的变色龙哈希（Policy-based Chameleon Hash，PCH）：通过赋予计算哈希值的一方能够将访问策略与所生成的哈希值关联起来的能力，任何拥有足够权限以满足访问策略的人都可以为给定的哈希值找到任意碰撞[25]。

③ 阈值变色龙哈希（Threshold Chameleon Hash，TCH），使用多个秘密密钥而不是单个秘密密钥来计算碰撞[26]。

④ 时间可更新的变色龙哈希（Time Updatable Chameleon Hash，TUCH）：为变色龙哈希值加上时间限制，使得哈希值的有效性只能在一定时间范围内被成功验证[27]。

⑤ k 次陷门变色龙哈希（k-times Trapdoor Chameleon Hash）：将由陷门密钥所有者执行的碰撞次数限制为 k[28]。

⑥ 基于格的单陷门无密钥暴露变色龙哈希函数（single-trapdoor key-exposure free chameleon hash functions based on lattice）：提供了带有格陷门和不带格陷门的两种方案，并且使用它们构造可编辑的区块链[29]。

针对变色龙哈希的抗碰撞性，也有部分文献对其进行更强的安全定义，使变色龙哈希函数满足标准抗碰撞性（Standard Collision-Resistance，S-CollRes）、增强抗碰撞性（Enhanced Collision-Resistance，E-CollRes）和完全抗碰撞性（Full Collision-Resistance，F-CollRes）等。

9.3 基于签名的可修订区块链

随着区块链的发展，存储所有区块数据需要巨大的存储空间，普通节点的存储代价很大。而在实际应用中，有的区块数据已经过期或失效，如已经宣布破产的银行交易信息、已经废除的法律文件等。这些数据永久存储在区块链中已经失去了价值，且占用大量空间，造成资源浪费。如果经大多数用户同意后，可删除这些失效的数据，而不影响区块链中其他数据的存储和使用，有助于释放节点的存储空间，降低存储代价，具有重要的应用价值。目前，绝大多数区块链结构是不允许删除数据的，数据一旦写入链就不能更改，可能造成过期数据占用大量存储空间的问题。由此，可删除区块链应运而生。

本节介绍两种可删除区块链，都是基于空间共识机制的，当数据过期或失效时，经大多数用户同意并签名，对过期数据进行删除，并保持区块链的结构不变，不影响其他区块的存储和使用。但是，它们分别使用了改进的门限环签名方案和可链接的多重签名方案

（LDMS）来实现区块的删除。改进的门限环签名方案满足签名的强不可伪造性与签名者的匿名性。LDMS 方案允许多个用户使用一次性地址作为假名生成有效签名，以保护其身份隐私。此外，如果两个子签名是由同一个恶意用户生成的，那么该多重签名方案可以链接两个子签名。

9.3.1 空间证明共识机制

空间证明是一种基于存储容量的新型共识机制，使用矿工投资的磁盘空间而不是计算能力来开采区块。磁盘空间越大，挖掘成功的概率越高，反之亦然。

空间证明共识机制[31]基于"一定时间内需要一定空间构造一个结构图"的事实展开空间竞争。空间证明的认证过程如下。

设 $G = (V, E)$ 是一个有向无环结构图，其中 $V = \{v_1, \cdots, v_N\}$ 是一个节点集，N 是节点的个

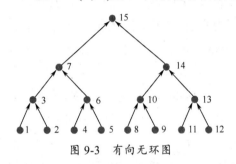

图 9-3　有向无环图

数，E 是有向边的集合。为了进一步描述每个节点之间的关系并突出显示图的结构，为每个节点设置标签值 $l_i = \mathrm{Hash}(\mu, i, l_{p_1}, l_{p_2}, \cdots, l_{p_t})$。其中，$i$ 表示节点的索引号，μ 是一个可配置的随机数，$(l_{p_1}, l_{p_2}, \cdots, l_{p_t})$ 为链向当前顶点 i 的所有前向顶点，即其父顶点的标签值。标签值将每个节点及其父节点连接起来，形成一个基于标签值的有向无环图，如图 9-3 所示。

图 9-3 需要一定的空间来存储。如果用户投入的存储空间较大，就更容易存储和恢复。在空间不足的情况下，应重新利用空间存储相关数据，反复存储和删除数据，以时间换空间。因此，在时间有限的情况下，不同空间大小的挖掘者会有不同的存储容量来存储相同结构的图，这就导致基于存储容量的竞争。

基于共识机制的证明空间的区块链结构如图 9-4 所示。

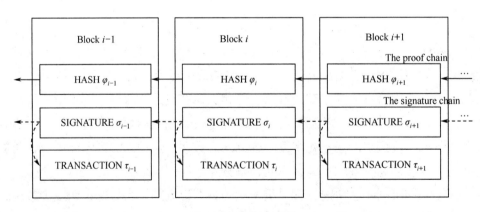

图 9-4　区块链结构

9.3.2　基于可链接的多重签名的可删除区块链[32]

1．可链接的多重签名

多重签名的内容见 5.6.5 节。多重签名方案 LDMS 允许用户使用一次性地址生成一个多重签名来共同删除数据。具体来说，首先生成系统参数，然后为每个签名者生成真实的公私钥对和一次性公私钥对。在签名过程中，每个签名者将一次性公钥作为自己的假身份，将真实公钥保密，共同生成消息 m 的多重签名。签名完成后，验证者可以验证签名的有效性。

在自适应选择消息攻击下，在随机 Oracle 模型[33]中分析了多重签名方案的不可伪造性。在椭圆曲线离散对数问题（ECDLP）假设下，可以证明多重签名方案是正确的、可链接的并能够抵抗自适应选择消息攻击。多重签名方案的具体算法描述和证明过程可参阅文献[32]。

2．可删除的区块链

下面介绍一个可删除的区块链，首先描述如何提出删除请求，然后介绍删除协议。

（1）提出删除申请

假设一个块中的所有交易都来自同一个交易发送方，并且规定只有交易的发送方有权提出删除请求。在匿名环境下，为了满足删除块时的完全透明性和可审计性，根据不同的删除原因使用不同的隐私保护策略。图 9-5 简要介绍了提出删除请求的过程。如果发送者希望删除一个块，先将删除原因分类。由于身份失效，交易发送方可以选择披露其毫无价值的交易身份。此外，由于交易内容过期，交易发送方可以选择披露交易内容。

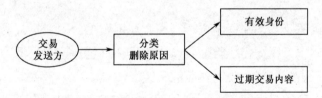

图 9-5　交易发送方对删除原因进行分类

（2）删除协议

在删除协议中，一个删除策略被引入来决定一个删除操作是否应该被接受，满足该策略的块被称为一个有效的删除块。

具体来说，其他用户在收到来自网络的删除请求后，根据披露的身份或交易内容，将投票结果广播到网络。如果用户同意删除请求，将 VoteDel 设为 1，否则将 VoteDel 设为 0。接着，对请求进行投票的用户从网络中收集关于同一删除请求的所有投票结果 VoteDel。如果最后同意删除操作的用户超过全体用户的 2/3，那么所有支持删除请求的投票者通过使用他们的一次性公钥在删除消息 m 上生成一个可链接的多重签名，然后这些用户将原始的交易内容替换为多重签名，创建一个块 B，并将块 B 广播到网络。在从网络接收块 B 时，每个用户删除其本地链中相应的块，即用块 B 替换原始区块。

删除操作后的第 i 块结构如图 9-6 所示。可以看出，对第 i 个块进行删除操作后，前块和后块之间的哈希关系和签名关系没有改变，交易子块被多重签名替换，其余块结构从未被改变。这种方式成功地释放了大量交易。

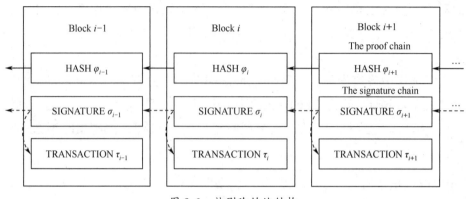

图 9-6　被删除的块结构

该隐私保护可删除区块链协议提供了公开验证。要验证已删除的链，用户先检查每个块，就像底层不可变区块链中的一样。若发现一个空块，则检查多重签名是否有效，以及检查被删除的块是否满足删除策略。只有当所有的验证都成功时，才可以接受被删除的链。

9.3.3　基于改进门限环签名的可删除区块链[34]

1．改进的门限环签名

环签名是一种签名技术，简单来说，签名方知道一组公钥中某公钥对应的私钥，这样他就可以该私钥生成一个环签名。验证者可以验证环签名是这组公钥中某公钥对应私钥的拥有者生成的，却不知道是哪个公钥对应的私钥。

门限环签名是以环签名为基础的，将门限思想和环签名结合起来。在一个 (t,n) 的门限环签名方案中，每个用户拥有自己的公钥和私钥，至少有 t 个用户参与才能生成有效的门限环签名。

由于文献[35]中的门限环签名方案不满足强不可伪造性，改进方案解决了原方案存在的问题，是一个安全的环签名方案。具体的算法描述可参阅文献[34]。

2．可删除区块链

基于改进的门限签名方案的可删除区块链如下。当区块链数据过期时，只有绝大多数用户同意并生成有效的门限环签名，才能进行删除，否则不能进行删除。除了删除操作，不能对区块数据做其他更改。在删除区块数据时，不能影响其他区块数据的使用和验证。

假设某区块 $i+1$ 的交易数据因为数据过期、废弃等原因，不再需要在链上存储，继续存储该区块的交易数据无疑浪费存储资源。在此情况下，网络中的相关节点向网络广播 DelTx={number, reason}。其中，number=$i+1$ 为请求删除的交易数据所在的区块号，reason 即为请求删除的原因。其余所有合法节点在收到 DelTx 后，会判断该删除操作的合理性。通过后，合法节点会将自己的意见 ReDelTx 广播到网络中。其中，ReDelTx=1 表示节点同意删除请求，ReDelTx=0 表示不同意删除请求。最终，每个节点均可统计整个网络对该删除信息的反馈，如果发送同意信息的节点超过设定门限，便认为该删除请求合法，然后生成一条删除消息 m。

接着，同意删除消息 m 的节点将对交易数据进行删除操作，并成为环签名系统中的签名节点，根据门限环签名方案生成消息 m 的门限环签名，作为对删除消息 m 合法性的承诺；同时，用生成的环签名替换交易数据原本所在的位置，并在全网进行广播，以供所有节点对该删除操作的合法性进行验证。

可删除区块链的结构如图 9-7 所示。

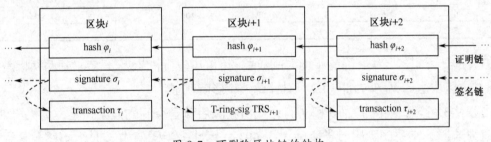

图 9-7 可删除区块链的结构

对比交易数据删除前后的区块信息可知，除了交易数据被替换成相应环签名，当前区块及其前后区块中的其余信息都未发生任何变化，区块链的结构未发生变动。可见，该方案可以成功删除区块中废弃的交易数据，释放大量存储空间，且不影响其他区块数据的使用和验证。

9.3.4　方案分析

下面分析可删除区块链的区块生成和删除时间。

①　基于可链接的多重签名的可删除区块链的区块生成和删除的时间，如表 9-1 所示，生成一个块的平均时间为 1740ms，删除一个块的平均时间为 3556ms，删除一个块的平均时间大约是生成一个块的 2 倍。删除操作不需要过多的计算资源，表明该方案的有效性和可行性。

②　基于改进的门限环签名的可删除区块链在不同阈值下删除区块的时间和删除前后的存储空间及节省空间占比。由于阈值的选择会影响区块删除的时间，因此需要分析不同

表 9-1 块生成和块删除的时间消耗

表 9-1 块生成和块删除的时间消耗

时间/ms	Block 1	Block 2	Block 3	Block 4	Block 5	平均值
块生成	1682	1855	1370	1819	1674	1740
块删除	3675	3463	3466	3515	3662	3556

阈值对区块删除时间的影响，实验节点数量为 8，结果如表 9-2 所示。表 9-3 比较了不同阈值下区块删除前后的存储空间及节省空间占比。

表 9-2 不同阈值下区块删除的平均时间比较

阈值	区块平均删除时间/ms	区块平均生成时间/ms
5	2150	
6	3030	965
7	3480	

表 9-3 不同阈值下交易删除前后的存储空间及节省空间占比

阈值	数据删除后/KB	原有区块/KB	节省空间占比
5	153.77		61.55%
6	73.7	400	81.58%
7	32.16		91.96%

由表 9-2 可知，区块删除的平均时间随着阈值的增大而增加，三者之间两两相差大约 0.5s，约占区块生成平均时间的 1/2，对计算效率影响明显。

由表 9-3 可知，当阈值为 6 和 7 时，交易删除后节省空间的效果显著，均大于 80%；而阈值为 5 时，交易删除后节省空间大约 60%。因此，当阈值为 7 时，虽然删除后节省空间的效果最优，但删除区块耗时较长；当阈值为 5 时，虽然删除区块耗时较短，但节省空间效果不太理想，且参与删除的节点相对较少，降低了方案的安全性。综合考虑区块删除的安全性和效率，选择阈值为 6，即占比 6/8=75%是同时保证方案安全性和效率的最佳阈值。

如表 9-4 所示，当阈值比例为 75%时，生成一个区块平均耗时 965ms，删除交易数据并生成门限环签名平均耗时 3028ms。

表 9-4 阈值比例为 75%时的块生成和块删除的时间消耗

时间/ms	Block 1	Block 2	Block 3	Block 4	Block 5	平均值
块生成	1112	873	897	936	1008	965
块删除	3044	3027	3041	3017	3013	3028

对比表 9-1 和表 9-4 可知，基于改进门限环签名的可删除区块链删除区块的效率比基于可链接的多重签名的可删除区块链效率高，但是前一个方案所有的块数据都是公开的，在删除过程中可能会泄露用户的真实身份和交易内容。也就是说，第一个方案实现了隐私保护，但是效率略微降低；第二个方案虽然没有隐私保护，但是效率更高。

9.4　可修订区块链的挑战[1]

9.4.1　可编辑性和安全可靠性

作为一个备受争议的新热点，可修订区块链技术受到最多的质疑就是数据修订可能为区块链带来中心化安全风险，并进而降低链上数据的可审计性和可信任性，其中，可审计性表示用户可以确知某项链上的数据是否经过了修改，而可信任性意味着用户确知链上数据经过了所有验证者的共识验证。显而易见，现有文献提出的数据修改方案大多存在着中心化的变色龙哈希陷门密钥或者中心化的控制策略等缺陷，可能存在掌握修订权的恶意用户随意篡改链上数据的安全风险。因此，如何实现去中心化的修订权是兼顾安全性和可编辑性的核心问题。

从技术角度，这意味着验证者通过原来的 PoW、PoS 等共识过程实现记账权的去中心化之外，还需要增加相对独立的第二层共识过程，以实现修订权的去中心化。如何设计适用于第二层共识的去中心化算法，这种双层共识机制如何相互协调交互，如何保障双层共识的安全性等，都是目前悬而未决的关键问题。

9.4.2　修订权的冲突和竞争

可修订区块链的冲突消解机制也是迫切需要研究的课题，旨在保证链上数据始终一致、稳定、安全和可信，主要体现在如下两方面。

① 数据修订操作可能带来的内容冲突。区块链的数据都是经过验证者共识过程后上链的，而这些数据被修改后生成的新数据一般只是经过逻辑或语法层面的简单验证，因此，数据修订操作可能导致链上数据的前后不一致性或者内容冲突。必须设计一种链上数据的一致性和冲突检测机制，使得用户在修订数据之前即可确知其操作是否会引发链上冲突。

② 竞争修订权可能带来的用户群体博弈。区块链系统内的用户和验证者在修订链上数据前，必须针对此次修订操作及修订后的新数据达成有效且稳定的共识。否则，当针对链上数据存在不同的意见群体和舆论场时，将出现双方或者多方竞争数据修订权限，导致链上数据被轮流、频繁地修改，从而降低链上数据的稳定性、安全性和可信性。

9.4.3　链上数据的安全和监管

现阶段，防治不良信息上链是可修订区块链技术的重要应用场景，存在迫切的国家信息安全与监管需求。因此，链上数据的内容安全与监管是未来的重要研究课题。

① 加强区块链信息的内容安全性核查与监管。针对主流区块链技术和平台，迫切需要研究区块链的信息源核查技术，特别是区块链的信源评估方法、上链信息核查方法、基于内容安全的共识算法等，从源头上保证上链信息的真实性和合理性。

② 针对已上链信息，需要研究区块链大数据的深度分析和安全预警技术，实现对区块链数据的常态化安全巡查、有害信息的精准定位与深度分析等，在保持区块链技术极难篡改特点的同时，提高区块链对有害信息的自动评估与自我净化能力。

③ 加强网络舆论的预测与引导。区块链本质上只是信息存储和共享的载体和工具，解决其内容安全问题的"功夫在链外"。因此，需要研究和发展网络舆论大数据的实时采集和深度分析手段，以海量社会传感器网络为基础，以知识自动化技术为核心，通过对社会态势的全面感知、建模、预测、决策与引导，将社会公众的问题和矛盾化解在萌芽阶段，并推动传统社会管理模式向分布式、集约化、智能化、全响应的智慧社会管理模式的转型。

本章小结

本章主要讲解了可修订区块链的相关知识，从现实需求、分类和应用角度对可修订区块链进行概述，同时介绍了与之相关的数据修改技术，可以在保持签名有效性的前提下完成对签名消息的修改。此外，针对基于签名的可修订区块链技术，本章给出了分别使用改进的门限环签名方案和可链接的多重签名方案的可删除区块链，简述了它们的算法思想，并进行了分析和对比。最后，本章对可修订区块链目前面临的问题进行了探讨。

习 题 9

1. 简述可修订签名的优势。
2. 简述可编辑签名和可净化签名的相同点和不同点。
3. 区块链的修订对于所有节点而言是否是强制执行的？
4. 简述可编辑签名方案中是如何使用累加器的。
5. 如何理解可净化签名可审计性和透明性的矛盾性？
6. 简述变色龙哈希的原理，以及能被应用于可净化签名的原因？
7. 什么是变色龙哈希的密钥暴露问题？为什么会存在这个问题？
8. 基于签名的可修订区块链被用来解决什么问题？
9. 为什么为区块链增加可修订性会带来安全问题？
10. 如何看待可修订区块链带来的隐患？

参考文献

[1] 袁勇，王飞跃．可编辑区块链：模型，技术与方法[J]．自动化学报，2020, 46.5: 831-846.

[2] Sartori, Damiano．Redactable Blockchain: how to change the immutable and the consequences of doing so[D]．University of Twente, 2020.

[3] Florian M, Henningsen S, Beaucamp S, et al．Erasing Data from Blockchain Nodes[C]// 2019 IEEE European Symposium on Security and Privacy Workshops (EuroS PW)．June 2019, 367-376. doi: 10.1109/EuroSPW.2019.00047.

[4] Sri Aravinda Krishnan Thyagarajan, Adithya Bhat, Bernardo Magri, et al．Reparo: Publicly Verifiable Layer to Repair Blockchains[J]．ArXiv abs, 2001.00486(Jan. 2020).

[5] Victor Gates．RTM: Blockchain That Support Revocable Transaction Model[J]. ArXiv abs, 2001.11259 (Jan. 2020).

[6] Pyoung C K, Baek S J．Blockchain of Finite-Lifetime Blocks With Applications to Edge-Based IoT[J]．IEEE Internet of Things Journal, 2020, 7, (3): 2102-2116.

[7] Garlapati, Shravan．Trade-offs in the Design of Blockchain of Finite-Lifetime Blocks for Edge-IoT Applications[C]// 2020 29th International Conference on Computer Communications and Networks (ICCCN)．IEEE, 2020.

[8] Xu, Jie, et al．An identity management and authentication scheme based on redactable blockchain for mobile networks[J]．IEEE Transactions on Vehicular Technology, 2020: 6688-6698.

[9] Zou, Renpeng, Xixiang Lv, Jingsong Zhao．SPChain: Blockchain-based Medical Data Sharing and Privacy-preserving eHealth System[J]．arXiv preprint arXiv:2009.09957 (2020).

[10] Bilzhause, Arne, Henrich C. Pöhls, Kai Samelin．Position paper: the past, present, and future of sanitizable and redactable signatures[C]// Proceedings of the 12th International Conference on Availability, Reliability and Security．2017.

[11] Steinfeld, Ron, Laurence Bull, et al．Content extraction signatures[C]// International Conference on Information Security and Cryptology．Springer, Berlin, Heidelberg, 2001.

[12] Johnson, Robert, et al．Homomorphic signature schemes[C]//Cryptographers' Track at the RSA Conference．Springer, Berlin, Heidelberg, 2002.

[13] Brzuska C, Busch H, Dagdelen Ö, et al．Redactable Signatures for Tree-Structured Data: Definitions and Constructions[J]．ACNS, 2010, 87-104.

[14] Christina Brzuska, Marc Fischlin, Tobias Freudenreich, et al．Security of sanitizable signatures revisited[C]// Public Key Cryptography – PKC 2009 (Berlin, Heidelberg) (Stanisław Jarecki and Gene Tsudik, eds.)．Springer Berlin Heidelberg, 2009, 317-336.

[15] Derler, David, et al．A general framework for redactable signatures and new constructions[C]// ICISC 2015．Springer, Cham, 2015.

[16] Benaloh J, De Mare M. One-way accumulators: A decentralized alternative to digital signatures [C]//Workshop on the Theory and Application of Cryptographic Techniques. Springer, 1993, 274-285.

[17] Liu J, Ma J, Xiang Y, et al. Authenticated medical documents releasing with privacy protection and release control[J]. IEEE Transactions on Dependable and Secure Computing, 2019.

[18] Liu, Jianghua, et al. Data Authentication with Privacy Protection[C]//Advances in Cyber Security: Principles, Techniques, and Applications. Springer, Singapore, 2019. 115-142.

[19] Ma J, Liu J, Huang X, et al. Authenticated data redaction with fine-grained control[J]. IEEE Transactions on Emerging Topics in Computing, 2017, 8(2): 291-302.

[20] Ateniese G, Chou D H, de Medeiros B, et al. Sanitizable signatures[J]. ESORICS, 2005, 159-177.

[21] Canard, Sébastien, Amandine Jambert, et al. Sanitizable signatures with several signers and sanitizers[C]//International Conference on Cryptology in Africa. Springer, Berlin, Heidelberg, 2012.

[22] Chandrasekhar, Santosh, Mukesh Singhal. Multi-trapdoor hash functions and their applications in network security[C]//2014 IEEE Conference on Communications and Network Security. IEEE, 2014.

[23] Ateniese, Giuseppe, Breno de Medeiros. On the key exposure problem in chameleon hashes[C]// International Conference on Security in Communication Networks. Springer, Berlin, Heidelberg, 2004.

[24] Camenisch, Jan, et al. Chameleon-hashes with ephemeral trapdoors[C]//IACR International Workshop on Public Key Cryptography. Springer, Berlin, Heidelberg, 2017.

[25] Tian, Yangguang, et al. Policy-based Chameleon Hash for Blockchain Rewriting with Black-box Accountability[C]//Annual Computer Security Applications Conference. 2020.

[26] Huang, Ke, et al. Building redactable consortium blockchain for industrial Internet-of-Things [J]. IEEE Transactions on Industrial Informatics, 2019: 3670-3679.

[27] Huang, Ke, et al. Scalable and redactable blockchain with update and anonymity[J]. Information Sciences, 546 (2021): 25-41.

[28] Cingolani, Alessandro, Daniele Venturi. Bitcoin as an Ideal Redactable Transaction Ledger. (2021).

[29] Wu, Chunhui, Lishan Ke, et al. Quantum resistant key-exposure free chameleon hash and applications in redactable blockchain[J]. Information Sciences, 548 (2021): 438-449.

[30] Li P, et al. Research on fault-correcting blockchain technology[J]. Journal of Cryptologic Research 5.5, 2018: 501-509.

[31] Park S, Kwon A, Fuchsbauer G, et al. SpaceMint: A cryptocurrency based on proofs of space[C]// Proc. Int. Conf. Financial Cryptogr. Data Secur., Berlin, Germany, 2018, 480-499.

[32] Cai X, Ren Y, Zhang X. Privacy-protected deletable blockchain[J]. IEEE Access, 2019, 8: 6060-6070.

[33] Bellare M, Rogaway P. Random oracles are practical : A paradigm for designing efficient protocols[C]// Proc. 1st ACM Conf. Comput. Commun. Secur., 1993, 62-73.

[34] 任艳丽, 徐丹婷, 张新鹏, 等. 基于门限环签名的可删除区块链[J]. 通信学报, 2019, 40(4): 71-82.

[35] Toshiyuki I, Keisuke T. An (n-t)-out-of-n threshold ring signature scheme[C]// Australasian Conference on Information Security and Privacy. 2005: 406-416.

第 10 章　区块链隐私技术应用

　　本章介绍区块链的应用。区块链在隐私计算中的应用主要包括区块链与安全多方计算、联邦学习和可信执行环境的结合。区块链在物联网中的应用主要包括工业物联网、智能家居与供应链溯源，及其与区块链的联系。数字确权发展与近现代版权保护法案，涵盖了文学、表演、绘画、照片、录音、电影、翻译、衍生作品等多个领域。通过一个基于区块链的数字确权案例，阐述了区块链数字确权的基本流程、系统架构和安全需求。

10.1　区块链在隐私计算中的应用

　　随着互联网、大数据、云计算技术的迅速发展，数据已成为个人、企业和政府最重要的数字资产，而数据安全也正面临严峻挑战。隐私计算是在保障数据安全的前提下实现数据的可信计算，即实现了数据的可用而不可见。目前，主流的隐私计算技术包括多方安全计算、联邦学习和可信执行环境。将区块链技术应用在隐私计算技术中，发挥区块链和隐私计算技术的优势，实现技术互补和多元应用，正成为新的技术发展方向。

　　本节分别从区块链与安全多方计算、联邦学习和可信计算环境的结合来讨论区块链在隐私计算中的应用和研究现状。

10.1.1　区块链和安全多方计算

　　安全多方计算是密码学领域的一个研究热点。虽然中外学者对安全多方计算进行了大量的研究，但安全多方计算的大多数参与者是不诚实的，很难获得公平性。由于区块链技术可以在保护数据安全的前提下为参与方提供公平的激励能力，因此研究人员开始将区块链技术应用在安全多方计算中，以提高协议的效率和公平性。

1. 安全多方计算概述

　　安全多方计算最初由姚氏"百万富翁"[1]问题扩展而来。假设有两个百万富翁想知道谁更富有，他们怎么才能在不透露财富金额的情况下找到答案呢？姚期智教授还将百万富翁问题形式化为一个安全的计算模型，并提出了一个解决方案。在分布式场景中，多个参与方各自持有秘密输入，各参与方希望共同完成某个函数的计算，但每个参与方除了计算结果之外，无法从其他参与方获得任何输入的隐私信息。图 10-1 显示了不诚实的三方通过交互计算可信输出的模型。安全多方计算保证了在不诚实的分布式场景中完成计算，同时保护用户的私有输入。

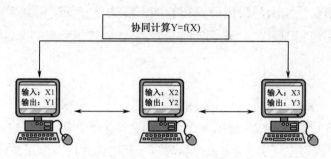

图 10-1　安全多方计算模型

经过 Goldreich、Micali、Wigderson[2]等学者的不断研究，安全多方计算已成为现代密码学的前沿方向之一。安全多方计算解决了不可信参与方之间的协作问题，具有分布式、隐私保护和正确计算的特点，它在隐私数据的共享、分析和挖掘方面具有重要的应用价值。近年来，一些研究人员开始将区块链技术引入安全多方计算中。安全多方计算使不可信的参与方能够进行隐私数据的协同计算、隐私数据的交叉和隐私数据的联合建模等。将安全多方计算与智能合约相结合，可以实现隐私数据的交易和自动支付，逐步形成安全和公平的多方交易市场。2014 年，Andrychowicz 等[3]在比特币平台上使用安全多方计算技术和时间戳承诺，构建了一个安全的多方彩票协议，以保护诚实用户的利益。在此基础上，Kumaresan 等[4]设计了一个带有奖惩的多方安全计算协议，对不诚实用户进行惩罚，并补偿诚实用户的损失。此外，Bentov 等[5]设计了一个可在比特币网络上进行索赔或退款的多方公平协议。

下面主要介绍基于区块链安全的多方计算技术，分别是区块链中的零知识证明方案、区块链中的秘密共享方案和区块链中的同态加密方案。

2．零知识证明

1989 年，Goldwasser 等[6]提出了零知识证明的概念。零知识证明是一种两方或多方协议，证明者可以在不透露任何隐私信息的情况下说服验证者证明的结论是正确的。零知识证明最初应用于身份认证和数字签名领域。由于其具有隐私保护的特征，也可应用于区块链系统，使得在不泄露隐私信息的前提下验证用户的身份。

2013 年，Miers 等[7]使用零知识证明技术提出了 ZeroCoin（零币）协议。作为比特币的扩展货币，零币是第一个实现零知识证明的加密货币。通过使用零知识证明协议，零币可以保护交易各方的地址信息不泄露，实现了数字货币的匿名交易。但是，零币仍然暴露了交易的金额，不能实现完美的隐私保护需求。2014 年，Ben-Sasson[8]利用高效非交互零知识证明（zk-SNARK）协议对零币进行了优化，提出了 ZeroCash 协议。该协议在提供匿名性的同时隐藏了每笔交易的支付金额，构造了具有较强隐私保护的加密货币。2017 年，Danezis 等[9]基于 zk-SNARK 协议提出了另一种新的零币协议（Pinocchio）。改进后的方案采用了椭圆曲线和双线性函数来代替原有的加密算法。其证明机制采用了二次算术程序（QAP），增加了系统的扩展性，缩短了证明的大小，提高了验证的速度，使方案的身份验证更加方便。

3．秘密共享

秘密共享（SS）[10]将主密钥分成 n 个子密钥，每个子密钥由不同的参与方持有。每个参与方都不能单独恢复主密钥，除非多个参与方一起协作才可以恢复主密钥。Vitalik Buterin 认为，秘密共享有助于加强分布式系统的稳定性，有效保护加密货币持有者的私钥，增强区块链中信息的去中心化和安全性，最终保护数据不会遭受未授权的访问。

2016 年，Zyskind G[11]在以太坊平台上设计了一个用于线性秘密共享的智能合约。区块链执行线性秘密共享协议的智能合约，每个参与方获得相应的秘密份额。区块链验证每个参与者的秘密份额，且只有所有参与方公布正确的共享秘密，才能成功恢复主密钥。2019 年，Gao H 等[12]提出了一个基于区块链的可验证秘密共享方案。其利用公共变量验证子密钥的正确性，并通过增加激励机制，鼓励所有参与者诚实的合作。2019 年，Cheng 等[13]提出了一个适用于区块链的动态秘密共享方案。其每个节点的公钥存储在区块链上，并定期更新节点的私钥。该方案基于离散对数问题，实现了密钥的动态分配，且可以有效地抵抗移动攻击。

4．同态加密

同态加密（HE）[14]是一种基于计算复杂性理论的公钥加密技术。对加密后的数据进行函数运算，然后对计算结果进行解密，其结果与对明文进行函数运算的输出结果相同。由于同态加密支持密文计算，使其成为实现隐私保护的主要技术之一。为了保护区块链上信息的机密性，可以在区块链中引入同态加密，使节点在不知道明文数据的情况下实现密文计算。

10.1.2　区块链和联邦学习

机器学习技术是处理现实生活中产生的大量数据的有效方法。然而，隐私性和可扩展性问题一直制约着机器学习的发展。联邦学习（Federated Learning，FL）通过将训练任务分配给多个客户端，将中心服务器与本地设备分离，从而防止了隐私信息的泄露。但是，联邦学习仍然存在单点故障、恶意数据等尚未解决的问题。区块链的出现为解决联邦学习的缺点提供了一种安全、高效的解决方案。

1．联邦学习概述

在现实生活中，带有各类智能传感器的移动设备（如智能手机、可穿戴设备等）被广泛使用并产生了大量的数据。使用机器学习技术可基于这些数据来训练模型以提高设备的性能和适用性。在实际应用中，移动设备具有大规模、分布式的特点，不同设备之间产生的数据具有不平衡、非独立和同分布的特征。因此，以集中方式存储所有数据不是一个安全的选择。在这种情况下，谷歌引入了一种新的分布式机器学习框架，称为联邦学习（FL）[15,16,17]，以解决上述移动设备上的机器学习问题。

联邦学习的结构如图 10-2 所示。联邦学习是一种分布式机器学习技术，它在本地设备上训练数据，然后本地设备将本地模型更新，即将本地模型的权值和梯度上传到中央服务器，并运行预定义的聚合算法来获得全局模型。通常，本地设备被称为客户端，而中央服务器被称为聚合器。联邦学习的优点是不需要直接访问本地设备上的原始数据，使原始数据的隐私性得到保护，同时也降低了数据传输的成本，提高了移动设备的可用性。

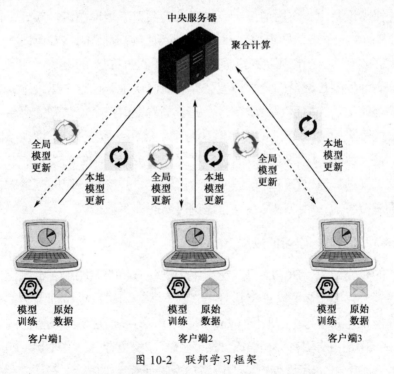

图 10-2　联邦学习框架

2．基于区块链的联邦学习的体系结构

根据区块链和联邦学习不同的耦合方式，基于区块链的联邦学习（BCFL）的体系结构分为：完全耦合 BCFL、灵活耦合 BCFL 和松散耦合 BCFL 三大类。如果 FL 的客户端是区块链的节点，即客户端不仅训练本地模型而且验证更新并生成新的区块，这类框架被称为

基于区块链的全耦合 FL 模型[18]。如果区块链和 FL 系统处于不同的网络中，这类框架被称为基于区块链的灵活耦合 FL 模型[19]。灵活耦合 FL 模型意味着 FL 的客户端不是区块链（矿工）的节点。在文献[20]和文献[21]中，相关研究人员引入了声誉系统作为衡量区块链 FL 系统参与者的可靠性和可信度的标准，这类框架被称为松散耦合 FL 模型。松散耦合 FL 模型中的区块链用于验证模型更新和管理参与者的声誉，只有满足声誉要求的数据才能保留在分布式账本上。

3．基于区块链的联邦学习的功能

BCFL 的具体功能包括模型更新的验证、全局模型的聚合、分布式账本的使用和激励机制 4 个方面。① 为了训练一个性能良好的全局模型，FL 需要确保所有参与模型训练过程的移动设备诚实工作，并提供可靠的数据。传统的 FL 模型并没有很好地解决这个问题。可以利用区块链来验证提交的数据，排除不诚实和不可靠的数据。在每一轮交互中，移动设备将训练好的本地模型更新并传输给矿工进行进一步验证。因此，需要设计合适的验证机制来验证数据的有效性，减少时间和资源的消耗。② FL 的基本思想是将模型训练任务分配到大量的移动设备上，然后通过一个中央聚合器对本地模型进行集成。因此，模型集成是 FL 学习过程中的一个重要组成部分。③ 通过区块链技术，FL 可以在不需要中央聚集器的情况下高效工作。当矿工完成验证工作时，将生成的新的区块添加到区块链中，其中，验证过的本地模型和聚合的全局模型被存储在区块中。在这个过程中，区块链充当分布式账本，它存储更新的模型并为所有合格的参与者提供一个可访问的平台来检索数据。④ FL 为机器学习提供了分布式的计算解决方案。然而，传统的 FL 模型不能保证所有参与的客户端都是可靠的。区块链可以通过向在区块生成过程中做出贡献的节点分发相应的奖励来解决这个问题。通过在 FL 模型中加入区块链，并按照一定的方案对参与者（移动设备和矿工）进行奖励，可以激励参与者提供可靠的训练数据。

4．基于区块链的联邦学习的应用

根据目前的研究结果，BCFL 已广泛应用于物联网、智慧城市、金融支付、医疗等领域。在物联网领域，由于物联网设备是分布式的，对设备进行模型训练需要实时、安全的数据和较强的模型训练能力。物联网（IoT）中的 FL 可以通过多个设备协同训练一个全局模型，避免每个设备[22]的私有数据泄露。然而，FL 本身也存在一些不足（如单点故障和缺乏激励机制），区块链技术可以使物联网设备模型的训练更加安全。在医疗保健领域，患者的数据是敏感的，因此患者和医院都不愿意分享他们的诊疗数据。FL 可以分布式地训练模型，而数据泄漏是一个最大的挑战[23]。区块链可以应用在患者或医院中的 FL 模型中，允许参与方在不泄漏隐私的情况下共享数据。区块链最初是作为比特币的基础技术出现的，尤其是近年来各种基于区块链的虚拟货币的产生提升了区块链作为金融和商业底层技术的地位。同时，FL 可以提供一个分布式的机器学习框架。因此，BCFL 可以为金融和商业领域提供安全、分布式的应用。智慧城市的建设需要大量的数据，通过对这些数据进行训练可以得到合理的模型，为市民提供更好的服务。与许多机器学习情况类似，隐私和安全一直是智能城市发展的制约因素。BCFL 可以提供一个安全的大数据训练架构，同时根据用户贡献提供奖励，激励用户提供更多的可靠数据。

10.1.3 区块链和可信执行环境

1．可信执行环境概述

最新的嵌入式硬件都支持可信执行环境（TEE），如 TPM、ARM 信任区域[24]、AMD SVM[25]和 Intel SGX[26]。TEE 允许服务提供商通过保护一个安全计算区域内的代码和数据的方式来确保数据和计算的机密性和完整性。英特尔 SGX 是在新的英特尔 Skylake 处理器中引入的一种可信的计算架构。通过提供一组扩展 X86 和 X86-64 架构的新指令，使得用户级的应用程序可以在不受底层操作系统信任的前提下提供机密性和完整性。应用程序开发人员可以创建一个安全且隔离的容器以保护隐私的计算。具体来说，容器的内存信息存储在称为 EPC 的硬件保护内存区域中。通过利用内存加密引擎（MEE），所有 EPC 页面都被加密，对它们的任何访问都受到硬件的限制。因此，使用 SGX，应用程序可以保护机密数据和隐私计算，免受操作系统和系统管理模式等高权限应用程序的攻击。

2．基于可信执行环境的区块链

TEE 与区块链具有互补性质。TEE 开销小，可以提供具有机密性的可验证计算，而区块链节点通常计算能力有限，需要公开其整个状态以供公开验证[27]。TEE 不能保证网络的可用性和对网络的可靠访问，而区块链可以保证其状态[28]的强可用性和持久性。区块链与TEE 的结合使得区块链的性能和保密性得到了提高。TEE 可用于为区块链提供底层可信网络，因此，复杂的链上计算任务可以在链下执行，而区块链用于记帐。可以利用 TEE 来验证事务并认可其有效性，而不是利用所有各方来验证事务。TEE 作为一个由可信硬件实现的安全沙箱，可以确保运行时内部数据对 REE（Rich Execution Environment）[29]是不可见的。只有代码中定义的接口才能对其进行操作。TEE 可以保证代码的完整性，以及数据的完整性和机密性。

3．基于区块链和可信执行环境的物联网

随着计算和通信能力的提高及设备小型化技术的进步，通过使用智能传感器和智能执行器，移动设备被赋予了感知环境并对环境做出反应的能力。典型的物联网架构包括设备、传感器、执行器、物联网集线器、物联网网关和云服务提供商。物联网设备是具有感知和收

集数据能力的设备，这些数据可以在网络上传输，用于存储或进一步处理。物联网设备包括智能手机、心率监视器、智能摄像头等。通过物联网集线器，具有不同通信协议的不同设备可以连接到物联网网络。物联网包括物联网网关，有助于在客户端网络上提供数据聚合。为了处理物联网设备传输的海量数据，使用云服务来存储和进一步处理这些数据。

由于物联网设备产生的数据管理权限集中，在第三方实体之间如何共享用户数据缺乏透明度。随着区块链技术的普及，该技术为比特币等资产提供去中心化管理，可以实现一种物联网设备的去中心化数据管理系统，其中所有数据访问权限都使用智能合约强制执行，数据访问的审计跟踪存储在区块链中。使用智能合约应用程序，各方可以指定规则来管理它们的交互，这些交互在区块链中独立执行，不需要集中式系统，并将原始数据存储在使用可信执行环境（TEE）的安全存储平台中。

10.2　物联网中的区块链

如今，物联网的使用已遍及现代生活的各方各面。例如，你当下可能处于办公室中，一边阅读本书，用平板浏览区块链的知识，观看介绍物联网的视频。你可能觉得房间太热，便对身边的智能助理说，"帮我打开空调"。这时，你的手机响了，告诉你刚刚无线遥控的热水壶将水烧开了，提醒你按时喝水并注意休息。你看到的这些恰恰来自物联网的发展。物联网（Internet of Things，IoT）是一个由相互关联的计算设备、机械和数字机器、物体、动物或人组成的系统，这些设备具有唯一的标识符，并且能够通过网络传输数据，而无须人与人之间或人与物之间的交流。

在物联网的使用中，无处不在的数据收集、处理与传播引起了人们对安全和隐私的广泛担忧。物联网是产生、处理和交换大量安全和关键数据及隐私敏感信息的设备组成，因此是各种网络攻击的诱人目标。现在绝大多数新型物联网设备都是低能耗、轻量化的[33]。这些设备的资源能力较低、规模巨大、设备存在异构性、缺乏标准化，因而必须将其大部分可用能量和计算用于执行核心应用程序功能，这使得支持安全和隐私的任务非常具有挑战性。此外，许多物联网设备从个人空间收集和共享大量数据，容易引发重大的隐私问题。得益于透明性、不可变性与去中心化，区块链越发成为物联网安全的理想解决方案。本节以区块链为核心，分别介绍区块链在工业物联网、智能家居和供应链溯源中的应用。

10.2.1　工业物联网应用

工业物联网（Industrial Internet of Things，IIoT）[30]，又称为工业4.0，是指物联网、网络增强系统、云计算在工业领域中的延伸和应用。如图10-3所示，工业物联网涵盖了智能车间、传感器、智能监控、自动化、网络管理、移动应用、质量管理、安全保护等领域，

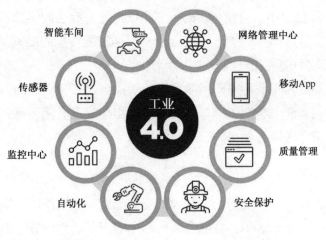

图 10-3　工业物联网（工业 4.0）的组成

侧重于在制造业中深入融合过程自动化和数据交换，实现供应市场、制造和销售的数字化，最终生产方便、有效和个性化的产品。工业互联网重点关注机器对机器（Machine-to-Machine，M2M）通信、大数据和机器学习，使行业和企业的运营效率和可靠性更高。工业互联网用于制造、物流、运输、采矿、航空、能源等一系列行业，重点是优化运营，尤其是流程和维护的自动化。工业互联网可提高资产性能并更好地管理维护。从长远来看，工业互联网将推动行业走向需求服务模式，增加客户亲密度，并创造新的收入来源，都有助于行业的数字化转型。

据欧盟委员会披露[31]，截至 2020 年 12 月，全球工业物联网产业高达 5000 亿美元，预计将于 2030 年增长至 15 万亿美元。

工业物联网优化了生产效率，提高了产品质量，简化了企业管理，因而在各行各业都有广泛的应用。下面以供应链管理、建筑监控、卫生保健和零售业为例，介绍最常见的工业互联网应用。

❖ 供应链管理：在供应链管理中，最重要的是保证生产数量，维持供应链的顺利交付。借助工业互联网，订单可以在需要时自动补充库存，可以减少浪费，保持库存数量，并确保始终可获得适量的原材料。随着供应链和订单的自动化，员工可以专注于更复杂的功能领域。

❖ 建筑监控：越来越多建筑管理问题开始采用工业互联网。传感器驱动的气候控制消除了与管理建筑物内部气候相关的所有不确定性，并考虑了所有需要的因素，如人数、通风点、机械等。工业互联网使用智能设备来增强楼宇安全性，这些设备可以评估来自楼宇任何入口点的可能威胁。

❖ 卫生保健：医疗保健一直采用智能设备监控患者的生理特征，医疗保健专业人员可以远程监控患者，并收到任何状态变化的警报，这使医疗保健更加精确和个性化。未来，人工智能或许能够辅助诊断，使医生能够更准确、更有效地治疗患者。

❖ 零售业：在零售业中，工业互联网可实现针对每个商店的快速营销决策。企业可以根据特定区域的消费者兴趣更新店面，并且通过更智能的促销来定位受众。这些数据驱动的洞察力使商店在竞争中脱颖而出。

区块链技术的发展为工业物联网很多难题的解决带来了希望。由于区块链能够利用可靠的点对点传播方法实现安全的通信与事务的传输和存储[32]，因而在智能电力分配、移动商务、云存储、金融管理等方面得到了广泛的应用。

1. 智能电力分配

基于区块链的智能电力分配是一种高效的新兴范式。以电动车充电为例，车辆充电的闲置资源被聚集到一个公共池中，并混合去中心化的云和边缘计算，以保证信息交换无须预先分配信任关系。在智能电力分配网络中，能源资源和信息根据需要在车辆之间进行交换、协作和重新分配。区块链基于时间戳和 PoW、PoS 等共识算法，通过数据币和能量币建立分布式共识。车辆之间的信息和能源交易记录被加密，并按线性时间顺序构建成区块链，使交易信息不容易被篡改。为了满足工业物联网应用在设备数量不断增长的情况下的能源需求，也需要在本地化的区块链中构建安全的车辆间能源交易系统。

2. 移动商务

随着移动商务的蓬勃发展，数据安全问题变得越来越重要。为了支持设备与设备间移动商务数据交换和共享，很多移动商务系统利用分布式数据库区块链存储与验证移动节点安全事务。区块链可用于确保设备之间的数据交换透明可靠，不需要任何第三方的参与，从根本上重新定义了分布式网络中各方之间的交互。此外，通过在卖方和买方之间建立一个包含准确交易信息的智能合约，可以使双方确认该合约并在区块链系统中发布，在区块链的帮助下安全地完成商务合约。

3. 云存储

云存储在物联网发展中扮演着至关重要的角色。与此同时，云存储也是工业物联网发展的薄弱环节。

首先，集中式云模型的物联网网络存在成本高的问题。物联网设备由云服务器连接、识别和认证，存储和处理通常在云服务器上执行，即使这些设备相隔很近。区块链技术可以在不集中实体的情况下实现去中心化。设备之间直接通信和交换分布式数据，通过智能合约自动执行操作。

其次，物联网架构的任何块都可能成为一个故障点或瓶颈，从而破坏整个网络。例如，物联网节点容易受到 DDoS 攻击、数据盗窃等。如果连接服务器的物联网设备损坏，可能影响该服务器连接的所有节点。区块链对设备身份的有效性进行验证，并对交易进行加密和验证，以确保只有消息发起者才能发送它，同时提供了链中的时间轴，这有助于用户清楚地了解设备或数据链的细节。因为这些记录是共享的，所以不会出现单点故障。

最后，集中式云模型易于操作。收集实时数据并不能确保信息被正确使用。区块链技术的不可变性和去中心化访问检测可以有效阻止恶意操作，拒绝无效访问。

4．金融管理

在工业物联网中，生产全自动化和高度智能化，数据管理的意义比以往任何时代都更加重要。由于区块链具有很强的金融服务性，可以很好地将大数据和相关分析工具带到完整的区块链提供的账本上。如 40 多家日本银行组成的财团与名为 Ripple 的区块链技术签订了一份合同，使用区块链方便银行账户之间的资金转移，并以非常低的成本进行实时转账。传统的实时转移成本较高，其中一个重要原因是潜在的风险因素，即难以避免双花行为。区块链可以在很大程度上避免这种风险。大数据分析加快了识别消费者支出模式和风险交易的过程，降低了实时事务的资源或经济成本。在经济行业以外的物联网行业，区块链技术的主要驱动力是数据安全。在智能健康、零售和行政部门，企业已经开始使用区块链来处理数据，以防止黑客攻击或数据泄露。

10.2.2　智能家居应用

智能家居是一种在家庭住宅中广泛采用物联网技术，使用可连接互联网的设备来实现对照明、供暖等日常居家活动进行的远程监控和管理的技术[34]。通过允许用户控制智能设备（通常通过其上的智能家居应用程序），智能家居为用户提供安全、舒适、便利、高效的服务。作为物联网的一部分，智能家居系统和设备通常一起运行，共享数据，并根据用户的偏好自动执行操作，如图 10-4 所示。

图 10-4　智能家居简图

❖ **户外安全摄像头**：户外安全摄像头允许通过手机监控家中或门口的一举一动。除了高分辨率、防风雨等基础功能，安全摄像头还可以通过捕捉运动录制视频，对任何可疑的人或物进行光照照射以发出警告，提供带有彩色夜视功能的视频，提供准确和智能的运动监测，并提供大量集成选项。

❖ **可视频门铃**：除了了解门外情况的便利，可视门铃还可以作为防止财产盗窃、入室盗窃和门廊盗窃的第一道防线，不仅可以让用户看到门外的人并与他们交谈，还可以记录用户离开或无法应答时接近门口的访客的镜头。可视频门铃可提供具有宽视角、云和本地视频存储的高清视频，支持语音控制和许多第三方智能设备的接入与协作。

❖ **智能扬声器与显示器**：智能扬声器是客厅的必备品，除了播放音乐，作为一种中央指挥中心，用户可以通过语音控制几乎所有联网的家用电器。智能显示器能提供与智能扬声器相同的免提语音助手功能，且具有方便的触摸屏，可以显示可视频门铃或安全摄像头的实时信息、进行视频通话（虚拟游戏），并连接各种自定义小工具。不使用时，客厅的智能显示屏可以用作数码相框，展示你的个人快照或古典艺术。

❖ **联网恒温器**：联网恒温器是一个可以为你的生活带来极大便利并尽可能节省能源费用的智能客厅小工具。它可以让你通过电话或语音控制家中的供暖和制冷系统、设置温度时间表，并提供有助于降低电费的节能功能。智能恒温器也同样可以通过语音扩展，带有一个远程传感器，你可以将其放置在不同的房间中，以确保整个房子的温度保持一致。

❖ **智能厨房电器**：智能厨房电器可以帮助你完成烹饪过程的每一步。它可让你选择烘烤、慢煮、真空低温烹调法和蒸煮方式将食物烹饪至完美，使其成为你能买到的最智能的台面烤箱之一。它的配套应用程序允许你通过手机控制和监控烤箱，通过点击将烹饪预设加载到机器上，并提供厨师级结果的分步烹饪说明。

❖ **智能咖啡机**：当然，没有咖啡机，厨房是不完整的。在终极智能家居中，连你的煮豆机都已联网。智能咖啡机允许应用程序和语音控制，因此，你和咖啡之间唯一的障碍就是在你的手机上轻按几下或"Siri，打开我的咖啡机"这句话。智能咖啡机可让你使用语音命令打开和关闭它并设置冲泡强度，并支持个性化生成，因此你可以对其进行编程以在每天的特定时间自动冲泡咖啡。

2．区块链与智能家居

区块链技术作为一种透明和负责任的数据保护机制的兴起，为解决智能家居中严重的数据隐私、安全和完整性问题铺平了道路。区块链在家庭访问控制、数据共享等不同类型的智能家居应用中都取得了卓越的性能。此外，在智能家庭网络中实现区块链是十分自然的，因为这对于整合现有的异构网络协议，如 Zigbee 协议、Thread 协议、Z-Wave 协议和蓝牙协议等[35]具有十分重大的意义。

接下来以一个基于区块链的智能家居架构为例为读者进一步展开讲解。在该架构中包含两个核心层：智能家居层和覆盖层。如图 10-5 所示，一个基于区块链的智能家居层包括智能矿工、本地存储、本地区块链和智能设备四部分。

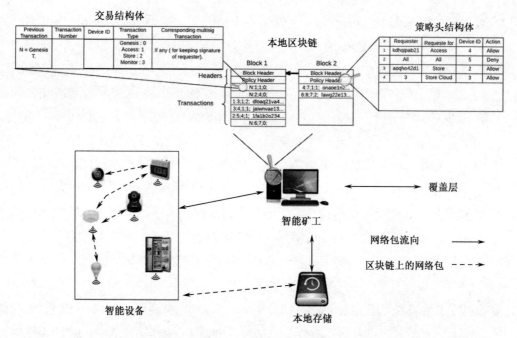

图 10-5　智能家居层架构

❖ **智能矿工**：智能矿工是一种集中处理进出智能家居的区块链交易设备。该矿工可以与家庭的互联网网关集成，或作为独立设备，如 F-secure 传感器[36]，可以放置在设备和家庭网关之间。与现有的中央安全设备类似，家庭矿工对区块链交易进行身份验证、授权和审计。此外，家庭矿工还负责完成了以下附加功能：生成区块链交易、分发和更新密钥、更改交易结构、形成和管理簇。矿工将所有交易收集到一个区块中，并将整个块追加到公共区块链网络（即覆盖网络）中。为提高区块链的伸缩性，矿工还管理着本地私人存储。

❖ **本地存储**：本地私人存储涵盖了智能家居中的各种存储设备，例如，被设备用于本地存储数据的备份固态硬盘。本地私人存储可以与矿工集成，也可以是一个单独的设备。存储器使用先进先出（FIFO）方法存储数据，并将每个设备的数据存储与区块链分类账中的交易相连接。

❖ **本地区块链**：在每个智能家庭中，都有一个本地私有区块链，用于跟踪交易，并具有一个策略头来执行传入和传出交易的用户策略。从初始交易开始，每个设备的交易被链接在一起，作为区块链中的不可变账本。本地区块链中的每个块都包含两个头，即图 10-5 顶部所示的块头和策略头。块头具有前一个块的散列，以保持区块链不可变。策略头用于对设备进行授权，并在其家中执行所有者的控制策略。如图 10-5 右上角所示，策略头有 4 个参数。Requester 参数指的是接收到的覆盖交易中的请求者公钥。对于本地设备，该字段等于智能设备 ID。策略头中的第二列表示交易中请求的操作，可以是 store local（存储到本地），store cloud（存储到云存储），

access（访问数据），monitor（监视特定设备的实时数据）。策略标头中的第三列是智能家居中设备的 ID，最后一列表示应该为与前面属性匹配的交易执行的操作。除了报头，每个区块还包含许多交易。对于每个交易，5 个参数存储在本地区块链中，如图 10-5 左上角所示。前两个参数用于将相同设备的交易链到彼此之间，并在区块链中唯一标识每个交易。交易对应的设备 ID 被插入第三个字段。交易类型可以是创建、访问、存储或监视交易。如果交易来自覆盖网络，则该交易存储在第五个字段中，否则，该字段保持空白。本地区块链由智能矿工管理，并与公共区块链相连接。

❖ **智能设备**：智能设备（摄像头、恒温仪、智能灯光等）同样位于智能家居层，由一个矿工集中管理。这些智能设备是构成智能家居的基础，一方面，它们仍以半中心化的形式，由智能矿工管理。另一方面，设备间的通信以交易的形式存储于公共区块链中，以保证更高的安全与隐私性。

覆盖层位于智能家居层之上，如图 10-6 所示。智能家庭与服务提供商（SP）、云存储及用户的智能手机或个人计算机一起构成了一个覆盖网络（Overlay Network）。覆盖网络类似于比特币中的点对点网络，用于连接不同的智能家居网络，维护公共的区块链网络，为该架构带来了分布式特性。为了减少网络开销和延迟，覆盖层中的节点被分组成簇，每个簇选择一个簇头（CH）。覆盖网络维护公共的区块链网络。这种分层化的架构极大地优化了资源消耗，提高了网络的可扩展性，显著地减少了物联网交易（如数据访问或查询）的延迟。

图 10-6 智能家居的覆盖网络

10.2.3 供应链溯源

1. 供应链的基本要素

如图 10-7 所示，供应链是生产和交付产品或服务的整个系统，包括从采购原材料的最

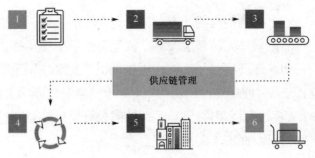

图 10-7　供应链管理流程

开始阶段到最终将产品或服务交付给用户。供应链列出了生产过程的所有方面，包括每个阶段涉及的活动、正在传达的信息、转化为有用材料的自然资源、人力资源及进入成品或服务的其他组成部分。典型的供应链始于自然资源的生态、生物和政治监管，然后是人类对原材料的提取，并继续之前包括多个生产环节（例如，组件构建、组装和合并）到规模不断缩小、地理位置越来越偏远的多层存储设施，最终到达消费者手中。

供应链中的转移过程发生在不同公司之间，这些公司寻求在其利益范围内最大化其收入，但可能对供应链中的其余参与者知之甚少或不感兴趣。随着存储于管理技术的发展，越来越多提供产品和服务方面合作的松散耦合、自组织的企业或公司开始自发整合，并且使用术语"链"和它所代表的线性结构来与供应网络的实际运作方式联系起来，供应链实际上是一个复杂且动态的供需网络。作为展示商品品质的一部分，许多大公司和全球品牌正在将行为准则和指导方针整合到他们的企业文化和管理系统中。通过整合与记录商品在供应链上的流动，企业对其供应商（设施、农场、分包服务，如清洁、食堂、安保等）提出要求，并通过社会审计验证他们是否符合标准。供应链缺乏透明度可能会阻碍消费者了解他们的购买来源，并助长对社会不负责任的行为。供应链包括步骤、职能和管理三要素。

❖ **供应链的基本步骤**：供应链涉及将产品或服务提供给客户的一系列步骤。这些步骤包括将原材料移动和转化为成品，运输这些产品，并将它们分发给最终用户。供应链中涉及的实体包括生产商、供应商、仓库、运输公司、配送中心和零售商。

❖ **供应链职能**：供应链的要素包括从接收订单到满足客户要求的所有功能。这些职能包括产品开发、营销、运营、分销网络、财务和客户服务。

❖ **供应链管理**：供应链管理是业务流程中非常重要的一部分。这个链条中有许多不同的环节需要技能和专业知识。当供应链管理有效时，可以降低公司的整体成本并提高盈利能力。一个环节发生故障，就可能影响链条的其余部分并且代价高昂。

2．区块链在供应链溯源中的应用

商品溯源是区块链帮助改善物联网的最大应用之一。传统的供应链从零件制造商开始，经过每个经销商，到供应商，最终出货到零售商店的过程十分混乱，增加了追溯瑕疵商品来源的难度。区块链确保每个交易都有时间戳和数字签名，可以追溯到特定的时间段，并且通过公共地址在区块链上找到相应的一方。由于区块链的不可否认性：基于区块链验证的商品签名和经销路径的记录是无法被篡改的，因而使系统更加可靠。区块链账本全局状态的转换和区块链审计功能为产品的每次迭代更新提供了安全性和透明度。此外，区块链保证了供应链的安全，可以方便地处理危机情况（由于安全漏洞而导致的大规模产品召回，如 2016 年三星 Note 7 大规模召回事件[37]）。区块链的公开可用性意味着每个产品都可以追溯到原材料的来源，交易可以在链上与用户识别脆弱的物联网设备进行链接。相比传统供应链溯源，基于区块链的供应链溯源系统可以更好地替换缓慢的手动流程、加强追溯，同时降低了供应链的交易成本。

❖ **替换缓慢的手动流程**。尽管供应链目前可以处理大型、复杂的数据集，但它们的很多流程，尤其是那些处于较低供应层的流程速度很慢，并且完全依赖于纸张——这在航运业中很常见。

❖ **加强追溯**。越来越多的监管和消费者对来源信息的需求已经在推动变革。此外，提高可追溯性还可以通过降低质量问题的高成本来增加价值，例如召回、声誉损害、黑市或灰色市场产品的收入损失。简化复杂的供应基础提供了更多的价值创造机会。

❖ **降低供应链交易成本**。比特币支付中，人们验证每个区块或交易的费用，并要求提出新区块的人在他们的提案中包含费用。这样的成本在供应链中可能会令人望而却步，因为它们的规模可能是惊人的。例如，在 90 天的时间内，一家汽车制造商通常会向其一级供应商发出大约 100 亿次取消订单。此外，所有这些交易一起将显著提高对数据存储的需求，这是区块链分布式账本方法的重要组成部分。而与之相比，在供应链环境中创建和维护大量数据集副本是不切实际的，尤其在未经许可的区块链中。

迄今为止，已有不少成熟的供应链溯源系统基于区块链运作：

① 沃尔玛与清华大学签署了一项协议，以提高供应链记录的透明度和效率[38]。清华大学与永辉超市合作，记录永辉超市的鱼类供应链。与传统的纸质跟踪和人工检查系统不同，区块链提供了不同的交易系统，零售商可以知道供应商的交易对象。由于事务不存储在任何单个节点中，因此几乎不可能轻松地修改信息。同时，消费者可以通过智能手机扫描二维码轻松获取商品的工厂和加工数据、生产、保质期等相关信息，在产品出现故障时也可以获得服务。政府可以查看监管相关食品部的区块链。如果没有区块链，沃尔玛通常需要 6 天 18 小时 26 分钟才能找到芒果。现在，在区块链的帮助下，消费者只需要 2.2 秒就可以获得关于商品的所有详细信息。此外，阿里巴巴还推出了"绿手"（Green Hand），为实体商品提供电子护照。消费者可以通过扫描二维码了解商品的详细信息，确保商品的真实性。

② 全球最大的集装箱运输企业马士基（Maersk）集团正与国际商业机器（IBM）公司

携手，打造全行业交易平台；马士基称该平台能加快交易速度，并节省数十亿美元资金。该方案致力于利用区块链技术帮助提高流程效率的跨境、跨方交易，以取代电子表格，用于跟踪来自一系列供应商的内部和外部样本。此外，通过使用 IBM 区块链技术作为数字供应链的基础，可以建立一个单一的、共享的交易视图而不损害细节、隐私或机密性，以授权多个贸易伙伴进行合作。

③ 阿联酋国有石油公司阿布扎比国家石油公司（ADNOC）与 IBM 进行合作，一起成功地启动了区块链供应链试点项目。该程序将帮助追踪从油井到客户的石油，记录交易的每一步。虽然该计划仍处于早期阶段，但 ADNOC 的目标是扩大链条，包括客户和投资者。这将为其业务流程带来更多透明度。阿布扎比石油公司的原油日产量为 300 万桶。因此，将区块链技术引入到他们的供应链管理中，将简化报告产油量的过程。此外，它还将减少时间和运输成本。

④ 据葡萄酒行业报告，中国平均每小时能卖出近 3 万瓶非法葡萄酒。这些葡萄酒中很多都含有对消费者健康有害的添加剂。为了解决这个问题，Origintrail 和 TagItSmart 创建了基于区块链的葡萄酒打假与溯源解决方案。这两家公司在他们的试点项目中成功追踪了 15 000 多只独特的酒瓶。他们的目标是借助二维码阻止非法葡萄酒的生产。通过这种方式，顾客可以扫描瓶子上的代码，并收到他们购买葡萄酒的所有信息。

3．基于区块链的溯源工作流

基于区块链的溯源系统构造流程如图 10-8 所示，通过区块链独特的不可篡改的分布式账本记录特性，对商品实现从源头的信息采集记录、原料来源追溯、生产过程、加工环节、仓储信息、检验批次、物流周转到第三方质检、海关出入境、防伪鉴证的全程可追溯。利用区块链技术追踪记录产品的流转链条，把订单、采购、产品品质、物流、检测、包装等关于产品的所有信息，不可篡改地登记到区块链上，并且对全部节点公开透明，即厂商、检测站、物流、销售商及用户都可以通过查验识别码获取产品的全部信息和溯源信息。

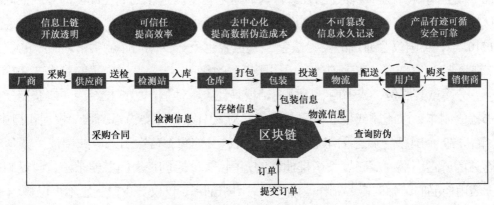

图 10-8　区块链溯源工作流程

区块链溯源主要包括以下步骤。

① 厂商需要按照统一编码机制（如 RFID），在互联网中为每件商品赋予一个唯一的身份标识（识别码），并将该 ID 上传区块链保存。当供应商采购货物时，厂商将采购合同、供应商订单及对应商品 ID 打包成一个交易，发送至区块链网络。区块链网络检查交易合法性，并确认商品 ID 对应的商品是否存在。

② 产品采购结束后，供应商将采购合同送入检测站，以检测产品的合格性。检测站将送检记录、检测结果与商品 ID 打包上传区块链留底，并将商品入库至仓库以长期保存管理。

③ 当需要对产品出库时，仓库管理员从仓库中取出产品，将产品打包，投递给物流配送。同时，产品的打包信息、出库信息及物流出库信息都将记录在区块链上。通过访问特定网站接口或手机 App，客户可以实时查询产品从出货的全流程。当拿到此产品后，客户可查询该产品的防伪识别码是否存在于区块链上，并检查产品是否通过了合格的质量检查。

④ 如果客户为某零售商而不是最终用户，零售商将产品的采购信息上传区块链留底。当用户从零售店购买此产品时，零售商扫描产品条码将此消息自动上传至区块链。用户同样可以有效查询产品访问识别码与质量合格证书。

10.3　区块链与数字确权

10.3.1　版权与数字确权

近现代版权法律的兴起得益于印刷术的发展。印刷术使得文学媒介中包含的信息和思想能够以相对较低的成本大规模传播。识字率的提高对印刷书籍产生了巨大的需求，在这种向公众提供作品的新方式的背景下，保护作者和出版商免受未经授权的复制被认为越来越重要。随着时间的推移，欧洲各国政府建立了对印刷商的许可控制制度，向个别印刷商发放在一段时间内印刷特定作品的独家许可。这阻止了其他印刷商在此期间复制相同的作品。这样做的效果是在那个时期为该作品维持了较高的价格——有利于印刷商和作者。

1710 年，英国议会通过的安妮法令[39]是世界上第一个保护印刷类书籍版权的现代法规，该法令规定，"任何一本书或多本已印刷书籍的作者，未将此类书籍的副本转让给其他人任何，分享或其股份，或书商、印刷商，或其他人，他们已经或已经购买或获得任何书籍或书籍的副本，以印刷或重印相同的书籍，应具有印刷此类书籍的唯一权利和自由"。1886 年，179 个国家于瑞士伯尔尼缔结的《伯尔尼公约》首次引入"独创性"概念作为保护客体的界定门槛，从而扩大了排他性的范围[40]。"原创性"门槛要求防止"复制"行为——盗用作品的部分内容或制作改编作品，例如翻译，仅仅防止复制已不再足够。《伯尔尼公约》涵盖了保护期限、保护资格、权利人、免手续保护、受保护的作品、受保护的权利、关于发展中国家的优惠规定，引入了版权在作品"固定"的那一刻而不是申请注册时就存在的概念。在随后的几十年间，伯尔尼公约在各个缔约国的调整下逐步完善，演变成现代国家版权法立法的起点。1996 年，针对现代信息系统的版权保护，世界知识产权组织（WIPO）通过了两项条约，确定了许多电子作品符合版权保护的条件，并规定禁止规避用于保护电子作品的技术措施。1998 年，美国参议院一致投票通过数字千年版权法案（Digital Millennium Copyright Act，DMCA）。相比于互联网时代早期，几乎没有法规对在线内容保护的局面，DMCA 让版权所有者对现在内容用于更多控制权，并赋予他们有权以何种方式使用他们的作品。该法律还限制了可能托管受版权保护内容的互联网服务提供商（ISP）和在线平台的责任。根据 DMCA，网络用户不能合法上传不属于他们的内容。未经内容所有者许可，不得在线使用或共享照片、视频和音乐等材料。

在我国，数字版权保护也受到国家的高度重视。当前，我国已经基本形成以《中华人民共和国著作权法》为核心的数字版权保护法律体系[41]。我国与数字版权保护相关的法律法规主要包括《中华人民共和国著作权法》《互联网著作权行政保护办法》《信息网络传播权保护条例》等。国家版权局自 2005 年起便联合相关部门连续 16 年开展打击网络侵权盗版专项治理"剑网行动"，针对影视、音乐、软件、新闻、文学等领域开展了一系列的专项治理。数据显示，2013 年至 2018 年，全国各级版权执法部门共查处包括网络案件在内的各类侵权盗版案件 22568 起。此外，网络内容生产者和消费者日益增长的版权保护意识和需求，也在推动着数字版权管理市场的发展。

2019 年 4 月，国家版权局网络版权产业研究基地发布的近 5 年中国网络版权产业市场规模如图 10-9 所示。

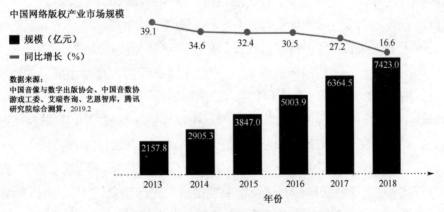

图 10-9　近年中国网络版权产业市场规模

2018 年，中国网络版权产业规模达 7423 亿元，同比增长 16.6%，2013 年至 2018 年复合增长率为 28%。对版权、著作权的保护是国家尊重知识创新、鼓励知识创新的重要举措，也是数字内容产业链条上各方得以维护其应有利益的关键手段，有利于内容创作创新市场的繁荣。

10.3.2　区块链确权的法律依据

目前，我国专门针对区块链的立法很少，但这并不表明区块链确权无法可依。由于区块链是对既有计算机、互联网等信息技术的升级换代，区块链相关的法律体系也相应地离不开既有的计算机及信息技术相关的法律体系，并且以其作为基础，再针对区块链的独特性另行制定一系列单行的法律规范。但由于其系新生事物尚在快速演进中，故相应法律规范及司法实践仍待进一步补充和完善。

就"基本法律"层面而言，能适用于区块链的刑法规范主要有"侵犯公民个人信息罪""拒不履行信息网络安全管理义务罪""非法利用信息网络罪""帮助信息网络犯罪活动罪"等。能适用于区块链的一般民事法律规范，主要包含在《民法总则》关于个人信息安全及网络财产、民事责任条款中。其他相关法律主要包括作为其上位法的计算机及信息技术领域立法，如《网络安全法》《电子商务法》《电子签名法》，以及全国人大颁布的相关《决定》。

行政法规层面上，相关立法主要有《计算机信息系统安全保护条例》《互联网信息服务管理办法》等。虽然前者主要内容是规定相关主管机关的职责权限，但作为上位法，同样适用于区块链领域。后者主要规范互联网经营行为；由于区块链预期也将主要运用于经营活动，因此也会受该办法调整。

部委规章层面上，主要有央行的《金融消费者权益保护实施办法》、网信办的《区块链信息服务管理规定》。前者旨在维护个人金融信息安全及金融行业安全，后者则是目前为止最新的、最全面的直接规范区块链的规则体系。由于网信办是国务院直接授权的行业主管机构，其法律地位相当于国务院部委，故《区块链规定》在立法位阶上属于"部委规章"，构成目前区块链开发者、经营者最主要、最直接的法律合规依据和规范。

司法解释方面，目前主要涉及最高法《关于互联网法院审理案件若干问题的规定》，其中对区块链等电子证据的认证进行了规定。另外，在区块链快速演进过程中，主管部门出于权宜之计而出台了一些非规范性的通知、公告，如《关于防范比特币风险的通知》《关于防范代币发行融资风险的公告》《关于防范以"虚拟货币""区块链"名义进行非法集资的风险提示》等。虽然不是规范性文件，但也能从中窥探到主管部门政策掌控者的基本观点及立法趋势，对于研究相关法制及企业合规工作亦具有重要参考作用。

最后，区块链相关行业及领头企业、机构还通过起草相关技术标准、服务标准，举办行业论坛等方式，对区块链领域标准化及相关规范进行先行探索。例如，2016 年和 2018 年版《中国区块链技术和应用发展白皮书》《区块链参考构架》《区块链数据格式规范》等文献资料，不仅是法律工作者研究相关立法与法律实践的重要学习和参考资料，其本身也提议了一些行为规范线索，对于做好企业合规具有一定参考作用。

总体而言，我国关于区块链的立法体系，已具备总体框架（如刑法、民法总则规范）和基本脉络（计算机及信息行业现有法律规范）的基础，并且尝试了行业性、专门性规范的立法实践。但由于区块链及其应用本身尚处于高速演进和发展中，以及立法固有的滞后性，目前法规体系仍然缺乏针对性、全面性，需要紧跟行业发展情况及时补充、完善，从而促进区块链行业健康发展，提高相关合规工作可预见性、确定性。

10.3.3 案例：基于区块链的确权系统

近年来，区块链技术的出现和快速发展趋势及其广阔的应用前景引起了数据确权领域研究人员的广泛关注。传统的数据权限确认方法依赖于集中式权限，采用"提交所有权证明和权限审查"的模式来实现。权威的可信度和裁决的公正性结果无法保证。区块链技术具有分布式、透明、防篡改、无第三方背书的信任机制，可以有效处理数据权确认的信任问题。目前较为完善的数字确权架构为基于管理角度提出的"提交权属证明+专家评审"模式[42]。这一模式分为三步：① 大数据的拥有者提交权属证明；② 大数据交易所组织专家进行评审；③ 大数据交易所公布评审结果。在本节中，让我们在这一架构的基础上，以一个基于区块链的数字确权系统为例，为读者进一步阐述区块链在数字确权中的应用。

架构模型包括 4 个主体单元：数据来源 S，大数据审计中心 A，水印中心 W 和区块链系统 B，如图 10-10 所示。数据来源 S 为发送大数据确权请求的实体单元，一般为政府部门或企业。大数据审计中心 A 为大数据交易所等负责大数据完整性审计事宜实施的专业机构。水印中心 W 负责为数据来源生成专属的水印。区块链部分采用 Hyperledger Fabric 联盟链作为所使用的区块链，使用拜占庭容错共识算法在区块链系统网络由证书签发机构 CA

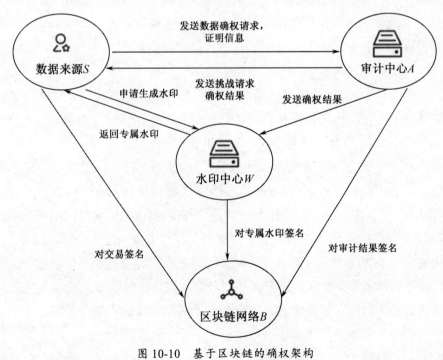

图 10-10　基于区块链的确权架构

及包含数据来源 S 在内的若干节点 X 组成，证书签发机构 CA 负责向网络中的其他节点进行身份确认并颁发证书，同时授予节点相应的访问权限；节点 X 负责上传数据及参与共识。

数据确权流程共包含 9 个步骤，如下所示。

① 数据来源 S，大数据审计中心 A 和水印中心 W 向在区块链网络中的证书颁发机构 CA 注册，CA 审核成功后为各个主体分发证书与密钥对。

② 数据来源 S 将待确权的大数据 D 分成 n 份的数据块 $d_1, d_2, \cdots, d_n$。数据块是数据确权的基本单位。同时数据来源 S 应在 Z_p 内随机选择一个数字作为大数据 D 的标识符 ID，其中 P 为大素数。

③ 数据来源 S 运用 BLS 短签名方案中的密钥生成算法 KeyGen，选择一个随机数 $x \in_R Z_P$，以及随机选择 $u \in G$，计算出 BLS 短签名方案的公钥 v。之后对每个数据块 d_i 计算认证器 $\sigma_1, \sigma_2, \cdots, \sigma_n$。其中，$\sigma = \left(H(W_i) \times u^{d_i} \right)^x$，$W_i$ 由大数据标识符 D 与当前数据块 d_i 的索引拼接而成。

④ 为了保证大数据标识符 ID 的完整性，数据来源 S 还需要对该标识符利用私钥进行签名，与大数据标识符 ID 拼接在一起，共同作为大数据 D 的标签 tag。

⑤ 数据来源 S 将数据块的数量，数据块认证器的集合及大数据 D 的标签 tag 一同发送给审计中心 A，审计中心接收到验证数据后，检查对大数据标识符 ID 的签名，如果不能正确解密得到标识符则停止数据确权。

⑥ 审计中心 A 会随机选择 c 个数据块，并为这些数据块随机生成 c 个随机数 $v_i \in_R Z_{P/2}$。审计中心 A 将由随机数与对应数据块索引组成的序列 $\{(i, v_i)\}$，作为一个挑战请求 chal 发送给数据来源 S，数据来源 S 构造出 c 个新的数据块 $v_i \times (H(W_i) \times u^{d_i})$ 并将所有结果相加，得到最终结果 m，得到 $\sigma_m = m^x$，作为证据 T 发送给审计中心 A。审计中心根据同态认证器的特性进行验证。

⑦ 审计中心 A 会将验证成果发送给数据来源 S，如果验证成功，审计中心 A 才能将自身信息与审计结果打包利用私钥签名后发送给水印中心 W，同时，数据来源 S 也将自己的身份信息 info 签名后发送给水印中心 W，申请生成水印的请求。

⑧ 水印中心 W 利用不可逆的水印生成算法 F 生成水印 w_i。其中，$w_i = F(\text{info}, k)$，$i = 1, 2, \cdots, m$，k 为随机数。数据来源 S 随机选择 m 块数据块嵌入水印信息。

⑨ 水印中心 W 将生成的水印用自己的私钥签名后发送给区块链网络 B，审计中心将数据确权过程中的挑战请求 chal 和证据 T 等数据签名后也发送给区块链网络 B，二者数据联合起来构造出一个完整的交易信息。区块链网络 B 收到完整的交易信息后，会发送给数据来源 S。等到数据来源 S 确认交易无误并签名后，区块链网络 B 将该交易上链并广播。数据来源 S 可以利用自己在系统中的节点对交易上链结果及确权进行查询。

该模型的设计主要考虑了下列 3 个特性。

① 安全性。系统的安全性主要依赖审计中心采用的挑战请求设计的安全性与水印中

[C]//2013 IEEE Symposium on Security and Privacy. IEEE, 2013: 397-411.

[8] Ben-Sasson E, Chiesa A, Genkin D, et al. SNARKs for C: Verifying program executions succinctly and in zero knowledge[C]//Annual cryptology conference. Springer, Berlin, Heidelberg, 2013: 90-108.

[9] Danezis G, Fournet C, Kohlweiss M, et al. Pinocchio Coin: building Zerocoin from a succinct pairing-based proof system[C]//Proceedings of the First ACM workshop on Language support for privacy-enhancing technologies. 2013: 27-30.

[10] Shamir A. How to share a secret[J]. Communications of the ACM, 1979, 22(11): 612-613.

[11] Zyskind G. Efficient secure computation enabled by blockchain technology[D]. Massachusetts Institute of Technology, 2016.

[12] Gao H, Ma Z, Luo S, et al. BFR-MPC: a blockchain-based fair and robust multi-party computation scheme[J]. IEEE access, 2019, 7: 110439-110450.

[13] CHENG Y, JIA Z, HU M, et al. Threshold signature scheme suitable for blockchain electronic voting scenes[J]. Journal of Computer Applications, 2019, 39(9): 2629.

[14] Rivest R L, Adleman L, Dertouzos M L. On data banks and privacy homomorphisms[J]. Foundations of secure computation, 1978, 4(11): 169-180.

[15] McMahan B, Moore E, Ramage D, et al. Communication-efficient learning of deep networks from decentralized data[C]//Artificial intelligence and statistics. PMLR, 2017: 1273-1282.

[16] Konečný J, McMahan H B, Ramage D, et al. Federated optimization: Distributed machine learning for on-device intelligence[J]. arXiv preprint arXiv:1610.02527, 2016.

[17] Konečný J, McMahan H B, Yu F X, et al. Federated learning: Strategies for improving communication efficiency[J]. arXiv preprint arXiv:1610.05492, 2016.

[18] Weng J, Weng J, Zhang J, et al. Deepchain: Auditable and privacy-preserving deep learning with blockchain-based incentive[J]. IEEE Transactions on Dependable and Secure Computing, 2019, 18(5): 2438-2455.

[19] Ma C, Li J, Ding M, et al. When federated learning meets blockchain: A new distributed learning paradigm[J]. arXiv preprint arXiv:2009.09338, 2020.

[20] Kang J, Xiong Z, Jiang C, et al. Scalable and communication-efficient decentralized federated edge learning with multi-blockchain framework[C]//International Conference on Blockchain and Trustworthy Systems. Springer, Singapore, 2020: 152-165.

[21] ur Rehman M H, Salah K, Damiani E, et al. Towards blockchain-based reputation-aware federated learning[C]//IEEE INFOCOM 2020-IEEE Conference on Computer Communications Workshops (INFOCOM WKSHPS). IEEE, 2020: 183-188.

[22] Du Z, Wu C, Yoshinaga T, et al. Federated learning for vehicular internet of things: Recent advances and open issues[J]. IEEE Open Journal of the Computer Society, 2020, 1: 45-61.

[23] Chen Y, Qin X, Wang J, et al. Fedhealth: A federated transfer learning framework for wearable healthcare[J]. IEEE Intelligent Systems, 2020, 35(4): 83-93.

[24] Santos N, Raj H, Saroiu S, et al. Using ARM TrustZone to build a trusted language runtime

for mobile applications[C]//Proceedings of the 19th international conference on Architectural support for programming languages and operating systems. 2014: 67-80.

[25] Van Doorn L. Hardware virtualization trends[C]//ACM/Usenix International Conference On Virtual Execution Environments: Proceedings of the 2 nd international conference on Virtual execution environments. 2006, 14(16): 45-45.

[26] Karande V, Bauman E, Lin Z, et al. Sgx-log: Securing system logs with sgx[C]//Proceedings of the 2017 ACM on Asia Conference on Computer and Communications Security. 2017: 19-30.

[27] Zhu X, Badr Y. A survey on blockchain-based identity management systems for the Internet of Things[C]//2018 IEEE International Conference on Internet of Things (iThings) and IEEE Green Computing and Communications (GreenCom) and IEEE Cyber, Physical and Social Computing (CPSCom) and IEEE Smart Data (SmartData). IEEE, 2018: 1568-1573.

[28] Park M, Kim J, Kim Y, et al. An SGX-based key management framework for data centric networking[C]//International Workshop on Information Security Applications. Springer, Cham, 2019: 370-382.

[29] Aublin P L, Kelbert F, O'Keffe D, et al. TaLoS: Secure and transparent TLS termination inside SGX enclaves[J]. 2017.

[30] Dorri A, Kanhere S S, Jurdak R, et al. Blockchain for IoT security and privacy: The case study of a smart home[C]//2017 IEEE international conference on pervasive computing and communications workshops (PerCom workshops). IEEE, 2017: 618-623.

[31] 童晓渝, 房秉毅, 张云勇. 物联网智能家居发展分析[J]. 移动通信, 2010, 34(9): 16-20.

[32] Moniruzzaman M, Khezr S, Yassine A, et al. Blockchain for smart homes: Review of current trends and research challenges[J]. Computers & Electrical Engineering, 2020, 83: 106585.

[33] Sisinni E, Saifullah A, Han S, et al. Industrial internet of things: Challenges, opportunities, and directions[J]. IEEE transactions on industrial informatics, 2018, 14(11): 4724-4734.

[34] Paez M, Tobitsch K. The industrial internet of things: Risks, liabilities, and emerging legal issues[J]. NYL Sch. L. Rev., 2017, 62: 217.

[35] 柏亮. 区块链技术在工业物联网的应用研究[J]. 网络空间安全, 2018, 9(9): 87-91.

[36] 王元美. 基于分层狄利克雷过程的产品质量事件监测与追溯研究[D]. 武汉: 武汉理工大学, 2018.

[37] Kamath R. Food traceability on blockchain: Walmart's pork and mango pilots with IBM[J]. The Journal of the British Blockchain Association, 2018, 1(1): 3712.

[38] Patterson L R. The Statute of Anne: Copyright Misconstrued[J]. Harv. J. on Legis., 1965, 3: 223.

[39] Burger P. The Berne Convention: its history and its key role in the future[J]. JL & Tech., 1988, 3: 1.

[40] 马治国, 刘慧. 区块链技术视角下的数字版权治理体系构建[J]. 科技与法律, 2018 (2): 1-9.

[41] 王海龙, 田有亮, 尹鑫. 基于区块链的大数据确权方案[J]. 计算机科学, 2018, 45(2):15-24.